专利审查与社会服务丛书

PATENT EXAMINATION AND EVIDENCE CONSCIOUSNESS

专利审查与证据意识

国家知识产权局专利局专利审查协作天津中心◎组织编写

主编◎魏保志　本册执行主编◎刘稚

知识产权出版社

全国百佳图书出版单位

图书在版编目（CIP）数据

专利审查与证据意识/魏保志主编. —北京：知识产权出版社，2019.9

（专利审查与社会服务丛书）

ISBN 978-7-5130-6441-5

Ⅰ.①专… Ⅱ.①魏… Ⅲ.①专利—审查—研究—中国 Ⅳ.①G306.3

中国版本图书馆 CIP 数据核字（2019）第 197211 号

内容提要

本书紧密围绕专利审查与证据意识这一主题，阐述了在专利审查中建立证据意识的重要性和必要性，明确了专利审查应遵循的证据规则，介绍了以证据为核心的审查回案处理方法，剖析了专利审查中证据的真实性、合法性和关联性，并对专利审查中如何解读证据进行了系统的分析。此外，本书还以证据为核心重点分析了创造性审查的难点，综合运用理论分析与审查实例验证的方式，对发明构思、公知常识、技术方案获得的难易、实验数据等进行了分析，以帮助读者更加深入地理解和体会在专利审查中证据的运用方法。

读者对象：专利审查员、专利代理人及相关从业人员。

责任编辑：黄清明 江宜玲　　　　责任校对：王　岩
封面设计：邵建文 马倬麟　　　　责任印制：刘译文

专利审查与证据意识

国家知识产权局专利局专利审查协作天津中心　组织编写

主　　　　编　魏保志

本册执行主编　刘　稚

出版发行	知识产权出版社有限责任公司	网　　址	http://www.ipph.cn
社　　址	北京市海淀区气象路 50 号院	邮　　编	100081
责编电话	010-82000860 转 8117	责编邮箱	hqm@cnipr.com
发行电话	010-82000860 转 8101/8102	发行传真	010-82000893/82005070/82000270
印　　刷	北京嘉恒彩色印刷有限责任公司	经　　销	各大网上书店、新华书店及相关专业书店
开　　本	720mm×960mm　1/16	印　　张	20.5
版　　次	2019 年 9 月第 1 版	印　　次	2019 年 9 月第 1 次印刷
字　　数	376 千字	定　　价	78.00 元

ISBN 978-7-5130-6441-5

本书编委会

主　　编：魏保志

副主编：刘　稚　杨　帆　周胜生

编　　委：汪卫锋　邹吉承　刘　梅

　　　　　饶　刚　王智勇　朱丽娜

　　　　　王力维　刘　锋　韩　旭

本书编写组

执行主编：刘　稚

组　　长：朱丽娜

副 组 长：韩　旭

撰写人员：刘　江　司军锋　张美菊　方　勇

　　　　　陈俊霞　田　园　王　琳　孙文倩

前　　言

本书依据《最高人民法院关于民事诉讼证据的若干规定》和《最高人民法院关于行政诉讼证据若干问题的规定》，从证据的角度对专利审查程序中证据真实性、合法性和关联性的问题进行了梳理，使缺少法律背景的读者能够了解证据规则在专利审查程序中的应用以及证据真实性、合法性和关联性在专利审查中的体现，从而树立正确的证据意识。

证据意识是法律思维的一项重要内容，专利审查作为一种确权程序，证据的作用是毋庸置疑的。在发明专利申请的实质审查过程中，首先应正确理解发明，准确认定申请事实，有效检索证据，随后以证据为核心进行实质审查，依据证据规则与申请人交换意见，确定发明专利申请对现有技术作出的贡献，最终使符合授权条件的发明专利申请获得授权。

从事发明专利申请审查的审查员多数缺少法律背景，尽管在岗位培训中已经进行了必要的法律培训，掌握了基本的审查技能，然而在实际工作中，审查员在面对申请人提交的意见陈述时，仍然困惑于以证据为核心，归纳申请人争辩要点，分析双方举证是否充分，进而判断应该坚持自己的意见，还是接受申请人的意见。

针对这样的问题，2016 年国家知识产权局专利局专利审查协作天津中心（以下简称"天津中心"）开发了《回案处理》的培训课程，将回案处理过程归纳为 5 个步骤：列争点—核证据—辨是非—查问题—再处理，帮助审查员树立证据意识，以证据为核心查清事实，正确适用法律。用所述《回案处理》课程（以下简称"五步法"）对新审查员进行培训后，绝大多数审查员反映非常好，通过培训，他们掌握了基本的证据规则，证据意识得到加强，回案处理能力得到明显提高。

通过社会反馈和内部质量控制，发现新审查员在独立上岗后，对创造性评价的把握能力仍有待提高。分析原因，我们发现审查员理解发明的能力不足，有时不能准确把握发明的实质，进而造成检索效能不高。针对以上种种问题，我们进一步开发了《创造性评价——避免公知常识不当使用和提高通知书效能》的培训课程，力求使审查员从正确理解发明入手，准确把握发明的实质，进一步加强证据意识，进而提高创造性评价的能力。

以上培训课程都是以训练思维方式为主，通过案例训练如何理解和运用证据规则，如何审查证据真实性、合法性、关联性以及证据的证明力等问题。本书编写组在此基础上，进一步充实了不同领域的案例，以方便不同技术领域的人员学习掌握。

本书的结构如下：

第一章　根据《最高人民法院关于民事诉讼证据的若干规定》和《最高人民法院关于行政诉讼证据若干问题的规定》这两个司法解释，分析发明专利实质审查程序中应遵循的证据规则；从举证责任的角度分析了公知常识的举证问题，从证据的关联性角度分析了实验数据的证明问题等。

第二章　明确以证据为核心的回案处理方法，运用"列争点、核证据、辨是非、查问题和再处理"这5个步骤，明晰举证责任并查明待证事实；以创造性审查为切入点分析了证据衡量的方法，并对涉及公知常识、补充实验数据等情形作出进一步的分析，帮助读者进一步理解本章的回案处理方法。

第三章　在证据学基础上结合专利审查实践，详细介绍证据真实性的内涵、有关规定和审查标准，经验法则和矛盾法则等审查法则，以及甄别法、对比法和印证法等审查方法，分析专利审查中证据真实性的有关要求和特点，并总结审查实践中两类证据——网络证据和实验数据的真实性问题处理方法。

第四章　从证据合法性的有关争议入手，介绍证据合法性的内涵和审查标准，详细分析专利审查中证据合法性规定的主要内容、关系特点和分类，针对现有技术、抵触申请、新颖性宽限期和优先权等4种情形分析证据合法性的审查重点，以及总结网络证据合法性问题的处理方法。

第五章　介绍了证据关联性的内涵，包括证据关联性的定义，证据真实性、合法性和关联性的关系，证明的定义和构成；梳理了专利审查中证据关联性的法律依据、主体要求、分类及其应用；总结了专利审查不同情形使用的直接证明、推理证明和逻辑论证的证明方法。

第六章　围绕专利审查中证据的解读，系统分析了本领域技术人员的能力，依托实例详细介绍了如何解读主张专利权的证据（即申请文件）和现有技术的证据，并对专利审查中涉及争议焦点的公知常识性证据、涉及补充实验数据等几种特定情形的证据解读进行了分析。

第七、第八章　以前述各章节的内容为基础，对机械领域、电学领域和化学领域中比较有代表性的若干案例进行了较为详细的实例分析，帮助读者加深理解在发明专利审查中如何树立证据意识，掌握以证据为核心的回案处理方法，理解证据的真实性、合法性和关联性，提升证据的获取和运用能力，从而提高专利审查质量和审查效率。

本书的编写人员包括参与课程开发的人员以及后期进一步提供典型案例的人员，大家在编写过程中都付出了辛勤的努力。原专利复审委员会、天津中心审业部、机械部、电学部、通信部、化学部和光电部的同事提供了非常好的案例，在此表示感谢。另外，闻秀娜、刘俊源、张艳稳、张岩、肖荔荔、朱耀剑、孔丹、吴文芳、徐书芳、朱云娥、庞尔江等参与了部分案例的收集编写；慈丽雁、陈雪梅、张芸芸、谭明敏、智月、孙明明、李海龙、亢心洁、侯琴、付少帅等人提供了典型案例研究。在此一并表示感谢。

本书的总体策划和审稿由刘稚承担，统稿由朱丽娜、韩旭、刘江和孙文倩承担，全稿研究和写作的协调工作主要由朱丽娜承担，第一章由刘稚编写，第二章由朱丽娜编写，第三章至第五章由韩旭编写，第六章和第七章第三节由孙文倩编写，第七章第一节由张美菊和王琳编写，第七章第二节和第八章第二节由刘江编写，第八章第一节由司军锋和方勇编写，第八章第三节由陈俊霞和田园编写。

本书呈现的观点是作者的认识，水平有限，难免有疏漏或错误不当之处，恳请读者批评指正。

本书编写组

2019 年 5 月 15 日

目　　录

第一章　证据意识在专利审查中的建立

发明专利申请的实质审查作为一项法律工作，其实质就是准确认定事实，正确适用法律，而准确认定事实又是正确适用法律的基础。由于发明专利申请实质审查过程中所涉及的法律条款比较少，所以适用法律相对简单，一般问题和难点都出现在认定事实方面。在认定事实过程中，一方面要准确理解发明创造，另一方面还要全面理解现有技术，这对于正确适用法律，特别是对新颖性和创造性的审查至关重要。

法律分为实体法和程序法。实体法是以规定和确认权利和义务以及职权和责任为主要内容的法律，例如《宪法》《行政法》《民法》《刑法》等；程序法是以保证权利和职权得以实现或行使，义务和责任得以履行的有关程序为主要内容的法律，例如《行政诉讼法》《民事诉讼法》和《刑事诉讼法》。在法律上通过程序法的证据规定来确保准确认定事实。

第一节　如何在发明专利的实质审查过程中树立证据意识

在心理学上，狭义的意识是指"人们对外界和自身的觉察与关注程度"❶，套用到证据方面，证据意识是指人们对证据的觉察与关注程度。具体地说，"证据意识是以证据心态、证据观念、证据理论3个层次的心理活动的形成与结果存在的。证据意识问题属于法律意识问题范畴。"❷更通俗的观点认为，"证据意识是指人们在社会生活和交往中对证据作用和价值的一种觉醒和知晓的心理状态，是人们在面对纠纷或处理争议时重视证据并自觉运用证据的心理

---

❶　https://www.baike.baidu.com.

❷　MBA 智库百科，https://wiki.mbalib.com/wiki/证据意识。

觉悟。"❶

在诉讼程序中，常见的说法是"以事实为依据，以法律为准绳"。诉讼争议的事件都是已经发生的事件，还原所述争议事件就必须借助"证据"，也就是说，争议事实的认定是以证据为基础的。《最高人民法院关于适用〈中华人民共和国民事诉讼法〉的解释》（2015）（以下简称《民事诉讼法司法解释》）第一百零四条第一款规定："人民法院应当组织当事人围绕证据的真实性、合法性以及与待证事实的关联性进行质证，并针对证据有无证明力和证明力大小进行说明和辩论。"由此可见，当事人提出的主张通常需要通过证据来加以证明。既然证据在争议确定过程中如此重要，那么对证据给予高度的关注即使在日常生活中也是很重要的，更不要说对于从事法律工作的人了。保持对证据的高度关注，就是我们常说的证据意识。

国家知识产权局专利局在审查员的培训过程中非常重视法律意识乃至证据意识的培养，在2015年分别开发了《证据裁判》和《程序正义》两门法律课程。其中，《证据裁判》课程讲述了证据裁判原则的来源和使用；《程序正义》课程讲述了程序正义的来源、内在价值以及在专利审查程序中的适用。证据裁判原则指对于诉讼中事实的认定，应依据有关的证据作出；没证据就不得认定事实。如何通过证据认定事实，则由各国的诉讼法来予以规定。通过上述培训课程可以发现，证据意识是作为从事专利审查工作的审查员应当具备的。审查员应当具备证据意识，司法中有关证据的规定也是审查员应当遵守的。

证据意识的内容通常包括对证据规则的掌握和运用，具体来说就是了解如何分配举证责任以及如何进行举证。后者进一步包括对证据类型和证据证明力的了解。

专利权属于民事权利，申请人向专利局提交说明书和权利要求书以证明自己在申请日之前完成了要求保护的发明创造，并请求专利局据此授予专利权。在专利实质审查过程中，专利局审查员通过检索现有技术，提供现有技术证据来评价申请人要求保护的发明创造是否符合专利授权条件。如果专利局没有发现可以否定发明创造的现有技术，同时所述发明创造又没有其他不符合《专利法》及其实施细则规定的，则专利局应当予以授权；反之，如果专利局发现了可以初步否定发明创造的现有技术证据，则申请人可以对专利局所提供的现有技术证据进行反驳，这种过程属于书面质证的过程。也就是说，在专利实质审查过程中，司法中有关证据的规定也是应当适用的，明确这一点，在审查过程

---

❶ 加强证据意识培养和提高［EB/OL］. https://max.book118.com/html/2018/0824/7033000044001144.shtm.

中，可以根据司法程序中有关证据的规定，明确举证责任的分配，掌握证据的合法性、真实性和关联性要求，树立起证据意识，使得审查过程更加符合法律的要求。

专利权虽然是民事权利，但是专利审查程序属于行政程序，因此一般适用《行政诉讼法》的有关规定，如果有些情形未在《行政诉讼法》中规定，则应当适用《民事诉讼法》的有关规定。

《民事诉讼法司法解释》的"第四章证据"中规定：

第九十条　当事人对自己提出的诉讼请求所依据的事实或者反驳对方诉讼请求所依据的事实，应当提供证据加以证明，但法律另有规定的除外。

第九十三条　下列事实，当事人无须举证证明：

（一）自然规律以及定理、定律；

（二）众所周知的事实；

（三）根据法律规定推定的事实；

（四）根据已知的事实和日常生活经验法则推定出的另一事实；

（五）已为人民法院发生法律效力的裁判所确认的事实；

（六）已为仲裁机构生效裁决所确认的事实；

（七）已为有效公证文书所证明的事实。

前款第二项至第四项规定的事实，当事人有相反证据足以反驳的除外；第五项至第七项规定的事实，当事人有相反证据足以推翻的除外。

第一百零三条　证据应当在法庭上出示，由当事人互相质证。未经当事人质证的证据，不得作为认定案件事实的根据。

第一百零四条　人民法院应当组织当事人围绕证据的真实性、合法性以及与待证事实的关联性进行质证，并针对证据有无证明力和证明力大小进行说明和辩论。

能够反映案件真实情况、与待证事实相关联、来源和形式符合法律规定的证据，应当作为认定案件事实的根据。

第一百零五条　人民法院应当按照法定程序，全面、客观地审核证据，依照法律规定，运用逻辑推理和日常生活经验法则，对证据有无证明力和证明力大小进行判断，并公开判断的理由和结果。

第一百零八条　对负有举证证明责任的当事人提供的证据，人民法院经审查并结合相关事实，确信待证事实的存在具有高度可能性的，应当认定该事实存在。

对一方当事人为反驳负有举证证明责任的当事人所主张事实而提供的证

据，人民法院经审查并结合相关事实，认为待证事实真伪不明的，应当认定该事实不存在。

我国《最高人民法院关于行政诉讼证据若干问题的规定》（以下简称《行政诉讼证据规定》）中规定：

第六十八条 下列事实法庭可以直接认定：

（一）众所周知的事实；

（二）自然规律及定理；

（三）按照法律规定推定的事实；

（四）已依法证明的事实；

（五）根据日常生活经验法则推定的事实。

前款（一）、（三）、（四）、（五）项，当事人有相反证据足以推翻的除外。

以这些证据规定为基础，我们可以进一步分析在专利审查过程中应当如何适用这些规定，进而树立起证据意识。

首先，《民事诉讼法司法解释》第九十条中规定："当事人对自己提出的诉讼请求所依据的事实或者反驳对方诉讼请求所依据的事实，应当提供证据加以证明，但法律另有规定的除外。"

申请人向专利局提交记载其发明创造的说明书和权利要求书以证明自己在申请日之前完成了要求保护的发明创造，并据此请求专利局授予专利权。换句话说，说明书和权利要求书是申请人主张获得专利权的证据。如果专利局要反驳申请人主张获得专利权的请求，则应当提供相应的证据，也就是我们常说的现有技术证据，例如《专利审查指南》（2010）第二部分第三章第2.1.2节所述的出版物等。因此，以证据反驳申请人是专利实质审查过程的主要形式。

上述《民事诉讼法司法解释》第九十条中还规定了"但法律另有规定的除外"，也就是说，如果法律另有规定的，可以排除当事人的举证责任。这一般有两种情况：

第一种情形是，举证责任倒置，例如《专利法》第六十一条规定"专利侵权纠纷涉及新产品制造方法的发明专利的，制造同样产品的单位或者个人应当提供其制造方法不同于专利方法的证明"。本来，在涉及新产品制造方法专利侵权的诉讼中，原告作为被侵权人，应当证明作为侵权人的被告侵犯了自己的专利权，但是，在方法侵权诉讼中，原告很难获得被告制造方法的相关证据，因此，法律将举证的责任分配给了被告一方，由被告提供证据，以证明自己的制造方法与原告的不同。

第二种情形是，在《民事诉讼法司法解释》第九十三条中规定："下列事实，当事人无须举证证明：

（一）自然规律以及定理、定律；

（二）众所周知的事实；

（三）根据法律规定推定的事实；

（四）根据已知的事实和日常生活经验法则推定出的另一事实；

（五）已为人民法院发生法律效力的裁判所确认的事实；

（六）已为仲裁机构生效裁决所确认的事实；

（七）已为有效公证文书所证明的事实。"

也就是说，在民事诉讼中涉及以上事实的，当事人无须举证。在《行政诉讼证据规定》第六十八条也有类似的规定，即"下列事实法庭可以直接认定：

（一）众所周知的事实；

（二）自然规律及定理；

（三）按照法律规定推定的事实；

（四）已依法证明的事实；

（五）根据日常生活经验法则推定的事实。"

但需要注意的是，在这两个司法解释中，只有"自然规律以及定理、定律"均被认为是无法用相反证据反驳或者推翻，其他几类事实，都是可以被相反的证据反驳或者推翻。

依据上述司法解释的原则，我们可以归纳出专利审查程序应当遵循的证据规则如下：

（1）申请人或者审查员对自己提出的事实主张或者反驳对方所依据的事实有责任提供证据加以举证；任何一方未能提供证据或者证据不足以证明其事实主张的，由负有举证责任的一方承担不利的后果。

（2）若一方否定对方提出的某个事实，则提出事实存在的一方负有举证责任。

（3）申请人对其发明创造所产生的技术效果始终负有举证责任。

其中第一条是基本规则，第二、第三条其实是从第一条引申出来的。证据是用来还原所争议事件的过程的，也就是说，某个事实只要发生过，就应当有痕迹，所谓的痕迹就会以证据的形式体现在司法程序中。反之，若某个事实没有发生过，也就没有痕迹，当然就没有证据可以证明。在司法程序中，当然主张这个事实存在的一方就需要提供证据加以证明，所以"若一方否定对方提出的某个事实，则提出事实存在的一方负有举证责任"也是基本证据规则的体现。

就"申请人对其发明创造所产生的技术效果始终负有举证责任"而言，前文已经提到，申请人以其向专利局提交的说明书和权利要求书来证明自己完成了所述的发明创造，并据此主张专利权。一方面，《专利法》第二十六条第三款规定"说明书应当对发明或者实用新型作出清楚、完整的说明，以所属技术领域的技术人员能够实现为准"，所谓的"清楚、完整的说明"，根据《专利审查指南》（2010）第二部分第二章第2.1节规定❶，"说明书应当包括技术领域、技术问题，技术方案和技术效果"，由此可见，技术效果是应当由申请人来举证的；另一方面，专利审查以书面审理为主，专利局一般不会通过实验验证申请人的技术方案和技术效果，因此，申请人对自己的发明创造所产生的技术效果，也只能由申请人自己加以证明。

在专利的实质审查过程中，明确并且掌握至少以上3条证据规则，就可以比较好地建立证据意识，规范审查行为，在很大程度上避免公知常识使用不当、实验数据不知如何判断等问题。

第二节　举证责任与公知常识

专利局发出的有关创造性的审查意见通知书中经常出现"公知常识"一词，申请人对此比较敏感，因为使用"公知常识"往往意味着专利申请的创造性被质疑乃至申请被驳回。

出现"公知常识"使用过多的原因主要是：在使用"三步法"判断专利申请是否具备创造性的过程中，第三步需要"判断要求保护的发明对本领域的技术人员来说是否显而易见"时，"……下述情况，通常认为现有技术中存在上述技术启示：（i）所述区别特征为公知常识，例如本领域中解决该重新确定的技术问题的惯用手段，或教科书或者工具书等中披露的解决该重新确定的技术问题的技术手段"❷。"公知常识"与"一般现有技术"的区别在于："公知常识"被所属领域技术人员所知道的广泛度远高于"一般现有技术"；如果"所述区别特征为公知常识"，按照创造性判断的逻辑，即指所述区别特征所能达到的技术效果以及由此而引申的发明实际要解决的技术问题都是本领域技术人员公知的。当然，有时候，由于区别特征不能脱离整体技术方案而单独存

---

❶ 《专利审查指南》（2010）第二部分第二章第2.1节"说明书应当满足的要求"，见知识产权出版社2010年版第130页。

❷ 《专利审查指南》（2010）第二部分第四章第3.2.1.1节，见知识产权出版社2010年版第173页。

在，因此，"区别特征所能达到的技术效果"有时要看整体技术方案能够达到的效果，这对于正确确定发明实际要解决的技术问题是非常重要的。为此，《专利审查指南》（2010）指出："作为一个原则，发明的任何技术效果都可以作为重新确定技术问题的基础，只要本领域的技术人员从该申请说明书中所记载的内容能够得知该技术效果即可。"❶换句话说，如果要求保护的权利要求的技术方案与现有技术的区别为公知常识，则无须再寻求另外的现有技术，进而判断两个现有技术之间是否存在结合启示。

在此应当注意的是：《专利审查指南》（2010）中的这一规定本身看起来很简单，但是在实践中遇到的难点通常是：①在创造性判断中是否能够准确界定被认定的区别特征是"公知常识"；②一旦被质疑，如何证明是"公知常识"。

在界定区别特征是否是"公知常识"时，必须要首先判断"所述区别特征所能达到的技术效果以及由此而引申的发明实际要解决的技术问题"是否是公知常识，而不能只考虑某个技术手段或者技术特征本身是否是"公知常识"，否则很容易出现将某个技术手段或者技术特征本身简单地认定为"公知常识"的误判。避免公知常识误判的方法就是首先准确理解发明和现有技术，找出要求保护的技术方案与现有技术的区别特征；其次，在将所述区别认定为公知常识时，必须要判断"所述区别特征所能达到的技术效果以及由此而引申的发明实际要解决的技术问题"是否是公知常识。当然，在一些情况下，"所述区别特征所能达到的技术效果"不一定仅仅是某个技术特征所能达到的，而是整体技术方案所有技术特征相互配合的结果，因此，就需要依据整体技术方案的效果，再确定发明实际要解决的技术问题。

在如何证明是"公知常识"时，2018年《专利审查指南修改草案（征求意见稿）》中尝试对"公知常识"给出定义，从而避免对"公知常识"进行举证的问题。"众所周知的技术常识，是指其公知的程度已经达到无技术领域限制的程度，例如，金属能够导电；橡胶具有绝缘性。"如果这样定义，实际上只是达到了限制"公知常识"使用的目的，并不能从根本上完全解决实践中公知常识使用过分频繁的问题，并且仍然无法解决哪些技术是所要求保护的技术领域的"公知常识"，以及如何证明"公知常识"的问题。

"公知常识"的证明问题，属于法律范畴，而不是单纯的技术范畴。为了避免"公知常识"的不当使用，在专利审查过程中掌握基本的证据规则，强化证据意识，就显得尤为重要。

---

❶ 《专利审查指南》（2010）第二部分第四章第3.2.1.1节，见知识产权出版社2010年版第172~173页。

一、公知常识与站位"本领域技术人员"

在站位"本领域技术人员"时，最重要的莫过于准确理解发明和现有技术，但是，这却是许多刚刚步入审查岗位的审查员的薄弱环节。为此，专利局在2018年《专利审查指南修改草案（征求意见稿）》中，在"创造性判断方法"一节中特别强调了对发明实质的理解。

从专利法的角度来看，在创造性判断中，为了使判断标准相对客观，避免过分的主观性而使用了"所属领域技术人员"这一拟制的"人"，在《专利审查指南》（2010）第二部分第四章第2.4节给出了定义："所属领域的技术人员，也可以称为本领域技术人员，是指一种假设的人，假定他知晓申请日或者优先权日之前发明所属技术领域所有的普通技术知识，能够获知该领域中的所有现有技术，并且具有应用该日期之前常规实验手段的能力，但他不具有创造能力，如果所要解决的技术问题能够促使本领域技术人员在其他技术领域寻找技术手段，他也应具有从该其他技术领域中获知申请日或者优先权日之前的相关现有技术、普通技术知识和常规实验手段的能力。"

目前一般认为，公知常识属于"本领域技术人员"所具有的"普通技术知识"范围。本书也赞同这种观点，但问题是，"本领域技术人员"所具有的"普通技术知识和常规实验手段的能力"随着每个专利申请所属的技术领域、申请日而不同。作为拟制的"人"，不同案件的"本领域技术人员"所具有的"普通技术知识和常规实验手段的能力"到底包含哪些内容，达到了什么水平，一般情况下无法清楚地让申请人和后审审查人员客观知道，因此，必要时，仍然要以证据的形式呈现给申请人和后审审查人员，从而使得"本领域技术人员"所具有的"普通技术知识和常规实验手段的能力"以证据的形式外化。

通过比较专利审查与法院审理民事案件或者行政案件，我们发现：首先，从客观对象来说，民事案件或者行政案件都更接近于生活，相对容易理解，当事人和法官往往可以处在同一认知水平上，对事实的理解不容易出现分歧；而发明创造有的容易理解，有的则不容易理解，所以对于判断主体所应具有的知识水平要求不同，所要求举证的范围也必然不同。其次，从主体来说，法官是所审理案件的直接判断主体，而审查员并不是所审查发明创造的判断主体，而需要将自己与拟制的"所属领域技术人员"重合后，才能作为主体进行判断。由于发明创造性的判断主体使用了拟制的"所属领域技术人员"，所以人们很难确定针对某个发明创造的"所属领域技术人员"究竟应当具备哪些"普通技术知识和常规实验手段的能力"，因此，往往更加需要"普通技术知识和常规实验手段的能力"的外化，即证据化。

二、从举证责任看公知常识的证明

根据最高人民法院作出的民事诉讼和行政诉讼有关证据的司法解释，严格来说，只有"自然规律以及定理、定律"本身才是最确定的公知常识。当然这也是相对而言的，牛顿力学在万有引力存在的地球上是定律，但是在宇宙中，就不适用；现在快速发展的量子物理学未来必将在很大程度上改变人们的认识，当然它们也属于另一层次的自然规律。由于对于自然规律、定理或者定律的发现，不属于专利法保护的客体，因此，一般来说，发明创造主要是利用已知的自然规律、定理或者定律，针对所要解决的技术问题，给出技术方案，并应当达到预期的技术效果。

在行政诉讼案件中，专利局作为作出行政决定的被告，举证责任要更重。虽然在专利的实质审查程序中，专利局并不一定要如在诉讼程序中一样进行举证，但是，在以创造性驳回专利申请时，至少应当提供足以使后审程序的审查人员达到内心确认的程度的证据。

根据前文从司法解释引申出的证据规则"申请人或者审查员对自己提出的事实或者反驳对方所依据的事实有责任提供证据加以举证；任何一方未能提供证据或者证据不足以证明其事实主张的，由负有举证责任的一方承担不利的后果"来看，申请人依据先申请原则和公开换保护的原则，以其在申请日提交的说明书和权利要求书作为主张专利权的证据，专利局则应当以检索到的现有技术文献为证据反驳申请人的主张。也就是说，如果专利局要反驳申请人的主张，专利局是负有举证义务的，而且应当提供足以支持其所述事实的证据，否则，也要承担不利的后果。

此外，如前文所述，即便公知常识作为本领域技术人员应当具有的"普通技术知识和常规实验手段的能力"，并且专利局据此驳回申请人主张专利权的请求，很多情况下也需要将这种"普通技术知识和常规实验手段的能力"以证据的形式外化出来。所以，不论是为了反驳申请人的主张，还是避免审查程序的反复，即使是在公知常识确定的情况下，尽可能地以证据来支持"公知常识"也是非常有必要的。这也可以说明《专利审查指南》（2010）第二部分第八章第4.10.2.2节中为什么规定"审查员在审查意见通知书中引用的本领域的公知常识应当是确凿的，如果申请人对审查员引用的公知常识提出异议，审查员应当能够说明理由或提供相应的证据予以证明"。另外，《专利审查指南》（2010）第四部分第二章第4.3.3节规定，"主张某技术手段是本领域公知常识的当事人，对其主张承担举证责任。该当事人未能举证证明或者未能充分说明该技术手段是本领域公知常识，并且对方当事人不予认可的，合议组对该技术手段是本领域公知常识的主张不予支持。"

在《专利申请指南》（2010）中，并没有对"公知常识"作出定义，在2018年《专利审查指南修改草案（征求意见稿）》中，试图对公知常识和本领域技术人员普遍知晓的普通技术知识作出定义，但是，并不能从根本上解决问题。因为，绝大部分发明创造都是用公知的自然规律、定理或定律来解决实践中存在的技术问题，即技术手段所基于的原理可能是公知的，但是，所述技术手段用来解决所述的技术问题未必是公知的，或者在某些情况下，需要能够发现特定的技术问题，进而用公知的技术手段去解决。所以，尽可能以证据的形式反驳申请人的主张是比较符合法律规范的做法。

实践中，在"公知常识"的使用上，经常还存在一些误区：

（1）由于《专利审查指南》（2010）第二部分第四章第3.2.1.1节规定"……下述情况，通常认为现有技术中存在上述技术启示：（i）所述区别特征为公知常识，例如本领域中解决该重新确定的技术问题的惯用手段，或教科书或者工具书等中披露的解决该重新确定的技术问题的技术手段"，有些审查员似乎认为教科书、工具书就只能是"公知常识"性证据，而不是把它们列为现有技术文献。实际上，教科书、工具书首先是代表现有技术的文献，其次，有可能是"公知常识"性证据。教科书、工具书不一定都必然作为公知常识性证据来使用。

例如，在原专利复审委作出的第25971号无效决定中提到，该案要求保护"一种防火隔热卷帘用耐火纤维复合帘面，其中所说的帘面由多层耐火纤维制品复合缝制而成，其特征在于：所说的帘面包括中间植有增强用耐高温的不锈钢丝或不锈钢丝绳的耐火纤维毯夹芯，由耐火纤维纱线织成的用于两面固定该夹芯的耐火纤维布以及位于其中的金属铝箔层4"。在该专利的说明书中指出了现有技术中存在的问题，即传统的钢质防火卷帘缺乏必要的隔热性能，受火面长时间接触大火后背火面温升较高，不能有效起到防火分区的作用，且大火之下易变形；自动喷水系统的设立又导致结果复杂、成本上升。该专利的技术方案可达到的技术效果是：最高耐火温度可达1350℃，正常使用温度达到1200℃，受火4小时内，背火面温升低于140℃，背火面温度低于200℃，背火面辐射热非常小，保证背火面物品的安全防火要求，即使1150℃以上也能保持卷帘整体结构完好无损，可抵挡救火时高压水龙头冲击而不被破坏等。

无效请求人提供的证据1公开了一种无机复合防火卷帘，公开了"帘幕

（相当于卷帘）由多层耐火纤维制品复合缝制而成，其中，中间层为硅酸铝纤维毡（相当于耐火纤维毯夹芯），其外层为两面耐高温的玻璃纤维布（相当于由耐高温玻璃纤维线织成的用于两面固定该夹芯的耐火纤维布），并用玻璃纤维绳或者钢丝绳将上述多层耐火纤维制品进行缝合"。因此，权利要求 1 与证据 1 的区别在于：①耐火纤维毯夹芯中间植有增强用耐高温的不锈钢丝或不锈钢丝绳；②位于两面耐火纤维布中的金属铝箔层。根据本专利说明书的记载，"耐火纤维毯夹芯中间植有增强用耐高温的不锈钢丝或不锈钢丝绳"的作用在于增加强度，"位于两面耐火纤维布中的金属铝箔层"的作用在于增加抗热辐射的能力，由此引申出权利要求 1 的技术方案实际要解决的技术问题是"通过适当调整和改变防火卷帘的结构和组成以提供一种耐高温强度高且放热辐射性能好的耐火纤维复合帘面"。

另外，无效请求人想通过《铝箔绝热材料及其应用》一书证明本专利在两面耐火纤维布中使用金属铝箔层（即区别特征 2）是公知常识。该书中描述："金属铝箔层的基本功能是抗热辐射，被广泛应用于建筑保温墙、耐火材料等诸多领域……，用作耐火材料时能够耐受约 660℃ 的温度，耐火时间为 8 分钟。"

无效请求人如果想证明区别特征 2 是公知常识，按照创造性判断的逻辑，无效请求人应当证明铝箔在两面耐火纤维布中使用所达到的效果以及使用方式（即夹在耐火纤维布中）都是本领域公知的，才能证明"位于两面耐火纤维布中的金属铝箔层"这一区别特征是公知常识。但是，根据说明书描述的本专利权利要求 1 防火卷帘的技术效果，"耐火温度为 1200℃，耐火极限时间达 4 小时"远优于无效请求人提交的《铝箔绝热材料及其应用》所记载的现有技术。此外，由所述技术效果而引申的发明要解决的实际问题是如何获得更耐高温（1200℃）和耐火时间更长（4 小时）的防火卷帘，而无效请求人提供的证据中都没有相关的技术启示。正如专利权人争辩的，铝的熔点是 660℃，低于本专利防火卷帘 1200℃ 以上的使用温度，能够耐火的时间不到 10 分钟。本领域技术人员通常不会将其用到防火卷帘的表面，也不会想到将其设置在防火卷帘的内部，实现防辐射热的效果。

原专利复审委支持了专利权人的争辩，认为：虽然请求人提交的教科书公开了"金属铝箔层的基本功能是抗热辐射，被广泛应用于建筑保温墙、耐火材料等诸多领域……，用作耐火材料时能够耐受约 660℃ 的温度，耐火时间为 8 分钟"，但是，本专利是通过铝箔位置的设置、所述铝箔与其他耐火纤维层协同作用解决了"耐火温度为 1200℃，耐火极限时间达 4 小时"的技术问题。也

11

就是说，铝箔的特性是已知的，乃至是公知的，但是，本专利通过应用铝箔特性，进而解决了现有技术存在的问题并且达到了预料不到的技术效果。

在本案中，教科书中记载的技术内容只是证明铝箔所具有的特性这一事实，不能证明因为铝箔存在所述特性，就可以无需其他现有技术的教导直接获得权利要求的技术方案，因此，在本案中，该教科书本质上属于一般的现有技术。

虽然从证明力的角度，一般来说，教科书、工具书以及行业标准等作为现有技术时，其证明力要大于其他文献，例如专利文献或者论文等，但是，如果证据与想要证明的事实不存在必然的关联，那么即便所述证据是教科书、工具书以及行业标准等，也不一定就成为公知常识性证据。

（2）"公知常识"的认定应当考虑时间、地域、本领域技术人员了解的程度等多方面的因素。例如，2018 年《专利审查指南修改草案（征求意见稿）》中规定："众所周知的技术常识，是指其公知的程度已经达到无技术领域限制的程度，例如，金属能够导电；橡胶具有绝缘性。"其中的举例实际上已经属于自然规律的范畴了，与最高人民法院的两个司法解释也是相吻合的。

专利文献公开的内容无论是从时间、地域上看，还是从本领域技术人员了解的程度上看，一般都不具有广泛性，不能作为公知常识的证据。

例如，"导管包壳及其制造方法"申请所涉及的导管通常用来检查并治疗心脏。通过皮肤中的小穿孔来入到患者的心血管系统中。导管典型地包括一个管状结构，其中一个或多个电极附接到该管的尖端上。一般将导电金属环用作电极。金属环使用黏合剂或通过机械手段连接，例如卷边或型锻（swaging）固定就位。机械连接的问题在于金属环与导管之间连接不够牢固，且相接处密封效果不好。

黏合剂连接，可以密封金属环与导管之间的区域。然而，黏合剂的树脂颗粒可能在使用过程中与导管分离，给患者带来风险。另外，黏合剂的施用过程操作复杂、要求精确使导管的制造过程更缓慢并且更昂贵。

为了解决电极与导管连接强度及密封性差且操作复杂的技术问题，该申请采取的技术方案是：导管 12 由一管状构件组成，管状构件远端的一个或多个电极 20 通过感应加热的方式附接到管状构件 14 上。

该申请技术方案的技术效果是在电极环 20 与管状构件 14 之间提供了紧密密封并且任何流体或其他物质都将不能够在该环下方通过；另外，在该电极环与管状构件 14 之间的附着力在不使用任何黏合剂的情况下得到了增强。

权利要求 1 要求保护的技术方案是：

一种制造导管包壳的方法，该方法包括：提供非导电材料的一个管状构件，该管状构件具有一个近端和一个远端，该管状构件进一步具有一个或多个导电体，这些导电体在该管状构件内从该近端延伸到该远端；

在该管状构件的一个外壁中形成至少一个开口，以用于接近该管状构件内的该至少一个导电体；

将至少一个导电元件附接在该管状构件的外壁上、与该至少一个导电体处于导电连接，这样使得该至少一个导电元件与该开口相邻并且包围该开口；

通过感应加热用热量对该管状构件和该至少一个导电元件进行处理，这样使得该管状构件在该至少一个导电元件周围局部熔化，以便沿该导电元件的每个边缘形成密封。

具体结构如图 1-1 所示。

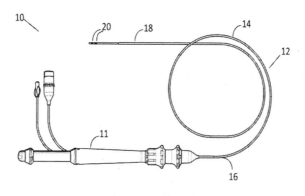

图 1-1 导管组件

经检索获得 2 篇对比文件：

对比文件 1 公开了一种用于制造电导线的方法（公开日：2007 年 7 月 18 日）提供了一种带有电极的冲洗导管，冲洗导管包括：管状构件 12，由聚乙烯或聚醚嵌段酰（PEBAX）等聚合物（塑料）制成，外壁上设有开口，导电体 18 螺旋缠绕管状构件 12 内部，从近端延伸至远端，通过开口暴露，如此布置以提高导管的柔性。电极 16 为导电金属环，附接至管状构件 12 上、通过开口与导电体 18 电连接，通过黏合剂或压接将电极固定至管状构件。

制造上述导管的方法包括：提供一个非导电材料的管状构件，该管状构件具有一个近端和一个远端，该管状构件 12 具有至少一个在管状构件 12 内从该近端延伸到远端的导电体 18；在该管状构件 12 的一个外壁中形成至少一个开口，以用于接近所述管状构件 12 内的导电体 18；将至少一个电极 16 附接在管状构件 12 的外壁上，其与该至少一个导电体 18 处于导电连接，使得电极 16 与

13

开口 34 相邻并且包围该开口 34；通过压接或粘接的方式将电极 16 固定在管状构件 12 上。电导线的部分剖开侧视图如图 1-2 所示。

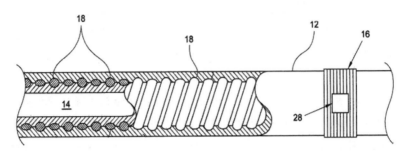

图 1-2　电导线的部分剖开侧视图

对比文件 2（公开日：1982 年 4 月 22 日）公开了一种采用感应加热实现金属针与塑料挡块连接的皮下注射针。为了方便地、牢固地将塑料挡块固定在金属针上，防止塑料挡块被从针上拉下，对比文件 2 提供了如下技术方案：所述注射针包括金属针 14 和附接至针 14 上的塑料挡块 22，其制造方法包括：将塑料挡块 22 定位在金属针 14 上，将金属针 14 插入感应线圈 24 内，基于感应原理在金属针内产生漩涡电流，进而产生热量对塑料挡块 22 加热，使得塑料挡块 22 熔化，从而实现塑料挡块和金属针的牢固密封连接，感应加热手段可以可靠地密封并且充分焊接具有较小直径的构件。注射针的侧视图如图 1-3 所示。

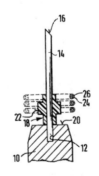

图 1-3　注射针的侧视图

通过对比可以发现：对比文件 1 公开了权利要求 1 中涉及电极导管整体结构的相关特征，其区别特征在于：“通过感应加热用热量对该管状构件和该至少一个导电元件进行处理，使得该管状构件在该至少一个导电元件周围局部熔化，以便沿该导电元件的每个边缘形成密封。”由此可见，区别特征即是做出贡献的技术手段，因此，发明实际解决的技术问题与发明要解决且解决了的技术问题一致，均是：电极（即导电原件）与导管（即管状构件）连接强度及密封性差且操作复杂。

检索过程中发现：多篇专利文献中均公开了利用感应加热实现两个构件连接的技术手段。是将所发现的多篇现有技术作为公知常识性证据来评述创造性，还是将它们作为普通现有技术来评述创造性？

首先，根据目前国内法院的司法实践，通常认为："公知常识和现有技术均可能破坏专利权的创造性，但公知常识的范围显然小于现有技术，某项现有技术只有在其所属领域基于申请日（或优先权日）前的该领域技术发展水平及该领域技术人员而言，已经被广泛地接受并应用，以至于该技术在该领域已经到达了'公知化'的程度，才能被认定为公知常识。"❶ 除了教科书、工具书、技术手册外，用其他证据证明某项技术在某一时间点已经被所属领域技术人员广泛接受并应用，从而达到"公知化"的程度是非常困难的。

由此可见，与其用对比文件 1 结合公知常识评述创造性，不如将上述专利文献作为现有技术证据文件，与对比文件 1 结合评价本申请的创造性，从而更加符合现有规定以及相关的审查和司法实践。

虽然法院认为"某些技术领域有其独有的特性，以通信领域为例，该领域的技术更新速度很快，许多新出现的技术迅速在行业中大量应用，很可能未等到该项技术被教科书、技术手册、技术词典收录，该项现有技术已经被通信领域的技术人员广泛接受并应用，进而成为本领域的公知常识"❷，但对于绝大多数技术领域来说，以专利文献来证明某项技术的公知常识的难度还是很大的。

三、公知常识与推定的事实

如前文所述，在创造性判断中，被审查专利申请与现有技术的区别特征，特别是所述申请区别于现有技术的关键技术特征，一旦被专利局认定为公知常识，则很容易引起申请人的争议。在实践中，全面准确地理解发明并把握发明的实质，是检索和适用法律的基础。目前发现，专利局审查员不能准确理解发明及其技术方案的实质，而且更多的是在技术特征的层面进行比较，随后就进行创造性判断，这也是导致公知常识使用过多的主要原因。其中，又存在基于

❶ 卓锐. 复审委依职权引入公知常识时的举证责任［EB/OL］.（2016－11－01）. http//county. beijing.cn/xc.

❷ 卓锐. 专利行政案件中公知常识认定现状分析及建议［EB/OL］. https://www.xzbu.com/2/view-7709898.htm.

某一公知常识依逻辑而推定出一个或多个事实，进而将推定出的事实认定为公知常识的情形，这种情形与隐含的技术特征有些类似。

例如，某案涉及"基于跨孔电阻率 CT 法的污染土检测方法"。权利要求 1 要求保护："一种基于跨孔电阻率 CT 法的污染土检测方法，其特征在于：在被污染区域内布置由若干检测孔组成的测线，所述测线的至少一端布置于所述污染区域周边的未污染区域；采集相邻两个所述检测孔之间的电阻率数据，对所述检测孔所测得电阻率数据进行反演处理得到相对应的电阻率剖面；比较所述检测孔所测得的所述污染区域的电阻率数据和所述未污染区域的电阻率数据，同时结合所述电阻率剖面，判断所述污染区域内的污染物分布情况。"

本案所要求保护的技术方案实质上就是检测被认定为污染区的电阻率数据，然后与被认定为未污染区域的电阻率数据进行比较，进而判断污染物的分布情况。在本申请的说明书中没有说明如何确定未污染区域。

对比文件 1 公开了一种"重金属污染场地电阻率法探测数值模拟及应用研究❶"，该文献公开了"通过在地表进行测量推断出地下介质的电阻率分布，从而进一步确定地下介质分布"，"污染物浓度越高，土壤的电阻率越低，因此，用不同的电阻率特性对不同污染浓度进行建模，污染程度越重，土壤电阻率越低；污染程度越轻，土壤电阻率越接近土壤电阻率背景值"。该文件还公开了一个具体的测量实例："测线从北向南布线，贯穿整个生产厂房，极间距 4m，布置 56 个电极，测线总长度为 220m，调整电极插入土壤深度，使电极接地电阻在 2000Ω 以内，探测的主要目的是明确污染区域；测线视电阻率断面图如图 8 所示，在测线前半段及剖面图深处电阻率相对较高，而在测线浅层区域存在部分低阻区域，为了更为准确地进行污染区域识别，对视电阻率剖面图采用主流的反演算法——光滑模型反演算法进行反演，得到电阻率剖面图如图 9 所示，可以看出，在地下 10m 以内的范围内存在 3 处电阻率相对较低的地方：分别为测线 80~88m，测线 140~164m 及测线 196~212m，可以推断，这 3 处区域很有可能污染情况更为严重。"显然对比文件 1 也是根据低污染或未污染区域的电阻率高，而污染区域的电阻率低这一特性，通过测量不同孔之间的电阻率，然后进行反演，从而确定污染区域以及污染程度。

在本案中，虽然对比文件 1 中没有明确说明其中的检测方法是分别检测污染区域的电阻率与未污染区域的电阻率，但是由于已知"低污染或未污染区域的电阻率高，而污染区域的电阻率低"这一规律，因此，可以推定对比文件 1

---

❶ 王玉玲. 重金属污染场地电阻率法探测数值模拟及应用研究 [J]. 环境科学, 2013, 34 (5): 1908-1914.

中所述的高电阻率区域应当是低污染区域或者未污染区域。进而推定，对比文件 1 也是分别检测污染区域的电阻率与未污染区域的电阻率，进而进行反演，得到电阻率剖面，从而确定污染的区域以及污染程度。在此，所推定的内容是对比文件中隐含的规律，不能将其认定为公知常识。

第三节　证据的关联性与实验数据

国家知识产权局在 2017 年对《专利审查指南》（2010）第二部分第十章第 3.4 节（2）段进行了修改，从原来"判断说明书是否充分公开，以原说明书和权利要求书记载的内容为准。申请日后补交的实施例和实验数据不予考虑"，修改为"判断说明书是否充分公开，以原说明书和权利要求书记载的内容为准。对于申请日之后补交的实验数据，审查员应当予以审查。补交实验数据所证明的技术效果应当是所属领域的技术人员能够从专利申请公开的内容中得到的"。

《专利审查指南》（2010）上述修改解决了"应当对补交的实验数据进行审查"的问题；但是，对于如何审查，即"专利申请公开的内容"究竟是指技术效果、技术方案，还是技术方案与技术效果的结合，并没有给出明确的解释。为了明确究竟应当是针对技术效果、技术方案，还是技术方案与技术效果的结合进行审查，我们必须梳理一下申请人为什么要补交实验数据。

首先，实验数据是申请人用来证明发明所公开的技术方案的技术效果的，从前文有关证据的规则可以看出，申请人对其发明创造的技术效果，始终负有举证责任。补交的实验数据主要有以下情形：①申请人为证明其发明创造与专利局检索到的现有技术相比具有创造性而补充提交的实验数据，或者申请人针对专利局对技术方案的技术效果所存在的质疑，用于进一步证明要求保护的技术方案的技术效果的补充实验数据；②在化学生物领域，由于申请提交得过早，导致申请人最终想要保护的内容并未全部记载在申请日提交的申请文件中，因此，需要补交实验数据。对于化学生物领域的发明创造来说，申请人往往在筛选出一类化学物质的时候，就已经开始提交专利申请，提交申请时的实验数据未必都很充分，因此，在实质审查阶段，在面对专利局的质疑时，申请人往往会补交实验数据。

一、"专利申请公开的内容"如何把握？

我们可以从证据的关联性角度来分析"专利申请公开的内容"在审查实践

中应当如何把握。申请人补交的实验数据应当与其所欲证明的事实相对应，例如，申请人在原始说明书中公开了某技术方案具有 A 效果，那么补交的实验数据应当是对 A 效果的进一步补充，而不能用 B 效果来补充证明 A 效果，除非 A、B 效果之间具有关联性。

在这里，我们首先应当清楚，技术方案和技术效果虽然都是"申请事实"，但严格来讲，技术效果与技术方案在创造性评判中的地位并不一样。创造性判断的对象始终都是技术方案，而技术效果是用来间接证明技术方案的非显而易见性，因此，不能将技术方案和技术效果等同看待。

针对第一种情形，在实质审查阶段，申请人撰写发明时所基于的现有技术可能与专利局检索到并用于评价创造性的现有技术不同，后续申请人为进一步证明技术方案创造性而补交实验数据，如专利局把该实验数据纳入申请事实的范畴时，将实验数据体现的技术效果与技术方案等同看待，会导致错误适用《专利法》第二十六条第三款，这样会影响申请人举证义务的履行，对申请人有失公平。

对于化学生物领域的专利申请来说，由于很难从技术方案本身判断所要求保护的发明创造是否具备非显而易见性，因此，往往需要借助所述技术方案的技术效果来间接证明技术方案的非显而易见性，但是不能因此而将技术方案与技术效果放在同等的地位上。

《最高人民法院关于审理专利授权确权行政案件若干问题的规定（一）》（公开征求意见稿）（以下简称《确权征求意见稿》）第十三条规定：

化学发明专利申请人、专利权人在申请日以后提交实验数据，用于进一步证明说明书记载的技术效果已经被充分公开，且该技术效果是本领域技术人员在申请日根据说明书、附图以及公知常识能够确认的，人民法院一般应予审查。

化学发明专利申请人、专利权人在申请日以后提交实验数据，用于证明专利申请或专利具有与对比文件不同的技术效果，且该技术效果是本领域技术人员在申请日从专利申请文件公开的内容可以直接、毫无疑义地确认的，人民法院一般应予审查。

在上述《确权征求意见稿》中，"用于进一步证明说明书记载的技术效果已经被充分公开，且该技术效果是本领域技术人员在申请日根据说明书、附图以及公知常识能够确认的"显然也是对技术效果和产生相应技术效果的技术方案进行了区分，而不是笼统地从申请事实的角度来判断补充实验数据是否应当予以审查。

二、补交的实验数据与权利冲突

最有争议的主要是上述第二种情形，出现争议的原因主要是化学或者生物领域的专利申请往往在筛选出一类化合物或者生物物质时就开始提交专利申请（例如马库什权利要求），提交专利申请后，随着研究的深入可能会从这一类化合物或者生物物质中获得一种或几种效果特别好的化合物或者生物物质。在专利实质审查过程中，当专利局发现了能破坏所述一类化合物或生物物质创造性的对比文件时，申请人就会补交优选化合物或者生物物质的效果数据，那么此时，所述优选化合物或者生物物质的效果数据究竟应当被认定为是申请日所提交的发明创造的一部分，还是超出了申请日说明书和权利要求书所公开的内容？

遇到这种情形，主要判断的标准还是要看补交的实验数据所证明的技术效果是否是申请日所提交的说明书中所记载的技术方案所能够达到的。

一方面，在化学和生物领域专利申请如果要求保护一类化合物或者生物物质，那么，通常来说权利要求的保护范围就是这一类物质，而不是某个或者某几个物质；另一方面，在化学和生物领域存在选择发明，也就是说，在后的其他申请人可以对在先公开的专利申请进行研究，从而有可能从中发现某个化合物或者生物物质具有"显著的效果"，在后的申请人也可以据此获得专利权。由此可见，所述第二种情形争议的主要原因是权利冲突的问题。在先申请人在提交申请并公开后，未能及时发现或者筛选出在先申请中优选的化合物或者生物物质，反而被其他申请人抢占了，这就会使得在先申请人或者专利权人感到非常恼火。

首先，根据公开换保护的原则，申请人公开的是一类化合物或者生物物质，那么所获得的保护范围也应当是与之对应的；其次，从促进整个社会技术发展和进步的角度来说，选择发明可以促进技术的发展，这是个体利益与整体利益的平衡问题，世界主要国家和地区的专利制度均允许选择发明的存在也说明了其合理性。

基于以上考虑，如果申请人在申请日要求保护的是一类化合物或者生物物质的发明创造，而未要求保护具体的某个化合物或者生物物质，那么申请日以后提交的用于证明某个化合物或者生物物质的效果数据是不应当被接受的。否则既违反了先申请原则，也违反了公开换保护的原则。在从现有技术中选择最接近的技术方案时，如果一篇在先申请公开了一类化合物或者生物物质而不是某个化合物或者生物物质，那么专利局也不能从中组合出一个与被评价发明创造类似的技术方案来评价其新颖性或者创造性。

需要注意的是，除化学和生物领域外，其他领域有时也存在需要提交效果数据的问题，例如电学领域某案："一种离子注入的方法"申请涉及半导体领域中的离子注入工艺。在其说明书中提到："随着半导体器件越来越小型化乃至微型化，晶体管的密度大幅提高，需要通过离子注入技术对半导体器件表面进行特定的处理。因此，大剂量的离子注入也成为一种趋势。离子注入技术是指一般用光刻胶作为离子注入的掩膜层，对指定的区域进行覆盖阻挡，然后对暴露出来的半导体层进行离子注入。在此过程中，由于注入的离子具有一定的能量，当这些高能离子注入光刻胶层时，光刻胶会受到离子的连续撞击而累积能量，从而产生热效应，进而导致光刻胶掩膜层碳化发硬而产生变形，同时还会造成光刻胶难以去除而产生掩膜层残留的现象。该申请的发明目的是提供一种有效阻挡离子轰击的离子注入方法，该方法也可以避免热效应引起的掩膜层硬化变形，且易去除，从而提高产品的良率。"

该申请为了克服上述现有技术中的问题，以石墨薄膜作为掩膜层，利用石墨导热性能好的特点，防止因热效应而产生的掩膜层硬化变形，同时避免掩膜层的残留。

该申请权利要求 1~9 要求保护所述的离子注入方法，其中权利要求 1 为："一种离子注入的方法，其特征在于，所述方法包括：在基板表面制备石墨薄膜；通过一次构图工艺形成石墨掩膜层；以所述石墨掩膜层为掩膜进行离子注入。"

权利要求 2~9 对离子注入方法进行了进一步限定。权利要求 10 对权利要求 1 的石墨薄膜厚度进行了进一步限定，为 10~150nm。

专利局检索到的对比文件 1 为了防止高能离子注入时引起的掩膜硬化以及不易去除的问题，公开了一种离子注入方法，该方法在半导体衬底上涂覆无定形碳膜；在所述无定形碳膜上涂覆光刻胶，通过光刻、刻蚀无定形碳膜形成无定形碳膜图案，以无定形碳膜图案为离子注入掩膜进行离子注入。掩膜厚度为1000~3000 埃。对比文件 2 公开了一种离子注入方法，离子注入的掩膜材料为石墨。专利局以对比文件 1 和 2 结合认为本申请 1~10 没有创造性。申请人在意见陈述中强调本申请选择 10~150nm 厚度的石墨薄膜是具有非显而易见性的。

事实上，在该领域中，掩膜厚度的选择要考虑是否容易被离子击破、是否容易去除以及成本等因素，因此，如果申请人不能证明 10~150nm 厚度的石墨薄膜能产生什么样的预料不到的技术效果，基于这些因素确定适合的石墨薄膜厚度对于本领域技术人员来说，是无须付出创造性劳动的。

某案："一种双孢蘑菇褐腐病菌分子检测引物及快速检测方法"，该申请利用真菌核糖体转录间隔区（ITS）序列在种内具有保守性，在种间具有可变性的特点，设计特异性引物进行 PCR，检测双孢蘑菇褐腐病菌。该申请主要是针对疣孢霉菌 ITS 序列而设计了特异性引物对：上游引物 MSF：5'-CCGGGGACCTA-AACTCTTCTG-3' 和下游引物 MSR：5'-AAAGTTGGGGTTTTACGGCG-3'，体现在原始权利要求 1 中。

作为该申请现有技术的对比文件 1 中公开了用巢式 PCR 方法鉴定白蘑菇湿泡并病原体-疣孢霉菌的方法。对比文件 1 公开了用通用引物扩增双孢蘑菇腐病病原菌 ITS，测序后，根据其序列设计鉴定引物；对比文件 2 公开了扩增 ITS 通用引物 ITS1 和 ITS4，以及 ITS 的种间变异性和种内保守性。

专利局认为：在对比文件 2 的教导下，本领域技术人员很容易想到用对比文件 2 的通用引物扩增测序以获得相应的 ITS 序列。在获知了种内保守和种间变异的 ITS 序列后，本领域技术人员使用本领域常规的多序列比对软件和引物设计软件，在对比文件 1 的教导下，即可得到相应的特异性扩增引物。至于该申请中记载的灵敏度为 1fg 的技术效果，专利局认为：这样级别的灵敏度是巢式 PCR 技术本身所具有的特性，使用巢式 PCR 技术获得的该级别的灵敏度在现有技术中是常见的，甚至不少现有技术的灵敏度高于该申请，由此可见，该级别的灵敏度并不是由于采用了权利要求 1 的特定引物所带来的，所述的技术效果是本领域技术人员可以预期的。

在本申请中，无法直接确定 PCR 引物的特异性，而需要通过灵敏度来体现。也就是说，虽然权利要求 1 要求保护一种特异性引物，但实际上无法直接确定所述引物的创造性，而需要通过所述引物的检测灵敏度来间接确认引物的特异性程度，灵敏度越高，表明特异性程度越好。

第四节　从证据的角度看理解发明

从证据的角度来看，依据公开换保护和先申请原则，说明书和权利要求书是申请人用于主张专利权的证据。专利局对申请人提交的证据与其所主张的专利权之间的关联性进行审查，对于发明专利审查来说，主要是发明专利申请的实质性审查，即《专利法》第二十二条专利授权条件的审查，亦即新颖性、创造性和实用性的审查。其中，创造性审查主要是发明要求保护的技术方案的非显而易见性的审查。由于创造性审查具有一定的主观性，因此，只有准确理解发明创造，充分进行现有技术检索，才能准确地把握创造性标准。

一、发明构思

在创造性判断过程中，准确理解发明是进行检索以及作出创造性判断的关键，因此，如何理解发明就显得尤为重要。

在理解发明时要找到所述发明的发明构思，但是《专利审查指南》（2010）中并没有给出发明构思的定义。所以在实践中，对发明构思的理解也不尽相同。

一种观点认为❶："发明构思一般是指，在发明创造的完成过程中，发明人为解决所面临的技术问题在谋求解决方案的过程中所提出的技术改进思路。发明构思一旦提出，则会指引发明人去选取具体的技术手段对现有技术进行改进以解决其所存在的技术问题，从而完成发明创造。就专利或者专利申请而言，发明构思通常是指发明人在面对自身所认识到的现有技术（往往是专利说明书中记载的背景技术）中存在的缺陷提出的解决思路。"

另一种观点并没有对发明构思进行定义，而是从发明构思所包含的内容出发，认为发明构思包括发明所属的技术领域、要解决的技术问题、技术方案以及技术效果。

对比两种观点可以看出，前者是从还原发明创造的过程出发来理解发明；后者虽然没有强调还原发明创造的过程，但是"要解决的技术问题"主要是指发明创造的出发点，所以两种观点没有本质的区别，都是要将申请人要求保护的技术方案放在申请日时，从发明人所面临的客观现有技术状况出发，从而客观地理解为解决所述技术问题而提出的技术方案，为客观判断创造性打下基础。

国家知识产权局在 2018 年对《专利审查指南修改草案（局内征求意见稿）》进行了修改，在第二部分第四章第 3.2.1.1 节有关创造性的判断方法一节，增加了"在评判发明创造性之前，审查员应根据申请公开的内容，认定申请事实，把握发明的实质，即围绕发明所要解决的技术问题、解决所述技术问题的技术方案和技术方案所能带来的技术效果，确定发明能够解决的技术问题和所采用的技术手段"。虽然这次修改没有明确发明构思的定义，但在实践中，主要从"发明所属的技术领域、要解决的技术问题、技术方案以及技术效果"这 4 个方面理解发明，从而保证全面准确地理解发明乃至现有技术。本书使用

---

❶ 国家知识产权局专利复审委员会. 以案说法——专利复审、无效典型案例指引 [M]. 北京：知识产权出版社，2018：183.

了这一观点对相关案例进行解释分析。

在理解发明并确定发明相对于现有技术所作的贡献时，有的人会使用"关键技术手段"，而《专利审查指南》（2010）中使用了"作出贡献的技术特征"。我们认为这两种说法没有本质的差别，只不过是角度不同。如果从还原发明创造过程来说，相对于申请人要解决的技术问题，就可以说发明使用了什么"关键技术手段"；如果从专利局评价发明创造性的角度来说，所述"关键技术手段"往往是发明相对于现有技术"作出贡献的技术特征"。

在实践中，与理解发明的实质同样重要的还有对现有技术的理解。对现有技术的理解不准确，实质上是"本领域技术人员"所具有的"普通技术知识和常规实验手段"偏离了真实的现有技术水平，从而导致非显而易见性的判断出现偏差。

二、创造性与获得发明创造的难易

在创造性的审查过程中，经常出现某权利要求的"技术方案是本领域技术人员容易得到的"这样的表述，有时候，在讨论案件过程中，新审查员很容易把获得技术方案的难易程度作为非显而易见性的判断标准。虽然专利局可以依据所获得的现有技术文件，质疑一项发明的技术方案是"本领域技术人员容易得到的"，但是，在创造性评价过程中，审查员内心应当清楚，容易得到的发明创造不是必然没有创造性。

《专利法》第二十二条第三款创造性规定"是指与现有技术相比，该发明具有突出的实质性特点和显著的进步"。《专利审查指南》（2010）第二部分第四章有关创造性的规定中，指出在使用"三步法"对发明专利的创造性进行判断时，依次需要确定最接近的现有技术—确定发明的区别特征和发明实际解决的技术问题—判断要求保护的发明对本领域的技术人员来说是否显而易见。其中"判断要求保护的发明对本领域的技术人员来说是否显而易见"是创造性判断的核心部分。

创造性的"非显而易见"，并不必然要求满足这一条件的发明创造必然是经过艰苦努力才获得的发明创造，换句话说，获得技术方案的难易程度，不是具备创造性的必然要求。《专利审查指南》（2010）第二部分第四章第5节"判断发明创造性时需考虑的其他因素"中指出，"当申请属于下列情形时，审查员应当予以考虑，不应轻易作出发明不具备创造性的结论"，其中第一条即是"发明解决了人们一直渴望解决但始终未能获得成功的技术难题"，也就是说，如果发明的技术方案"解决了人们一直渴望解决但始终未能获得成功的技术难题"，那么所述技术方案一般应当被认为具备创造性；反之，容易获得的技术方案并不一定没有创造性，而是应当要看现有技术中是否给出了获得所述技术方案的教导或者启示。

三、有限次实验的问题

在非显而易见性的判断中，专利局经常还会以"所述技术方案是通过有限次实验可以获得的"来质疑某要求保护的技术方案的创造性。从创造性的立法本意来说，技术方案是否容易获得或者是否需要一定次数的实验，并不是主要的判断标准，有些技术方案可能很容易获得，也未必经过了艰苦的实验，但是只要现有技术中没有教导或者启示，也无法依据现有技术合乎逻辑地推理出来，那么发明创造的创造性是很难被否定的。有限次实验往往应当与技术效果结合起来才能更准确地判断要求保护的技术方案的创造性。实际上，无论实验次数多少，只有当技术效果达到本领域技术人员无法预料到的程度时，才能支持技术方案本身的非显而易见性。

第二章　以证据为核心的回案处理

专利局对发明专利申请进行实质审查的目的在于确定发明专利申请是否应当被授予专利权。对于专利申请不符合授权规定的情况，专利局通常会以发出通知书的书面方式来通知申请人，要求申请人针对通知书中所提出的问题进行意见陈述和/或对申请文件进行修改。在明确本申请的法律地位（如授权、驳回、撤回等）之前，专利局可能多次发出通知书，申请人也可能进行多次意见答复❶。因此，专利局在发出首次通知书后，如果申请人进行了意见陈述和/或修改申请文件，那么专利局则需要对专利申请进行继续审查❷。

在继续审查中，专利局应重点关注申请人对审查意见的答复，特别应当注意申请人在争辩中陈述的理由和提交的证据，必要时，应进行补充检索❸。也就是说，专利局应依据证据规则，以证据为核心，在事实依据和法律依据的基础上开展客观、公正、准确、及时的专利审查。以证据为核心的回案处理，需要在审查中准确掌握和运用证据规则。目前大多数人认同"谁主张谁举证"这一比较基本的证据原则，但是《专利法》《专利法实施细则》《专利审查指南》（2010）中均未对举证责任进行清楚、完整和系统的规范。其中，《专利法》及《专利法实施细则》没有对申请人和专利局在审查中的举证责任分配作出明确规定，《专利审查指南》（2010）对"举证责任"虽有所涉及，但表述零散、笼统，致使审查员和申请人在审查实践中存在诸多困惑。因此，在实际审查过程中仅用"谁主张谁举证"的原则显得过于笼统，尚不能完全适应专利审查工作当中出现的许多具体情况，研究一种体现证据规则、可操作性强的专利审查方法是十分必要的。

本章将以创造性审查为切入点，向读者介绍如何运用证据规则开展继续审查（以下称为"回案处理"），系统阐述在继续审查中具有较强操作性的、以

---

❶ 《专利审查指南》（2010）第二部分第八章第2.1节"实质审查程序概要"。

❷ 《专利审查指南》（2010）第二部分第八章第4.11节"继续审查"。

❸ 《专利审查指南》（2010）第二部分第八章第4.11.2节"补充检索"。

证据为核心的回案处理方法，旨在减小专利局与申请人在认识上的差异性，提高双方的意见交互效果。

第一节　运用证据规则的回案处理方法

第一次审查意见通知书的审查主张和答复审查意见的申请人意见陈述书的申请人主张，可看作是回案处理中展开激烈辩论的"正反双方"。在两方对于事实、理由和证据进行了充分的交互之后，是否能够以证据为核心进行回案审查，成为能否客观、公正作出审查意见和结论、能否高质高效完成专利审查工作的重要影响因素。然而，在进行回案处理时，专利局需要全面考虑两方的情况，即在前次审查意见通知书中提出的主张、理由和证据以及申请人答复审查意见所提出的主张、理由和证据，如何以证据为核心作出准确的后续审查意见/结论，往往比较困难。为统一回案处理的审查标准，我们通过分析大量实际案例的审查过程，基于证据规则梳理出一套回案处理方法。该方法能够帮助审查员在回案处理时运用证据规则，以证据为核心，正确适用法律。

在回案处理时，为了能够依据证据规则对案件审查结论作出准确判断，需要专利局厘清技术方案，聚焦争论焦点，明晰举证责任，衡量待证事实，获得审查结论。在此过程中，专利局应当对负有举证责任一方的证据真实性、合法性和关联性进行审查，并对所涉及的证据事实进行正确和准确的解读。

依据证据规则进行回案处理可以按照五个步骤进行，即：列争点、核证据、辨是非、查问题、再处理，以下简称为回案处理"五步法"。回案处理"五步法"的前四个步骤，旨在帮助专利局准确、全面、客观、公正地对待申请人在意见陈述书中提出的理由和证据，这四个步骤的分解处理有助于提高专利局审查员适用证据规则的能力、归纳总结意见的能力以及衡量证据的能力，第五步则是在前四步的基础上，特别是专利局已经充分衡量证据的基础上，根据专利申请文件的具体情况开展继续审查的几类情况的归纳总结。回案处理"五步法"作为一个整体，是训练专利局审查员牢固树立证据意识、正确辨析申请人意见、准确作出继续审查意见的一套科学、规范、可执行、易推广的方法，非常适用于发明专利实审工作实际。

一、列争点

回案处理"五步法"的第一步即列争点。列争点，就是在专利局发出审查意见通知书并且申请人针对审查意见进行答复后，专利局仔细阅读申请人的意见陈述，并对其中的争辩点进行客观分析、全面准确陈述的过程。"列争点"是回案处理"五步法"的起点，也是整个方法的基础。

在"列争点"阶段，专利局应重点关注审查员与申请人发生意见分歧、产生不同观点、形成不同结论的内容。首先，专利局应当确定以下事实主张：专利局在审查意见通知书中的事实主张、申请人在意见陈述中提出的不同于专利局审查意见的事实主张、申请人提交的修改文本的事实主张。在明确上述主张后，通过比较这些事实主张就能够获知其中的分歧。其次，通过比对上述事实主张，获得双方出现分歧的事实、观点和结论等，进行翔实的记录并列为争辩点。对于双方达成一致的事实、观点和结论，则不必列为争辩点。

列争点是回案处理"五步法"的基础，旨在通过该步骤读懂申请人的意见陈述，并全面、准确地归纳出争辩点。申请人的争辩角度是多元化的，主要包括但不限于如下情况：争辩技术领域不同、解决的技术问题不同、区别特征的技术作用不同、不属于本领域的公知常识、现有技术给出相反的技术启示、现有技术的结合存在障碍、同族申请在其他国家的审查结果与本案审查结果不同等。

不同的申请人在意见答复的方式上也存在较大的差异性。举例来说，有的申请人在描述本申请的技术方案时，对于仅在说明书中记载而未被权利要求书的范围所涵盖的内容重点陈述，而并未聚焦于权利要求的保护范围进行有效争辩；有的申请人对于在原权利要求书和原说明书中未记载的技术内容进行大量的意见陈述，然而缺乏必要的证据和实验数据；有的申请人将说明书的具体实施方式与权利要求书中经一定概括后的技术方案混杂解读和分析；有的申请人针对同一争辩理由在意见陈述书的不同部分反复说明和解释。上述情况的大量存在，使得专利局在解读和概括意见陈述主要内容的过程中容易出现问题。

为了解决上述困难，我们总结了一套如何针对申请人意见陈述提取争辩点的通用方法。提取争辩点的流程如图 2-1 所示，主要包括分解、归纳、提炼、查漏等多个步骤。在实际案例处理过程中，多数情况下可能还会涉及再次分解、归纳、提炼和查漏的过程，即存在多次循环往复的过程。

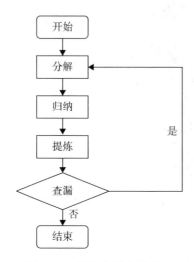

图2-1 提取争辩点的流程

下面对于提取争辩点的流程图中涉及的"分解"作进一步的解释。分解的过程需要专利局审查员在通读意见陈述的基础上，将意见陈述的内容按照一定的方式进行分解。以答复不具备创造性审查意见的意见陈述为例，申请人往往会从特征对比的角度、技术领域、技术问题、技术效果、改进动机、结合启示、公知常识、是否容易想到等多个角度来提出争辩意见。专利局审查员在面对申请人的陈述意见时，可以按照上述常见的争辩角度，将申请人的意见陈述按照技术特征、技术领域、技术问题、技术效果、结合启示、公知常识、容易想到等方面进行分解。举例来说，在某一专利申请的意见陈述书中，申请人的意见陈述涉及：技术特征 A、技术特征 B、技术特征 C 未被对比文件公开，与现有技术相比本申请具有技术效果 D 和技术效果 E，并且对于通知书中提出的公知常识 F 提出了质疑，进一步认为多个现有技术缺乏结合启示 G。那么按照分解的要求，我们可以将上述意见分解如下：

技术特征 A

技术特征 B

技术特征 C

技术效果 D

技术效果 E

公知常识 F

结合启示 G

接下来，我们对提取争辩点的流程图中涉及的"归纳"作出进一步的解释。归纳，就是将分解步骤中获得的分解结果进行归纳整理并进行分组。由于分解步骤中已经根据意见陈述的内容进行了梳理并按照多个角度进行了分解，因此，在"归纳"步骤中需要将上述分解的内容进行合并归纳。以上文的专利申请文件为例，如果申请人进一步陈述如下内容："技术效果 D 是基于技术特征 A 而获得的，技术效果 E 是基于技术特征 B 获得的，并且申请人认为技术特征 B 和 C 彼此相互关联，是一个不可拆分的技术整体，现有技术缺乏结合动机或结合启示 G 以取得技术效果 D"，那么在进行归纳的过程中，则应当将技术特征 A、技术效果 D 和结合启示 G 三者合并归纳作为一组陈述意见，将技术特征 B、技术特征 C 和技术效果 E 三者合并归纳作为一组陈述意见，将公知常识 F 作为独立的一组陈述意见。至此，归纳的步骤就全部完成，可以进入下一个"提炼"阶段了。

在"提炼"阶段，审查员应当针对归纳分组后的每一组内容进行提炼，重点分析争辩点的逻辑起点、连接点和逻辑终点，特别是关注组内不同分解内容的相互关联度和因果关系，将申请人的争辩点结合新颖性和创造性审查中所涉及的技术四要素（即技术领域、技术问题、技术方案和技术效果）进行提炼和总结，概括出本组争辩意见的核心点。该核心点包括使用的技术手段、基于该手段解决的技术问题以及达到的技术效果。需要注意的是，在提炼的过程中，不可提炼得过于上位，也不必拘泥于申请人的原字原句。

对申请人的意见陈述进行"提炼"后，专利局审查员需要进一步开展的工作就是"查漏"。查漏，也就是再次通读意见陈述，将意见陈述中的内容逐一与提炼的结果进行比对，重点查看是否遗漏或者错误提炼关键内容。对于需要进一步修改的情况，则审查员应当将遗漏或者错误理解的内容重新进行分解、归纳、提炼，然后再次进行查漏。如此循环往复，直至将申请人的争辩内容全面和准确提炼。

二、核证据

在专利局审查员针对申请人的意见陈述完成"列争点"步骤之后，就进入回案处理"五步法"的第二步——"核证据"阶段。在这一阶段，专利局审查员应逐一核实，在"列争点"步骤中列出的每一个争辩点，申请人和专利局是否提供了证据支持。

在专利审查过程中，不是所有证据材料都能用作授权依据，只有满足真实性、合法性、关联性，才能够对待证事实予以证明。由于实质审查中的证据形式大多数为公开出版物，通过正常查阅或检索即可获得，因而，在实质审查阶段主要审查证据的公开时间和公开状态是否满足现有技术的规定，即初步完成证据的真实性和合法性审查。专利实质审查中，对于证据的真实性和合法性的审查要求比较明确，然而对于证据的关联性审查，则较为困难。审查证据的关联性，需要对证据与需要证明事实或争议事实之间是否具有联系进行判断，需要站位本领域技术人员的水平。在一些情况下，还需要专利局审查员通过逻辑分析来判断证据所能证明的事实与待证事实是否相同。

专利局审查员在核实申请人的证据支撑时，应核实与争辩点相关的手段是否记载在权利要求中。如果经过核实，发现争辩点未记载在权利要求中，则认为该争辩点未得到申请人的证据支撑；如果发现争辩点已经记载在权利要求中，那么还要继续分析争辩点是否得到了申请人的证据支撑，必要的时候还要进一步分析相应的证据是否能够支持其争辩点。

专利局审查员面对争辩点涉及对比文件无结合启示、技术问题不同、技术效果不同的情况，需要在充分理解发明的基础上，以"技术方案与技术问题、技术效果之间的关系"作为入手点，核实权利要求是否限定了"足以解决技术问题、实现技术效果的技术特征"，进而判断争辩点相关的手段是否记载在权利要求中，判断争辩点是否得到了申请人的证据支撑。

如原专利复审委员会作出的第 26515 号无效决定涉及的情况。该案要求保护"一种表面光整加工自动线，其特征在于：包括双滚筒光饰机、输送机、连磁力分选机和螺旋干燥机，其特征在于：所述双滚筒光饰机与振动光饰机同时存在"。

无效请求人提供了两篇现有技术作为证据证明权利要求不具备创造性。

专利权人争辩，证据 1 中的漩流光饰机、振动光饰机先后对同一零件进行处理，而根据本专利说明书的记载可知，权利要求 1 同时存在的双滚筒光饰机和振动光饰机分别对较大和较小零件进行处理，本专利权利要求 1 与证据 1 的区别是本专利对现有技术的改进之处，并取得了有益的技术效果。

原专利复审委员会支持了无效请求人，认为：根据说明书的记载，涉案专利中，要解决"对较大和较小零件同时进行表面光整加工处理"这一技术问题，必须将双滚筒光饰机和振动光饰机并联连接使两者分别对较大和较小零件进行处理。但是，在本专利权利要求 1 中，并没有关于滚筒光饰机和振动光饰机排布方式的限定，而仅限定了滚筒光饰机和振动光饰机同时存在。由于同时存在并不等同于并联排布，串联排布也是一种具体的同时存在方式，而如果采取串联排布方式则不足以解决上述技术问题。权利要求 1 限定的技术方案并不能体现出本专利相对于现有技术的改进点以及其与证据 1 的区别，因此，专利权人的上述主张不能成立。

该案争辩点涉及权利要求 1 限定了同时存在双滚筒光饰机和振动光饰机的技术方案，能够解决分别对较大和较小零件进行处理的技术问题并达到相应的技术效果，即争辩点与技术问题/技术效果相关。对于本专利申请的技术问题和技术效果方面的争辩点，通常情况下以申请文件为证据核实是否能够得到证据支撑，通过阅读申请文件充分理解发明，厘清权利要求保护的技术方案本身能够解决的技术问题以及实现的技术效果显得尤为重要。该案说明书记载了能够解决"对较大和较小零件同时进行表面光整加工处理"这一技术问题并达到相应效果，而能够解决上述技术问题的关键技术手段必须将双滚筒光饰机和振动光饰机并联连接，采用其他排布方式则不能解决上述技术问题，因此争辩点不能得到权利人证据支持。

在核实审查员的证据支撑时，应当重点核实在前次审查意见通知书中对于这些争辩点所提出的审查意见是什么，采取了何种证据，并且对所用的证据是否足够支持审查意见进行分析。其中，对于审查意见涉及新颖性和创造性的情形，专利局应当严格辨析哪些理由是得到证据支撑的，哪些理由是审查员自身判断获得的。

在"核证据"阶段，需要将重点聚焦于证据和理由的核实，并且应当对申请人和专利局审查员的证据分别进行核实。然而，需要说明的是，将专利局的证据与申请人的证据进行衡量的过程不属于"核证据"的内容。衡量证据是在回案处理"五步法"的下一个阶段——"辨是非"阶段来完成的。当然，随着对证据规则理解的深入，核证据与辨是非也是可以同时完成的。

三、辨是非

"辨是非"即证据衡量，专利局通过对双方提供的证据综合分析，来确定哪一方的证据证明力更强。也就是说，在"辨是非"步骤中，专利局应根据专利局和申请人双方的证据情况，比较证据的证明力大小，进而判断双方主张的事实成立与否。可以看出，"辨是非"步骤实质上是双方证据证明力的认定过程。

《民事诉讼法》关于证据证明力的认定包括如下几种情形[1]：

第一种情形：提出异议但没有足以反驳的相反证据的。

一方当事人提出的下列证据，对方当事人提出异议但没有足以反驳的相反证据的，人民法院应当确认其证明力：如书证原件或者与书证原件核对无误的

---

[1] 张坡，王玉国. 民事诉讼法 [M]. 长春：吉林大学出版社，2014：151-152.

复印件、照片、副本、录像资料等；物证原物或者与物证原物核对无误的复印件、照片、录像资料等。

第二种情形：对方认可或提出的相反证据不足以反驳的。

一方当事人提出的证据，另一方当事人认可或者提出的相反证据不足以反驳的，人民法院可以确认其证明力；一方当事人提出的证据，另一方当事人有异议并提出反驳证据，对方当事人对反驳证据认可的，可以确认反驳证据的证明力。

第三种情形：双方当事人同时举出相反证据的。

双方当事人对同一事实分别举出相反证据的，但都没有足够的依据否定对方证据的，人民法院应当结合案件情况，判断一方提供证据的证明力是否明显大于另一方提供证据的证明力，并对证明力较大的证据予以确认；证据的证明力无法判断导致争议事实难以认定的，人民法院应当依据举证责任分配的规则作出裁判。

《专利审查指南》（2010）第四部分第八章第4.3节关于证据证明力的认定也有相同规定。参照《民事诉讼法》和无效宣告程序中关于证据证明力的认定，结合专利审查中证据形式，我们可以对专利审查中双方证据证明力的认定进行梳理和总结，主要包括如下情形：

第一种情形：提出异议但没有足以反驳的相反证据的。

专利局审查员或申请人一方提供公开出版物等证据，对方提出异议但没有足以反驳的相反证据的，应当确认该证据的证明力，证据所支持主张的事实将被接受。

第二种情形：对方认可或提出的相反证据不足以反驳的。

专利局审查员或申请人一方提出证据，另一方认可或者提出的相反证据不足以反驳的，可以确认该证据的证明力；专利局审查员或申请人一方提出证据，另一方有异议并提出反驳证据，对方对反驳证据认可的，可以确认该反驳证据的证明力。

第三种情形：双方同时举出相反证据的。

《民事诉讼法》中关于双方当事人同时举出相反证据的证据认定标准，也称为"优势证据标准"或"盖然性的优势"，即判断双方当事人所举证据的盖然性大小的基础上决定说服力强的、盖然性占优势的一方当事人的主张可以成立。目前专利无效宣告请求案件审查过程中也采取了《民事诉讼法》的上述优势证据标准。在回案处理过程中，当专利局审查员和申请人双方均使用了证据支持本方观点时，衡量双方证据的步骤与民事诉讼、专利无效诉讼采取的优势证据标准类似，专利局可以通过优势证据标准来开展证据衡量，分析辨别在目前的证据支撑情况下，哪一方的证据更直接、更明确地支持本方结论的获得。

"辨是非"作为证据衡量过程，是证据意识在审查过程中的重要体现。在证据衡量中专利局审查员要客观地看待双方的证据，避免将前次审查时的思路带入，更要避免曲解申请事实和申请人意见陈述的情况。

四、查问题

回案处理"五步法"的第四步即查问题。

审查员在"辨是非"步骤后，通常会针对每一个争辩焦点得到倾向性意见。对于"辨是非"中判定为"支持专利局审查意见"的情况，在继续审查中专利局应坚持原来的审查结论。对于"辨是非"中判定为"支持申请人意见"的情况，专利局应当对前次处理中存在的问题进行分析和研究，并确定在下一步处理中克服该问题所需开展的进一步工作。

对于"辨是非"中判定为"支持申请人意见"的情况，尤其是在"证据支持申请人意见"的情况下，专利局需要查找在前次处理中是否存在不当的地方，必要时需要重新理解发明、检查前次审查意见是否正确，在一些情况下还需要分析首次检索的不足，为补充检索做好准备工作。

五、再处理

"再处理"是回案处理"五步法"的最后一步。通过前面4个步骤，我们已经能够知道如何进行下一步处理，此时可分如下3种情形进行处理：

情形1：如果申请人意见陈述不成立，争辩点涉及的技术内容没有记载在权利要求书甚至申请文件中，则坚持前次意见。

情形2：如果申请人意见陈述成立，但证据不支持申请人，则判断申请人的意见陈述无道理，坚持前次意见。

情形3：如果申请人意见陈述成立且有道理，则需要在查问题的基础上，进一步做如下考虑：

如存在理解发明不准确或首次检索不全面的情况，可能导致漏检相关现有技术的，需要进一步补充检索证据，在补充检索的基础上，判断案件走向，作出再处理决定；

如不存在漏检的情况，认可案件具备新颖性和创造性，则可以在规范审查文本后发出授权决定。

以上就是回案处理"五步法"的基本步骤和流程，通过以上方法，读者能够基于现有证据，客观辨别申请人的争辩意见是否有道理，进而高质高效地处理回案。

第二节　争辩公知常识的回案处理

《专利审查指南》（2010）第二部分第八章第 4 节中规定："审查员在审查意见通知书中引用的本领域的公知常识应当是确凿的，如果申请人对审查员引用的公知常识提出异议，审查员应当能够说明理由或提供相应的证据予以证明。"2018 年《专利审查指南修改草案（征求意见稿）》中尝试对"公知常识"举证要求进一步明确和细化，调整申请人提出异议时审查员回应方式的顺序，将"说明理由或提供证据予以证明"调整为"提供证据予以证明或说明理由"，突出举证是首选的回应方式，并且明确要求"在审查意见通知书中，审查员将权利要求中对技术问题的解决作出贡献的技术特征认定为公知常识时，通常应当提供证据予以证明"。因此，在审查意见通知书中专利局应当尽可能地以证据来支持其对于"公知常识"的认定。

在回案处理时，申请人对专利局所使用的"公知常识"的反驳意见通常包括以下两种情况：

第一种情况：专利局在通知书中主张某区别特征为公知常识但未举证，申请人在答复通知书意见陈述中主张该区别特征不是公知常识，并要求专利局对公知常识进行举证；

第二种情况：专利局在通知书中主张某区别特征为公知常识，并给出公知常识证据，申请人在答复通知书意见陈述中主张该区别特征不是公知常识，认为专利局提供的证据不能证明公知常识。

那么对于上面两种常见的情形，专利局审查员的回案处理可充分借鉴第一节中阐述的"五步法"开展。

一、公知常识缺乏证据支持的情形

依据《民事诉讼法司法解释》和《行政诉讼证据规定》中关于证据的规定，一般对于"众所周知的事实、自然规律及定理、根据法律规定或已知事实和日常生活经验法则能推定出的另一事实"无须举证，而除了自然规律及定理外，其他几类情形可能被相反的证据反驳或者推翻。因此，当专利局认定的公知常识属于"自然规律以及定理、定律"的情况，即便在通知书中没有提供证据，在面对申请人的公知常识质疑时，专利局一般也无须举证，但是应当将认定公知常识的逻辑过程告诉申请人。当通知书中使用的公知常识涉及众所周知的事实、根据法律规定或已知事实和日常生活经验法则能推定出的另一事实，若申请人对公知常识提出质疑，则申请人负有举证责任。在此情况下，如果申请人未举证，或者申请人提供的证据不能证明所主张事实的，则申请人的主张不成立，如果申请人提供的相反证据足以推翻审查意见所依赖的事实和证据，则应认定申请人的主张成立。

此外，对于其他不属于普遍公认无须举证的情况，如果专利局主张对现有技术作出贡献的技术手段属于公知常识，则专利局应当负有举证责任；如果审查员在通知书中既没有提供公知常识证据，也没有合理的说明，则应认定申请人的主张成立；如果专利局主张涉及未对现有技术作出贡献的技术手段属于公知常识，然而在通知书中以说理的方式对公知常识加以说明，则应当综合分析双方的理由进行判断。

在"辨是非"步骤中，如果认定申请人的主张成立，那么专利局应当反思在前次审查意见中可能存在的问题，例如：对发明的理解是否正确，对技术事实的认定是否准确，对现有技术的检索是否充分等。在继续审查中，一般来说，专利局应当补充检索公知常识证据，或者可考虑用现有技术证据来替代，解决双方在公知常识上的争议。

例如，原专利复审委员会作出的第21235号无效决定：该专利涉及一种润滑装置，发明点在于各管道均设置单独的给油控制器，从而实现无先后顺序地单独控制各管道供油，并且通过可编程控制器实现自动调节。第一次无效宣告请求案以现有技术1为最接近的现有技术。无效决定认为，区别特征（a）给油控制器并联、（b）可编程控制器控制、（d）电路连接，是不容易想到的，权利要求具备创造性。一审、二审法院认为：特征（a）（b）（d）是本领域的常用手段。权利要求不具备创造性。

最高人民法院认为：一、二审判决认定特征（a）（b）（d）属于本领域的常用手段，客观上并无相应的证据支持，缺乏事实依据，权利要求具备创造性。第二次无效宣告请求案，当事人主张了另外一份现有技术。本专利与现有技术2的区别仅在于"可编程控制器设置在主控制柜内"，依据现有技术2结合公知常识，合议组最终认定该专利权无效，后续没有产生任何争议。

二、证据的证明力被申请人所质疑

专利局主张对现有技术作出贡献的技术手段属于公知常识，一般会在通知书中给出公知常识证据。如果申请人反驳公知常识，质疑专利局提供的公知常识证据不具有证明力，那么专利局应先对双方的公知常识相关证据进行核实。

如果专利局在审查意见中给出了证明公知常识的证据，则需要核实证据公开的具体内容是什么，审查意见中哪些是公知常识证据反映的客观事实，哪些是在客观事实基础上结合专利局审查员主观认识所获得的结论，例如，公知常识证据中该技术手段应用的技术领域和能够解决的技术问题及达到的效果。此外，还需要区分公知常识证据所能反映的"事实为技术手段本身"为本领域技术人员普遍知晓，还是"技术手段在所属技术领域的应用"为本领域技术人员普遍知晓。

对于申请人一方，往往从技术领域的应用、解决的技术问题、达到的技术效果、应用某技术手段难易程度等多方面来否定公知常识的审查意见。如果其根据申请文件内容或者其他证据进行说明的，需要核实相关证据是否能支持其主张。例如，申请人一般会依据申请文件所记载的内容来陈述要解决的技术问题不同或者技术效果不同，或者陈述意见围绕"虽然技术手段本身是公知的，但是为了解决该技术问题或者为了获得该技术效果而采用此技术手段不是公知的"展开。在这种情况下，专利局需要核实申请人的证据是否能够证明其争辩理由。

在"核证据"后进行"辨是非"步骤。在申请人提出相关理由、证据挑战专利局提供的公知常识证据的情况下，如果专利局能够判断审查意见所依据的公知常识证据确实不具有证明力，则申请人的主张成立；如果专利局判定审查意见所依据的公知常识证据能够支持其主张，而申请人提供的证据也在一定程度上能够证明某技术手段存在缺陷的，专利局还应当准确把握所属领域技术人员所掌握的现有技术情况和分析判断能力，进一步综合考量哪一方的证据更有证明力。

在"辨是非"步骤中判断申请人主张成立的时候，专利局应当回顾在先的审查过程是否存在一些问题。如果存在将认定为公知常识的技术手段与发明整体割裂开的情况，专利局审查员应当重新理解发明，并对区别特征在方案中实际能够解决的技术问题进行认定，并在进一步检索和筛选证据时对技术问题给予充分的重视。

在"查问题"步骤，需要关注以下情况：专利局的证据只能证明区别技术特征的关键技术事实，例如区别特征作为技术手段已经被现有技术公开，然而其不能直接证明"将该技术手段应用到最接近的现有技术后是否能够解决相应的技术问题、是否能够进行功能相同的现有技术手段的选择和替换，或者如何将现有技术手段具体操作和运行",也就是说,审查结论在上述证据的基础上还需本领域技术人员通过分析、推理和应用常规实验手段才能获得。

在下一步"再处理"步骤中,如果专利局坚持认为专利申请不具备创造性,则应当在继续审查中将公知常识证据作为对比文件,并详细说明本领域技术人员的具体分析和推理过程,以确保审查意见有理有据。

第三节 补充实验数据的回案处理

一般来说,与技术效果相关的专利审查法条主要包括新颖性、创造性、权利要求书以说明书为依据和说明书公开充分。在技术效果的可预见性较低的技术领域,申请人常常争辩技术效果,进而证明其专利申请符合上述专利审查法条的规定。根据本书第一章论述的证据规则"申请人对其发明创造所产生的技术效果始终负有举证责任",申请人需要依据申请文件或提供其他证据来证明专利申请具有某方面效果,如果申请人未提供证据或举证不力,则需要承担不利的后果。在继续审查时,如果申请人对技术效果进行争辩而未提供证据,则申请人关于技术效果的争辩不成立,如果申请人提供相关证据(如申请文件、公开出版物、补充提交的实验数据等)来证明其技术效果,则专利局应当进一步进行"核证据""辨是非""查问题""再处理"。

一、效果数据的真实性

技术效果是否需要实验验证要看相关技术的可预见程度,并不是所有的情况都需要实验验证。由于生物化学领域在多数情况下的可预测性较低,通常情况下需要实验数据来证实其技术效果,用于确认发明能解决的技术问题。而申请文件中声称的技术效果可能带有主观色彩,如果专利局认为申请人对技术效果进行了夸大描述或者声称取得的技术效果不可能实现,那么专利局需要结合本领域的普通技术知识来分析说明书中实验数据的验证结果,辨析发明客观上能够实现的技术效果,并对于说明书描述的夸大的和难以实现的技术效果,以本领域技术人员的认知水平予以排除。

对于申请人用以证明技术效果的实验数据,应当在"核证据"步骤对其真实性进行核查。专利局会对效果数据的真实性产生合理怀疑的情况包括:技术方案本身由于违背自然规律或存在严重安全性问题无法实施、宣称的技术效果明显夸大或与本技术领域一般认识矛盾、数据之间存在矛盾、多份申请实验数据雷同、实验方法或条件的设计违反常理、实验数据背离了本领域技术人员的常规认知等。如果实验数据存在上述情况，则专利局会认定发明要解决的部分或全部技术问题无法得到确认，进而不支持申请人的争辩理由。

专利局应仔细甄别可能不支持申请人争辩理由、然而记载在原申请文件中的实验数据，避免作出错误的审查结论。例如网络热议的某授权专利，保护一种由高浓度氯化钠和氯化镁溶液组成的抗癌注射液，申请人在说明书中给出了该注射液的体外抗癌活性检测试验方法和结果。虽然测试条件、试验方法等均为正常的体外抗癌检测过程，检测结果为国内重点大学实验室提供，但依据本领域技术人员掌握的普通知识能够知道，高浓度氯化钠和氯化镁溶液并不可能具有抗癌疗效，而在任何不利于癌细胞生长的体外环境条件下都可能导致癌细胞死亡，并不能得出其具有体外抗癌活性的效果，而说明书中临床试验过于简单，也与本领域技术人员的认知相违背，专利局应当质疑该数据的真实性。

例如京73行初6067号行政判决，不认可四环制药357专利实施例5、6、7的实验数据和技术效果的真实性。判决认为，根据实验动物、给药方式、给药体积、给药时间等方面相同或相近的实施例5~7，其实验设计的目的在于证明毒副作用，实施例5、6、7中的毒性数据不应自相矛盾，实施例6中关于评价药物安全性的实验剂量不符合一般实验设计，实施例6和7出现了给药剂量明显不同却得到完全一致实验数据的情况，使本领域技术人员对说明书记载的技术方案、技术效果的真实性、客观性怀疑，无法确认本专利技术方案能够达到所声称的技术效果并解决相应的技术问题，不满足充分公开的要求。

从上述判决可知，虽然专利局不可能重复说明书中的每个实验，一般基于对专利文献所记载内容善意推定进行审查，但是实质审查中不能忽略实验数据的真实性审查，对于明显的数据异常、违背一般认知或者不符合一般实验设计的情况，专利局应当进行合理怀疑。另外，提供证据的一方应当保证诚信并负有相应的法律责任，如果专利局对申请人所提供的实验数据的真实性提出合理质疑，而申请人依然坚持其效果数据是真实的，那么专利局不排除采用与申请人进行会晤及实验再现的处理方式继续审查。

二、效果数据的关联性

民事诉讼中关于证据关联性的相关含义指出❶，证据的关联性为证据与待证事实之间所具有的逻辑上的关系，证据证明力的大小与证据和待证事实的关联性有关，证据与待证事实之间联系的程度不同，对待证事实的证明价值就不

---

❶ 郭小冬，姜建兴. 民事诉讼中的证据和证明［M］. 厦门：厦门大学出版社，2009：11-12.

同，即证据的证明力便有所不同。对于专利审查中实验数据的关联性审查，可以参考证据法的一些基本原则，通过生活常识、经验法则、直观判断、严格的逻辑推理来判断实验数据与待证技术效果之间内在的联系，分析实验数据能够证实的效果是什么，实验数据所能证实的效果与待证事实之间的关系是什么。

补充实验数据证据是目前审查中的难点，根据修订后于 2017 年 4 月 1 日起施行的《专利审查指南》，增加了有关"补交的实验数据"的规定："对于申请日之后补交的实验数据，审查员应当予以审查。补交实验数据所证明的技术效果应当是所属技术领域的技术人员能够从专利申请公开的内容中得到的。"根据上述规定，在核实补充实验数据与待证技术效果的关联性时，应当首先判断补充实验数据所能证明的技术效果是否为所属技术领域的技术人员能够从专利申请公开的内容中得到。

（一）申请文件仅记载断言性的技术效果而补交实验数据

根据人民法院 2012 知行字第 41 号裁定，当专利申请人或专利权人欲通过提交对比实验数据证明其要求保护的技术方案相对于现有技术具备创造性时，接受该数据的前提必须是针对在原申请文件中记载的技术效果。借鉴法院判决（2017）京行终 2470 号判决内容，可以进一步理解何为"明确记载的技术效果"。

判决中指出，该案申请人针对创造性审查意见补充提交对比实验数据，意图证明该专利申请相对于对比文件具有意料不到的技术效果。针对该补充实验数据，法院认为本申请说明书记载的技术效果为"其均具异常强效且就 β^2 肾上腺素受体而言，具有高度选择性的特性"，这种技术效果是泛泛的、宣称性的，并不是明确的、具体的，不属于第 41 号裁定所称的"明确记载的技术效果"；另外，根据修订后的 2017 年 4 月 1 日起施行的《专利审查指南》中的有关规定，补充实验数据所证明的技术效果应当是所属技术领域的技术人员能够从专利申请公开的内容中得到的，该案申请人提交的技术效果是量化的，从原专利申请公开的内容中无法得到，因此该实验数据不应当接受。

而"所谓'明确记载的技术效果'，应当理解为记载的技术效果是明确的、具体的、可验证的，通常情况下应当有实验数据的支持，不能是泛泛的、断言性的、宣称性的，本领域技术人员根据该记载就足以明确其具有何种程度的有益技术效果"。

我们可以参考上述法院判决的基本原则来判断补交实验数据证明的效果与原申请文件公开内容的关系。对于申请文件中仅记载了泛泛的、断言性的、宣称性的技术效果而补充实验数据的，不能被认为是"明确记载的技术效果"，在审查中不能予以接受，否则将违背先申请原则。

对于"补充实验数据所证明的技术效果应当是所属技术领域的技术人员能够从专利申请公开的内容中得到的"如何理解和实践，专利局审查员有可能存在"仅对记载方式与申请文件一致的实验数据进行考虑，对于申请文件中未记载的任何数据或者是测试条件不同的实验数据均不考虑"的较为机械的处理方式，这种处理方式实际上提高了补充实验数据的门槛。

例如，某复审案例中，权利要求1要求保护一种通式（I）的化合物，说明书的实施例C记载了落入通式（I）范围内的化合物I-1-a-2在施用率为"1000ppm"的浓度下，经过"所需时间后"，针对辣根猿叶甲表现出"≥90%的活性"。对比文件1公开了类似的化合物I-1-a-4具有杀虫活性。

由于说明书实施例中所使用的施用率较高，不容易直接与对比文件相比体现出化合物I-1-a-2和I-1-a-4在活性上的差别，因此，申请人在申请日后提交了在同样10ppm的浓度下施用这两种化合物的对比数据，如表2-1所示。

表2-1　两种化合物的对比数据

杀虫活性化合物	害虫	浓度（ppm）	死亡率（%/7天）
本申请的化合物I-1-a-2	辣根猿叶甲	10	30
对比文件1的化合物I-1-a-4	辣根猿叶甲	10	0

原专利复审委员会接受了申请人提供的上述补充实验数据，并且认为："虽然对比实验数据中给出的是在10ppm浓度下的活性数据，但是，基于说明书已经记载了化合物I-1-a-2对于辣根猿叶甲所具有的活性，在降低浓度的条件下进行测试仅为了进一步区分出本申请与对比文件1化合物的活性差别，亦即：仅是为了对比的目的，而并非引入新的内容，同时，虽然对比实验数据中指出了观测时间为7天或6天而本申请说明书中未记载，但其仅表明害虫要经过一段时间达到死亡，对于同一害虫和类似的杀虫剂来说这一时间是确定的，在该对比实验数据中，对于同一害虫所观测的时间也是相同的，因此，该数据可以接受。"

该案例中申请人提供的补充实验数据涉及了原始专利申请文件未记载的测试浓度和观测时间，但是根据本领域技术人员分析能够合理预期相应的技术效果，因此上述情形则属于所属技术领域的技术人员能够从专利申请公开的内容中得到的技术效果。

（二）补充实验数据中对比对象的选择

目前对于补充实验数据中对比对象的选择，一般认为对比试验的比较对象应当选择最接近现有技术中的化合物[1]，仅选择目前市场上有的现有药物作为对比对象，通常不能说明本发明具备创造性。但这并非绝对的，对比实验针对的对象有时也可以并非最接近现有技术中的化合物，只要能够证明本申请与对比文件的区别特征可以带来预料不到的技术效果即可。

对于对比对象与最接近现有技术存在一定差异的情况，专利局应核实对比对象是否介于专利申请和最接近的现有技术的技术方案之间，或者与这二者之一是否非常接近、能否作为二者之间进行比较的中间桥梁。专利局还需进一步综合分析专利申请、对比对象、最接近的现有技术，并对于能否证明本申请的技术效果是否优于最接近的现有技术提出审查意见。

例如最接近的现有技术中为化合物 A，申请人查找到现有技术公开了与化合物结构相似的化合物 A' 的相关生物活性数据，通过对比本申请与化合物 A' 的实验数据，进而证明本专利具有预料不到的技术效果。如果根据化合物 A 与化合物 A' 结构的相似性能够判断二者技术效果相当，能够推导出本专利相对于最接近的现有技术具有预料不到的技术效果，则专利局可以认为该证据间接证明了本专利具备创造性。

（三）补充实验数据与权利要求技术方案的关系

从补充实验数据证明的技术效果与权利要求技术方案之间的关系来考虑证据关联性，补交实验数据应当与权利要求的保护范围相对应。补充实验数据所要证明的预料不到的技术效果，应当是归功于发明本身突出的技术特征，并且与所要保护的范围相一致[2]。

如根据第 88160 号复审决定，权利要求的保护范围涵盖了包括实施例 1~5 在内的多种技术方案，请求人主张专利申请的反应时间为 4 小时，明显短于对比文件 1 的 13 小时，取得了预料不到的技术效果。而根据说明书记载，实施例 1~5 反应时间分布在 3~13 小时范围内，如实施例 2 为 13 小时，并不比对比文件更短，也没有证据证明相同条件下专利申请的反应时间会明显短于对比文

---

[1] 化学发明审查部，国家知识产权局学术委员会 2017 年专项课题研究报告《药物化学领域专利审查方法研究》，课题负责人：崔军。

[2] 肖鹏. 专利申请补充实验数据在创造性审查中的认定和处理［J］. 审查业务通讯，2014，20（9）：36-43.

件 1。决定认为，特定的实施例并不能代表要求保护的技术方案整体状况，不能认为权利要求取得了预料不到的技术效果。

从上述案例可知，对比实验数据中对比对象的选择应当围绕申请人所主张的技术效果，仅选择权利要求保护范围内效果最好的具体方案与现有技术进行对比，或者选择现有技术中效果最差的具体方案与权利要求技术方案进行对比，可能都无法反映权利要求技术方案相对于现有技术取得预料不到的技术效果。

第三章　专利审查中证据的真实性

专利审查是依据证据事实，按照《专利法》及《专利法实施细则》有关条款的既有规定，通过一定方法确定案件事实与法律条款的涵射关系，赋予是否授予发明创造专利权法律后果的过程。发明在专利法意义上的本质是技术方案，技术性的比较、分析和判断在审查中的占比非常高，技术的复杂性使得案件事实包罗万象、形式多样，导致证据的认定和使用带有浓重的"技术性"色彩，有必要在证据学的基础上进行深入探讨。

本章在证据学基础上结合专利审查实际，详细介绍证据的一项基本属性——真实性，涉及证据真实性的内涵、具体要求、审查法则和审查方法，以及审查实践中，网络证据和实验数据两类证据的真实性问题处理方法。

第一节　证据真实性的内涵

一、证据真实性的定义

证据是与待证事实相关联的一切事实❶。这一定义揭示了证据属于存在范畴，表现为客观上存在或者存在过的事实。证据可以是人们认识的对象，不是认识的产物，独立于人的意识之外，不以人的意志为转移。

人类的社会化活动是主观与客观统一的过程，法律相关工作也是如此，具体的活动方式为证明。证明是人们在客观基础上，借助一切形式和方法所进行的一切认识活动❷。证据的作用是为证明提供客观依据。我国现行证据法律制度中的许多方面，都体现追求案件真实是证据法和诉讼法要实现的首要任务，如以查明案情真相为目的，事实必须在查证属实后才能作为证据，重证据不轻

---

❶ 裴苍龄. 新证据学论纲 [M]. 北京：中国法制出版社，2002：11.

❷ 裴苍龄. 新证据学论纲 [M]. 北京：中国法制出版社，2002：311.

信口供，明确举证责任的相关规则等。

证据的定义和作用共同决定真实性是证据的基本属性，真实性是事实能够成为证明依据、促使证明正确的根本保证。或者说，真实性是证据具有证明力的根本保证。证据不具有真实性，证明就会陷入歧途，也就无法达到揭示案件事实的目的。

二、证据真实性的有关规定

证明过程中通常包括形成、发现、展示、质辩、采纳或者排除证据以证明特定案件事实的专门活动❶。这些活动称作证明行为，大致分为现场制作证据、收集证据、提供证据和审查证据四大类。证明过程中涉及的证明行为调整、约束和证据范围的确认都需要进行规范，即证据规则。证据规则是确认证据的范围、调整和约束证明行为的法律规范的总和，是证据法的集中体现❷。

《民事诉讼法司法解释》第一百零四条规定"能够反映案件真实情况、与待证事实相关联、来源和形式符合法律规定的证据，应当作为认定案件事实的根据"，明确了只有同时具备真实性、关联性和合法性的事实材料才能够作为证据，因而真实性是事实能够成为证据的必要条件之一。

《民事诉讼法司法解释》还体现证据规则调整和约束证明行为的方面，第九十条和九十三条对履行举证责任加以规范，第一百零三条、第一百零四条、第一百零五条和第一百零八条对审查证据加以规范。这两方面的规范对证据真实性而言，一方面要求举证时提供的证据必须是真实的，不得故意伪造或篡改，另一方面要求审查证据时要客观全面，不得先入为主。

三、证据真实性的审查标准

《行政诉讼证据规定》第五十六条规定，法庭应当根据案件的具体情况，从以下方面审查证据的真实性：

（一）证据形成的原因；

（二）发现证据时的客观环境；

（三）证据是否为原件、原物、复制件、复制品，与原件、原物是否相符；

（四）提供证据的人或者证人与当事人是否具有利害关系；

（五）影响证据真实性的其他因素。

证据的形成原因主要是指出于什么目的形成的证据。发现证据时的客观环

---

❶ 江伟. 证据法学［M］. 北京：法律出版社，1999：174.

❷ 江伟. 证据法学［M］. 北京：法律出版社，1999：173.

境包括时间、空间、物理、化学等因素。保存条件是否符合保存该证据的环境要求，环境情况是否会导致证据遭到破坏甚至损毁，证据是否为原件、原物、复制件、复制品，复制件、复制品是否与原件、原物相符，提供证据的人或者证人与当事人是否具有利害关系，这些要么从主观方面，要么从客观方面对证据的真实性产生影响。

《行政诉讼证据规定》第五十七条规定中"（六）当事人无正当理由拒不提供原件、原物，又无其他证据印证，且对方当事人不予认可的证据的复制件或者复制品；（七）被当事人或者他人进行技术处理而无法辨明真伪的证据材料；（八）不能正确表达意志的证人提供的证言"，列举了部分证据不真实或真伪难辨的情形。

四、证据保全

在收集证据时，如果不及时固定提取和妥善保管，会存在被有关人员毁掉，或自然消失的可能，因此需要采取一种特殊的证明行为——证据保全。证据保全即证据的固定和保管❶。

《民事诉讼法》第七十三条和《行政诉讼法》第三十六条分别规定："在证据可能灭失或者以后难以取得的情况下，诉讼参加人可以向人民法院申请保全证据，人民法院也可以主动采取保全措施。"《行政处罚法》第三十七条第二款规定："行政机关在收集证据时，可以采取抽样取证的方法；在证据可能灭失或者以后难以取得的情况下，经行政机关负责人批准，可以先行登记保存，并应当在七日内及时作出处理决定，在此期间，当事人或者有关人员不得销毁或者转移证据。"这些规定包含三方面内容：证据保全的目的是保护证据真实完整，不被破坏或灭失，避免对证据的真实性产生不良影响；采取证据保全措施的前提是证据存在灭失或者以后难以取得的可能，这种可能不存在时，不用采取证据保全；证据保全是行政机关或者公安司法机关依职权或者应申请采取的行为。

第二节　证据真实性的具体要求

一、证据真实性的要求内容

根据《专利法》第三条第一款的规定，"国务院专利行政部门负责管理全

---

❶　严军. 证据法学［M］. 兰州：兰州大学出版社，2006：139.

国的专利工作；统一受理和审查专利申请，依法授予专利权"，专利审查实质上属于法律工作中的执法范畴。执法，即法律的执行，是指国家行政机关依照法定职权和法定程序，行使行政管理职权、履行职责、贯彻和实施法律的活动❶。审查员依法审查的过程涉及的证明行为包括针对提出的主张收集并提供证据，以及审查申请人证据，不进行证据制作和传递等证明行为，因而主要从证据的来源、形式和内容方面审查证据的真实性。

证据的来源往往对证据的真实性起决定作用，应从证据来源开始审查，主要包括证据提供方是否具有处理证据相关事务的资质，是否与当事人存在利害关系，形成证据的方式是否违反常理或者已有规定等。证据形式和证据内容方面的真实性审查因证据类型不同而有所不同。总体上，证据形式主要看证据与相应类型证据正常形式存在的差别是否合理。证据内容作为提取证据事实的基础，要看包含的某一事实是否与其他事实存在矛盾，或者是否符合人们的日常经验。

二、常用证据的真实性特点

《民事诉讼法》第六十三条规定的证据有 7 种，包括"（一）书证；（二）物证；（三）视听资料；（四）证人证言；（五）当事人的陈述；（六）鉴定结论；（七）勘验笔录"。《行政诉讼法》第三十三条规定的证据有 7 种，包括"（一）书证；（二）物证；（三）视听资料；（四）证人证言；（五）当事人的陈述；（六）鉴定结论；（七）勘验笔录、现场笔录"。书证是指以文字、符号、图形等表示的内容证明案件事实的客观材料❷。物证是以自己的属性、特征或者存在情况证明案件事实的实物或者痕迹❸。视听资料是指以录音带、录像带、光盘、电脑和其他科学技术设备存储的电子音像信息证明案件待证事实的证据❹。证人证言是指人在诉讼过程中向司法机关陈述的与案件情况有关的内容❺。每种证据都具有自己独特的真实性审查特点。书证是司法实践中最重要的证据种类。书证通常以文字形式表现，以物质材料为载体，相对于其他证据形式，能将内容和思想固定且不易改变，从而保存证据事实，提高证据的可靠性。书证对证明力的影响也会因出具主体、附加条件的不同而有所区别。《最高人民法院关于民事诉讼证据的若干规定》（以下简称《民事诉讼证据规

---

❶ 百度百科, https://wapbaike.baidu.com/item/%E6%89%A7%E6%B3%95/13016348.
❷ 江伟. 证据法学［M］. 北京：法律出版社, 1999：221.
❸ 江伟. 证据法学［M］. 北京：法律出版社, 1999：304.
❹ 江伟. 证据法学［M］. 北京：法律出版社, 1999：346.
❺ 江伟. 证据法学［M］. 北京：法律出版社, 1999：366.

定》）第七十七条规定："人民法院就数个证据对同一事实的证明力，可以依照下列原则认定：（一）国家机关、社会团体依职权制作的公文书证的证明力一般大于其他书证；（二）物证、档案、鉴定结论、勘验笔录或者经过公证、登记的书证，其证明力一般大于其他书证、视听资料和证人证言。"

《专利审查指南》（2010）第二部分第 2.1.2 节按照公开方式将现有技术分为出版物公开的现有技术、使用公开的现有技术和其他公开的现有技术。现有技术的划分标准与证据种类划分标准虽有不同，但存在对应关系。通过《专利审查指南》（2010）列出的各类现有技术的具体形式或示例，比较后发现出版物公开的证据主要是书证，使用公开的证据主要是物证和书证，其他方式公开的证据主要是视听资料和证人证言。

专利审查中最常用的证据种类是书证。专利审查的基础是书面方式呈现的申请文件，包括说明书及其摘要和权利要求书等文件，专利审查过程中主要以通知书、陈述书和补正书等书面方式提出主张并提供证据。审查中使用的书证主要包括专利文献、科技期刊、科技书籍、学术论文、专业文献、教科书、技术手册等。这些出版物的出版单位或机构，会按照国家有关规定、国际条约或者国际组织章程组织出版，在真实性上能有所保障。直接由正式出版单位提供的书证，只要核实证据与出版物记载一致，就可以确定其形式和内容上具有真实性。如果书证不是直接来自出版单位，则需要从证据提供方的资格入手审查证据的可靠性，然后审查证据的形式，最后审查证据的内容。关于证据内容的审查将在本章第四节详细介绍。

审查实践过程中会出现书面证明性质的证据材料，这种材料实质上属于证人证言。无论是法人还是自然人，首先要考虑证人与当事人的利害关系。自然人还要考虑证人品质、认知水平和记忆能力等。专利审查中往往是通过审查意见通知书和意见陈述书等方式进行的书面质证，而不是通过询问证人核实自然人的证人资格。与专利审查不同，专利无效有质证的法律程序，质证环节涉及的证据真实性审查案例，对专利申请有很好的借鉴意义。

【案例3-1】

■ 案件情况

在第 21646 号无效决定（97180299.8）涉及的案件中，请求人提交证据 7（会议资料）和证据 14（期刊），分别为盖有中国科学院文献情报中心信息服务部和江苏省科学情报研究所资料专用章的红章和骑缝章的复印件。专利权人提出证据 7 和证据 14 缺少文献复制证明，证据 7 出现馆藏单位外的其他图书馆馆藏章，认为证据 7 和证据 14 不具有真实性。

■ 审查内容

证据 7 和证据 14 的真实性。

■ 真实性分析

证据 7 和证据 14 均属于书证。证据 7 和证据 14 的馆藏单位均具有保存文献资料的资质，也对外提供文献复制服务。

证据 7 和证据 14 上盖有馆藏单位的红章和骑缝章，印章印记清晰、形式真实。证据 7 第 2 页中出现的中国科学院兰州图书馆藏书章，印章颜色明显不同于封面加盖的馆藏单位红章，推定该印章是文献本身带有的图章，在复印或扫描过程中保留其影像，而封面红章以及骑缝章表明证据 7 和证据 14 直接由馆藏单位提供。综上所述，认定证据 7 和证据 14 具有真实性。

虽然专利权人提出证据 7 和证据 14 缺少文献复制证明，严格意义上讲该事实与证据的合法性相关，与真实性无关，而且我国法律没有要求提供文献复制证明。

【案例 3-2】

■ 案件情况

在第 23134 号无效决定（201230049189.5）涉及的案件中，请求人是法人，提供的证据 1 是请求人的商品目录，证据 2 是请求人董事长出具的证明，用于证明证据 1 于 2006 年发行，上述文件均经公证认证。

■ 审查内容

证据 1 的真实性。

■ 真实性分析

证据 1 是书证，证据 2 是证人证言。证据 2 中的证明由请求人公司的董事长提供，其与请求人存在利害关系。证据 2 仅以个人书面意见对证据 1 的商品目录发行和获得的渠道进行简单说明，不足以证明其在 2006 年发行。证据 1 的商品目录由页边角依序标有数字"13"至"56"的散页组成，编码明显违反完整文件的页码从 1 开始顺序编码的常规做法，商品目录存在选择性印制的可能。综上所述，认定证据 1 不具有真实性。

第三节 证据真实性的审查法则

《民事诉讼法司法解释》第一百零五条规定："人民法院应当按照法定程序，全面、客观地审核证据，依照法律规定，运用逻辑推理和日常生活经验法则，对证据有无证明力和证明力大小进行判断，并公开判断的理由和结果。"其中的"运用逻辑推理和日常生活经验法则"为审查证据提供了方法依据。最高人民法院《民事诉讼证据规定》和《行政诉讼证据规定》两份司法解释性文件中也有相同或相似的描述。根据上述规定，证据真实性审查的司法实践中普遍遵循矛盾法则和经验法则。

一、矛盾法则

这里所指的矛盾是形式逻辑意义上的矛盾，是事物之间属性相反、相互不包含，且非此即彼。其中"非此即彼"的要求是二元逻辑学的理想状态，实际判断中往往不作为证据审查的重点。矛盾法则建立在证据的三统一原则基础之上。证据的"三统一"是指：自身统一、相互统一、与案件统一❶。证据三统一是证据真实性的基本标志，要求无论证据本身各部分内容之间，还是证据之间，能够相互印证，不存在任何矛盾，证明力表现上具有与案件一致的同向性。证据自身不统一产生的矛盾称为自相矛盾，表现为单一证据提供相互矛盾的信息。证据相互不统一产生的矛盾称为相互矛盾，表现为不同来源的证据或不同载体形式的证据之间存在相互矛盾。证据与案件的矛盾表现为与案件基本要素之间产生矛盾。

二、经验法则

上述 3 份司法解释中采用生活经验或日常生活经验法则的表述，本书中将其统一为经验法则。经验法则是人类以经验归纳抽象后所获得的关于事务属性以及事物之间常态联系的一般性知识和法则，它是人类长期生产和生活实践中形成的客观存在的不成文法则❷。司法审判上的经验法则是社会日常经验法则的一个必要而特殊的组成部分，其特殊性表现在法官常常根据自身的学识、亲

---

❶ 裴苍龄. 新证据学论纲［M］. 北京：中国法制出版社，2002：296.
❷ 刘春梅. 浅论经验法则在事实认定中的作用及局限性之克服［J］. 现代法学，2003（3）：138.

身生活体验或被公众普遍认知而接受的那些公理经验作为法律逻辑的一种推理定式❶。专利审查作为法律性工作，同样会涉及范围广泛、数量众多、内容客观、使用具体的经验法则。

【案例3-3】

■ 案件情况

发明专利申请（201110258399. X），申请日为 2011 年 9 月 2 日，请求保护一种术中自体血液回收方法，具体采用 MAP（甘露醇—腺嘌呤—磷酸盐）红细胞保存液，去除血液内所有完整有核细胞，包括肿瘤细胞；最大限度地保护红细胞数量和功能，同时保证回收血液的质量。审查员提供证据 1 作为该案的现有技术评价该案的新颖性和创造性。

证据 1：《有核细胞净化器用于恶性肿瘤患者术中回收血液的可行性研究》，《中国输血杂志》2011 年第 24 卷第 8 期，出版日期为 2011 年 8 月 25 日，包括该期刊的文章内容页和电子目录页的复印件。

申请人主张证据 1 不能构成本案专利法意义上的现有技术，并提供证据 2 和证据 3。

证据 2：期刊编辑部给出的证明信，具体内容为：本刊《中国输血杂志》（月刊，邮发出版日为每月 25 日）2011 年第 8 期刊登的"血液保护：肿瘤手术血液回收专题"中的一篇文章（作者杜磊、梅开、李玲、刘进等），为本部当年重点组约的稿件，为了等待作者研究的完成与成文及随后的审稿（同行评议）和编校工作，本部曾将该期杂志向后推迟了 1 个月（2011 年 9 月 25 日）才出版发行，并声称此类现象极为常见。证明信的结尾有编辑部联系方式和公章。

证据 3：在证据 1 所属同一期刊上发表文章的第三人提交的证明信，具体内容为：本人撰写文章《D-u 型患者产生抗-D、抗-C 引起交叉配血不合 1 例》发表在《中国输血杂志》2011 年第 8 期上（第 706-707 页），本人收到刊物的具体时间是 2011 年 9 月 24 日，晚于正常发行时间 1 个月，特此证明。证明信的结尾有作者签名以及该作者工作单位的公章。

■ 审查内容

证据 2 和证据 3 的真实性。

---

❶ 毕玉谦. 举证责任分配体系之构建［J］. 法学研究，1999（2）：27.

■ 真实性分析

证据 2 和证据 3 均属于证人证言。

证据 2 的证人属于法人，其上盖有出版社公章，印章印记清晰、形式真实。根据经验判断出版社与申请人之间不存在利害关系。证据 3 的证人是自然人，虽然证明上有其签名和所属单位公章，但都不足以确定证人资格和与申请人之间有无利害关系。

证据 2 中明确"本部曾将该期杂志向后推迟了 1 个月（2011 年 9 月 25 日）才出版发行"，可推定期刊出版日为 2011 年 9 月 25 日。证据 3 中明确证人收到该期刊日为 2011 年 9 月 24 日，根据生活常识正式出版的期刊应在出版日后收到，可推定期刊的出版日应在 2011 年 9 月 24 日之前。证据 1 和证据 2 在期刊出版时间上存在相互矛盾，在没有其他证据印证的情况下，证据 2 和证据 3 不具有真实性。

第四节　证据真实性的审查方法

《民事诉讼法司法解释》第一百零五条规定"对证据有无证明力和证明力大小进行判断"。证据审查判断是指侦查、检查、审判人员对收集或获取的证据进行逐一核实，并确定其证据力的司法活动❶。证据审查判断是以确定证据力为目的针对不同种类的特点进行的证据核实。审判实践中有甄别法、对比法和印证法 3 种基本方法，除此以外，还有科学技术鉴定法、辨认法、对质法、实验法、反证法、排除法等。本节从适用于专利审查的角度，主要介绍甄别法、对比法和印证法 3 种基本的证据审查判断方法。这 3 种基本方法各有特点，相互之间又具有内在逻辑性。

一、甄别法

甄别是对证据逐一进行个别审查的方法❷。利用甄别法核实证据的真实性时，要注意核实证据的数量为单个，要求对单一证据的特点、性质、形式是否符合客观事物发生、发展、变化的自然规律进行甄别，来识别和判断证据是否具有真实性。

---

❶ 裴苍龄. 新证据学论纲 [M]. 北京：中国法制出版社，2002：269.
❷ 江伟. 证据法学 [M]. 北京：法律出版社，1999：298.

二、对比法

对比法，即所谓的相互对比法，是指在对涉及两个或者两个以上的具有可比性的证据进行认证时，根据实物的本质特征或内在属性的同一性原理，加以比较和分析，从而确认其具有异同时得出结论的方法❶。同一性是指两种事物或多种事物能够共同存在，具有同样的性质❷。利用对比法核实证据的真实性时，首先注意要对比的两个或者两个以上的证据应针对同一案件事实，否则无法形成相互对比的基础，而不具有可比性；其次注意要准确识别证据间是否存在差别。

【案例3-4】

■ 案件情况

在第 17476 号无效决定（03814382.8）涉及的案件中，专利权人提交了签署日期为 2011 年 6 月 6 日的反证 8［荷兰真菌保藏所（CBS）提供的关于保藏物的声明］。后于 2011 年 7 月 25 日在公证员的公证下再次签署了该文件的副本，在口头审理时专利权人提交了反证 8 的原件、副本及其公证认证文件。

请求人认为：①反证 8 中的签名人在 2011 年 7 月 25 日签署了反证 8 的文件，而反证 8 文件本身的签署日期却是 2011 年 6 月 6 日，两者不相吻合；②公证人证词中仅证明反证 8 中的签名人签署了该声明，并未记载签名人与荷兰真菌保藏所的关系，以及是否有权限代表该中心签署此类声明。

■ 核实内容

反证 8 的真实性。

■ 真实性分析

反证 8 属于书证。

荷兰真菌保藏所（CBS）具有生物保藏的资质。反证 8 的声明中明确记载了签名人是荷兰真菌保藏所专利管理部主任，按照外国微生物保藏机构的一般制度，推定其可代表该机构签署此类声明。保藏证明副本经公证的签署时间为 2011 年 7 月 5 日，保藏证明原件签署时间为 2011 年 6 月 6 日。反证 8 的原件和副本在内容上一致，且签名人的签字相同。

---

❶ 陈卫东，谢佑平. 证据法学［M］. 上海：复旦大学出版社，2005：390.

❷ 百度百科，https://baike.baidu.com/item/%E5%90%8C%E4%B8%80%E6%80%A7/7549351.

综上所述，反证 8 的原件和经公证的副本两者看似在签署日期上存在差异，但针对保藏事实而言两者具有同一性。此外，鉴于公证程序需要一定时间的日常经验，当事人在举证期限后及口审辩论终结前，补交完善证据法定形式的相关证明文件，不影响反证 8 的真实性。

三、印证法

印证法，即所谓的综合印证法，是指综合性分析、判断所有与案件事实有关的证据，认定证据彼此之间是否相互照应、协调一致的认证方法。单个证据的真实性往往需要与其他证据相结合，通过综合分析、比较判断加以确定。综合印证法是通过分析证据之间、证据与案件事实之间是否存在矛盾，鉴别证据的真实性，揭示证据与案件事实之间联系的过程。

【案例 3-5】

■ 案件情况

在第 28469 号无效决定（200630186090.4）涉及的案件中，证据 3 为公证书，其上记载：对号牌为皖 AF6×××的车辆的前风挡玻璃进行拍照显示：车辆的前风挡玻璃的左下方具有一标签，该标签具体格式为：由上至下分为五部分……。证据 4 为福耀玻璃（湖北）有限公司出具并盖章的说明材料，主要内容为：该公司供货请求人的玻璃产品中存在两种标签格式，具体为……。证据 5 为从搜狐网站下载的网页打印件，主要内容为：可通过汽车的玻璃编号查看出厂时间，具体规则为……。

请求人认为，结合证据 3~5，可以确定公证书中的汽车前风挡玻璃最晚生产于 2005 年 8 月，早于涉案专利的申请日。

■ 核实内容

证据 3、证据 4、证据 5 的真实性。

■ 真实性分析

证据 3 和证据 5 属于书证，证据 4 属于证人证言。

证据 3 由公证机关提供，证据 5 由搜狐网站提供，两项证据提供方都按照国家有关规定设立并组织相关工作。证据 4 的提供方是请求人的供货方，二者存在一定的利害关系。

证据 3 所拍摄的号牌为皖 AF6×××的车辆的前风挡玻璃上的标签格式与证据 4、证据 5 中所述玻璃的标签格式均不一致。综上所述，在证人未出庭质证的情况下，证据 4 的真实性、证明力应结合其他证据确定。证据 3、证据 4 和证据 5 中玻璃的标签格式彼此不具有一致性，不能相互印证，因而证据 3、证据 4 和证据 5 都存在真实性缺陷。

第五节　网络证据的真实性问题

一、网络证据的审查

1. 证据特点

随着现代社会信息化、数字化技术的发展，网络证据在专利审查中得到日益广泛的使用。网络证据是指以数字形式存在的，以通信网络作为传播媒介，公众能够从不特定的网络终端获取，需要借助一定的计算机系统予以展现，并用于证明案件实施的证据材料。由于网络证据以计算机可处理的二进制代码序列形式存在，导致证据内容具有可编辑性，且修改过程又很少留下痕迹。真实性是网络证据审查的重点和难点。

2. 审查思路

网络证据的真实性，同样需要考虑网站的性质与资质、网站与当事人之间的利害关系、网络证据的形成与收集、网络证据的完整性等多种因素。网络证据真实性的审查重点是证据来源，需要根据具体案件的具体情况作出认定。虽然各类网站对于网页内容的发布和管理不尽相同，但多数情况下，上传后的网页内容只能由网站的栏目管理员或系统管理员进行修改，如果网站的资质较高，网站的管理规范，对于网站的栏目管理员或系统管理员有明确的操作规范，网站提供虚假信息的可能性就会很低。如果网站与当事人之间不存在利害关系，网站提供虚假信息的可能性也会较低。通常情况下，对于信誉度较高的网站，如政府网站、知名非政府网站、知名商业网站、正规科研院所大专院校网站，以及资质较为可信的网站，如持有增值电信业务经营许可证或者具有 ICP 网站备案号的正规商务网站，网页相关内容和公开时间只有网站的管理方才能改动。如果获得该证据的来源较为可靠（例如经公证、能够通过搜索引擎搜索到的网页），没有证据表明网站的管理方与当事人存在利害关系，也没有证据证明其内容和公开时间改动过，可以认定其真实性。对于 BBS、个人博客等网站的网络证据，则需要慎重审查其真实性。

3. 审查信息

各类网站按网络证据真实性由强到弱大致分为以下 4 类❶：

（1）网络证据真实性非常强的网站：包括政府网站、国际组织网站及公共组织网站类；公立学校网站、科研机构网站、非营利性事业单位网站、公益性财团法人网站等。

（2）政府网站：主要包括全国人大、国务院及其组成部门与直属机构、最高人民法院、最高人民检察院、中共中央及其组成部门以及地方各级人大、政府、人民法院、人民检察院、党委等的网站。国际组织网站例如有联合国、欧洲专利局、国际标准化组织等网站。公共组织网站包括妇联、共青团等网站。公立学校网站是政府财政拨款设立的大学、中学等学校的网站，例如清华大学网站、北京大学网站等。科研机构网站是政府财政拨款设立的专门从事科学研究工作的科研单位的网站，例如有中国科学院软件研究所网站、中国科学院计算技术研究所网站等。非营利性事业单位网站例如有中国计算机学会、中国通信学会等网站。公益性财团法人网站是为了公益事业建立的非营利性的财团法人的网站，例如宋庆龄基金会网站、中国红十字会网站等。

（3）网络证据真实性较强的网站：包括知名的专业在线期刊网站、知名的在线数据库类网站；具有一定知名度的门户网站类。

（4）知名的专业在线期刊网站：是业界公认的专业期刊的在线网站，例如软件学报网站、计算机工程与应用网站、计算机应用网站等。知名的在线数据库类网站，该类网站例如有中国知识基础设施工程（CNKI）网站、超星数字图书馆网站、万方数据网站、中国药物专利数据库检索系统网站等。具有一定知名度的门户网站例如有新浪网、搜狐网等综合性门户网站。

网络证据具有一定真实性的网站：包括具有一定知名度的在线交易网站类；公司门户网站、私立学校门户网站等。

在线交易网站是网络使用者能够输入意图出售的产品信息以及意图购买的产品信息，能够在计算机网络上完成买卖交易行为的网站，例如淘宝网等。公司、私立学校的网站是由营利性公司或者营利性私立学校运营的网站，例如微软公司网站、Sun 公司网站、新东方学校网站等。

网络证据真实性较弱的网站：包括 BBS、个人讨论区、聊天室等；个人博客、个人网站等。在 BBS、个人讨论区、聊天室中，由网络使用者发布消息，相互交流，例如水木清华 BBS、腾讯 QQ 聊天室等。在个人博客和个人网站中，

---

❶ 专利复审委员会，学术委员会一般课题（课题编号：Y070703）《网络证据的法律适用》，2007年 5 月至 2008 年 3 月。

由网络使用者发布消息，相互交流，例如微博等。

【案例3-6】

■ 案件情况

发明专利申请（201110087040.0），请求保护一种同时跨越高密度高压输电线路的跨越架的应用方法，申请日为2011年4月8日。通过关门-提升立柱-开门配合，使得中段立柱和底段立柱在提升架内对接、底段与底部铰座安装完毕及临时拉线收紧，提高施工工效，降低施工风险。

审查员以证据1为现有技术评判该案创造性。

证据1：

一份名为《送电线路工程带电跨越架线施工工法》的技术文件，2010年6月27日在电子商务平台"一比多"网站上公开，具体包括关门、提升、就位后开门、中段立柱进入提升架、拆除电跨越架等步骤。

■ 审查内容

证据1的真实性。

■ 真实性分析

证据1属于网络证据，来源于网站"一比多"，且通知书中提供了该网站以及发布时间的截图。

"一比多"属于正规的商务网站，曾获得"上海市A级安全网站"，其增值电信业务经营许可证为：沪B2-20070060，网站ICP备案号为：沪ICP备07012688。因此，在没有证据表明"一比多"与本案当事人存在利害关系，也没有证据表明发布的文档被修改过的情况下，认可其发布文档的真实性。

【案例3-7】

■ 案件情况

在第26912号无效决定（201430429543.6）涉及的案件中，请求人提交了证据1，该证据是卡米罗国际家居发布在微信公众平台的网站宣传资料的打印件。专利权人认为，无论是微信公众平台本身还是平台文章内容都不能作为合法有效的证据来源，文章发布时间、发布内容易修改，发布时间不能唯一对应发布内容。在口头审理中经当庭演示，通过访问"卡米罗国际家居"的微信公众号，由合议组随机抽取文章，以账号登入后台对所选文章进行修改并重新发布，演示结果显示原有文章无法再找到。

■ 审查内容

证据 1 的真实性。

■ 真实性分析

微信公众平台是腾讯公司为微信公众号用户提供的服务平台，作为我国大型互联网综合服务提供商之一，腾讯公司的信誉度较高，系统环境相对稳定可靠，管理机制相对规范。就微信公众平台的使用而言，微信公众号一经取得后即由账号管理员负责信息发布，但发布时间由系统自动生成；文章一经平台发布，账号管理员仅能对其进行删除操作，不具有其他修改权限。当庭演示的结果印证了这一机制。公众号的订阅用户和普通公众对其更不具备任何修改权限。因此，在专利权人未提供有力证据证明微信公众平台发布及修改文章的规则与已知情形不同，或是证据 1 经发布后确实已被修改的情况下，应当认为证据 1 确系微信公众平台发布的文章，其真实性可以得到认可。

【案例 3-8】

■ 案件情况

在第 24692 号无效决定（201230045240.5）涉及的案件中，请求人提交的证据 1 为公证书，其上记载：登录互联网，进入淘宝网，输入卖家的账户名及密码，进入卖家的交易记录，显示出多条交易记录。其中，订单编号为 115047060 的交易记录，成交时间为 2008 年 10 月 23 日，商品名称为"乐扣保鲜盒/CL32"。点击该记录的相关链接，打开交易快照页面，可以浏览该产品的放大照片。

■ 审查内容

证据 1 的真实性。

■ 真实性分析

淘宝网是国内知名的经营性交易平台网站，其交易快照是作为第三方的淘宝网站在买卖双方发生交易行为时对交易信息的记录，包括交易时间、产品名称及照片等信息。该交易记录信息是交易双方完成交易后由系统自动形成，其目的是作为买卖双方发生交易的凭证，所有的数据维护由淘宝网站管理，网站经营者以外的其他人一般不能更改交易快照信息。在专利权人未提出有说服力的理由或反证的情况下，对证据 1 的真实性予以认可。

二、网络证据的保全

1. 保全的必要性

信息化和数据化的技术特点，网络证据的存在和传播的方式，使得网络证据容易被篡改和破坏，保全是提供网络证据的必要工作，为网络证据的真实性和完整性提供保障。

2. 保全的原则

网络证据保全要注意及时性原则、技术性原则和全面性原则。由于网络信息更换迅速而频繁，需要对网络证据在被破坏或灭失之前及时进行固定。网络证据的形成和传播要依靠网络通信技术和计算机处理技术，其保全方法不同于以往普通证据的"查封、扣押、拍照、录音、录像、复制、鉴定、勘验、录制笔录等方法"（《民事诉讼证据规定》第二十四条），要遵循相应的操作程序和技术标准。而且，因为网络的开放性、不确定性、虚拟性，计算机信息的专业性、日新月异，使得网络证据保全不断面临新挑战。技术性原则对网络证据固定起主要作用。网络证据的真实性依靠网络证据得以全面完整地保全，必要时除电子信息和信息载体外，还应对操作人员、系统运行等附加信息予以固定。

3. 保全的特点

专利审查是由国务院专利行政部门执行法律的重要组成部分，本质上是行政机关依法行政。当依据网络证据评判专利申请是否能授权时，同样负有确保网络证据具有真实性的责任，网络证据保全是应采取的必要措施。从主体资格上，专利行政部门属于《行政诉讼法》规定的行政机关，具有证据保全的公信力，并可以依职权采取证据保全。目前还没有专利审查方面的证据保全有关的行政规范。

网络证据的保全方式，除截图、拍照等手段外，还可以采用互联网档案馆、时间戳等方式。互联网档案馆（The Internet Archive），自 1996 年成立起，定期收录并永久保存全球网站上可以抓取的信息❶。时间戳是由我国中国科学院国家授时中心等建设的我国第三方可信时间戳认证服务，可通过"大众版权保护平台"获取。

---

❶ 百度百科，https://wapbaike.baidu.com/item/%E4%BA%92%E8%81%94%E7%BD%91%E6%A1%A3%E6%A1%88%E9%A6%86.

【案例 3-9】

■ 案件情况

在第 18091 号无效决定（200510022721.3）涉及的案件中，请求人提交的证据 2 是美国因特网档案室（web.archive.org）存档保存的"ranchero.com"等网站的部分网页页面打印件，此外还提交了美国因特网档案室办公室经理的证人证言以及相应的公证认证文件。

■ 审查内容

证据 2 的真实性。

■ 真实性分析

美国因特网档案室是一家对互联网网站页面按时间进行存档并供用户回溯访问的公益性网站，具有较高的知名度和信誉度。该网站管理人员出具的证人证言表明网页页面打印件来自该网站的存档，并且对网页获取和存档方式、公众对存档网页的回溯访问方式、网页存档的 URL 格式（可以从 URL 地址中确定该归档文件的 HTML 文件的归档时间）和存档时间均进行了证明。同时，没有证据表明美国因特网档案室及相关证人与本案双方当事人具有利害关系。因此，证据 2 的真实性可以得到认可。

【案例 3-10】

■ 案件情况

在第 29998 号无效决定（201130036005.7）涉及的案件中，请求人提交的证据 1 为香港翁余阮律师行出具的声明书公证文件，其主要内容为清洁电脑后输入网址 http://archive.org/，进入 archive 主页，在查询栏输入 bitzer.de 进行检索，在检索记录中找到 2007 年 6 月 12 日的记录，依次点击并保存得到 KP-100-4-hr-te 的 PDF 文件，其中第 18 页显示的型号为"4H-15.2"的产品立体图以及第 49 页显示型号为"4J-13.2（Y）..4G302（Y）"的产品图，请求人分别将两幅图片作为现有技术与本专利进行比对。

■ 审查内容

证据 1 的真实性。

■ 真实性分析

证据 1 是针对互联网档案馆的网页进行的公证，互联网档案馆的运行机制为通过一定的技术手段从网络中抓取网页、记录其抓取时间并予以保存可供查询，抓取方式是对单独网页内容进行独立抓取，被抓取的网页上方有时间记录条，每个时间记录条对应一个时间。根据第 18 页显示的内容，该页面上方有时间记录条，记录条左侧有 "07. 02. 11~08. 02. 23" 字样，根据记录条左侧有 "07. 02. 11~08. 02. 23" 字样，可以确认该网页是上述时间段内的某一条记录，因此可以确定其真实性。证据 1 第 49 页的页面是通过点击第 18 页上某一型号而得到的链接网页，并非互联网档案馆所抓取的网页，没有时间记录条等信息，无法直接确认该网页的真实性。

第六节　实验数据的真实性问题

一、实验数据的本质

实验数据是指在实验中控制实验对象搜集到的变量的数据❶。实验数据是针对具体对象运用科学规律过程的观察结果，或者说是科学知识针对具体对象技术化后量化的结果，反映针对特定目的技术化的有效程度。实验数据既不是技术化依据的科学知识，也不是技术化过程包含的内容。换言之，实验数据不是科学规律，也不是技术方案，但体现科学转变为技术的作用结果，是证明技术方案具有特定技术效果的证据。

专利审查涉及的技术方案因遵循的自然科学规律的不同，从功能上大致划分为物理学类、化学类和生物学类等，其中由于化学和生物学在原子层面或分子层面研究事物规律，源于实验，也依赖实验。实验数据成为反映具体技术效果的必要手段，涉及化工、医药、材料等应用领域。

发明专利的权利类型包括产品权利和方法权利。上述应用领域中，一般的产品权利和方法权利包括的技术方案与技术效果具有相关性，但不具有相容性。一种特殊类型的方法权利——用途权利，其技术方案的主要内容是用途，技术效果与之直接对应，因而是技术方案的构成基础。针对这样的技术方案，实验数据是必不可少的。

二、实验数据的审查

实验数据作为证明技术方案具有特定技术效果的证据，其使用者通常是申

---

❶ 百度百科，https://wapbaike.baidu.com/item/% E5% AE% 9E% E9% AA% 8C% E6% 95% B0% E6% 8D% AE.

请人，目的通常是为了表明申请符合授予专利权的条件。申请人对其发明创造所产生的技术效果始终负有举证责任，即提供相关实验数据的责任和义务。

由于实验数据通常由申请人直接提供，从来源方面对真实性审查有一定的局限性。实验数据真实性审查的重点主要在形式和内容方面，运用经验法则和矛盾法则，采用鉴别法、对比法和印证法进行审查。

【案例 3-11】

■ 案件情况

针对四环制药名为"一种安全性高的桂哌齐特药用组合物及其制备方法和其应用"的第 201110006357.7 号发明专利（下称"357 专利"），北京知识产权法院经审判委员会作出（2016）京 73 行初 6067 号行政判决，不认可 357 专利的实施例 5、6、7 的实验数据和技术效果的真实性、客观性，以 357 专利公开不充分和不具有创造性为由撤销复审委作出的第 29876 号无效宣告请求审查决定；责令复审委重新作出审查决定。

1. 案件事实

（1）实施例 5 是"桂哌齐特氮氧化物的 LD50 值"：未说明实验动物是否分组以及具体的分组情况；仅记载了通过动物尾静脉注射桂哌齐特氮氧化物，而未记载作为对照的桂哌齐特的给药方式；仅记载了给药体积，而未记载具体的给药浓度。在此情况下，亦未说明 LD50 值的计算方法；"每天给药一次"的记载与 LD50 的定义明显冲突，因为本领域技术人员公知，LD50 是指实验动物在一次接触或 24 小时内多次接触某一化学物质后，在 14 天内有半数实验动物死亡所使用的剂量。

（2）实施例 6 是"桂哌齐特中相关物质对小鼠白细胞和粒细胞的影响"：桂哌齐特氮氧化物的中、高剂量分别为 16mg/kg 和 326mg/kg，均超出实施例 5 中计算得到的 LD50 值（11mg/kg）；在连续给药 4 周的情况下，中、高计量组桂哌齐特氮氧化物在小鼠体内的含量应已大大超过 LD50 值，但实验中并未报告有小鼠死亡的情况，也未对此作出解释。

（3）实施例 7 是"桂哌齐特及其组合物对小鼠白细胞和粒细胞的影响"：实施例 7 中表 4 有关桂哌齐特（32mg/kg）的数据与实施例 6 表 2 中桂哌齐特中剂量组（156mg/kg）（第 1 行）数据完全一致。实施例 7 中表 5 有关桂哌齐特（32mg/kg）与实施例 6 中表 3 有关 1-（3,4,5-三甲氧基肉桂酰基）哌嗪中剂量组（16mg/kg）数据完全一致。

2. 专利权人主张

（1）实施例5~7属于不同的实验项目，实验目的和实验条件均不相同，每项实验也都各自设有实验内对照组，所得到的数据与各自对照组进行比较才有意义，将不同实验之间的数据进行横向比较意义不大。

（2）LD50值不是精确的测定值，是概率意义上的统计学估算值，其绝对值因波动太大并无定量参考价值。实施例6中的给药剂量是根据人用临床剂量换算所得，是为了寻找引起不良反应的原因，而非在常规意义上观察药物疗效，且将桂哌齐特氮氧化物设计成较高剂量是为了能够更快更充分地观察到期产生的毒性，以便指引后续实施例7的研究。本专利的技术效果也已经被临床实践充分证明，由于桂哌齐特氮氧化物会引起血液毒性，故已将其纳入桂哌齐特注射液的质量标准进行控制，并提高了药品的安全性。

（3）对于原告指出的实施例6和实施例7中部分实验数据完全一致的情况表示认可，但解释称是由于在数据录入时粘贴错误所致。

■ 真实性分析

北京知识产权法院（2016）京73行初6067号行政判决对实验数据的技术分析、药品专利涉及公共利益的考量和原始实验数据的重要性展开了详细论述。现将法院判决中涉及实验数据真实性认证要点整理如下：

首先，实施例5、6、7之间存在关联。根据本专利说明书的记载可知，并证实桂哌齐特氮氧化物会产生白细胞减少、粒细胞缺乏等不良反应，因此可以通过控制桂哌齐特氮氧化物的含量，解决桂哌齐特药物长期以来导致血液系统不良反应的问题，提高用药的安全性。这是本专利的发明点，实施例5~7是证实该发明点的实验基础。从实验设计看，实施例5用于证明桂哌齐特氮氧化物具有毒性，并计算得到了桂哌齐特氮氧化物的LD50值；实施例6用于证明是桂哌齐特氮氧化物，而非桂哌齐特中的其他物质，产生了降低白细胞、影响粒细胞生成和分化的毒副作用；实施例7用于探明桂哌齐特氮氧化物在桂哌齐特药物组合物中的安全含量范围。上述实验设计的确各有侧重，但对于本领域技术人员而言，当看到在说明书中顺序排列且在实验动物、给药方式、给药体积、给药时间等方面相同或相近的实施例5、6、7后，通常会认为该3个实施例之间存在一定关联。虽然每一个实施例都是从不同角度开展安全性实验，但归根结底都是要证明同一个问题，即桂哌齐特氮氧化物具有毒副作用，所以实施例5、6、7中的毒性数据不应自相矛盾，而应是互相支持，相互间存在关联，唯此才有助于理解本专利技术方案。事实上，被诉决定也认为"以上实验设计环环相扣"，专利权人在解释本专利的实验数据问题时，也自认实施例6

是为了指引后续实施例 7 的研究。因此，专利权人有关实施例 5、6、7 属于不同实验项目，将其数据进行横向比较意义不大的主张不能成立。

其次，即使 LD50 值具有波动性，也不意味着实施例 5 中的 LD50 值仅孤立存在于该实施例中而对后续研究没有定量参考价值。因为本专利要解决的问题就是发现桂哌齐特药物组合物中的毒副作用来源并加以控制，故在实施例 5 已经通过动物实验得到桂哌齐特氮氧化物 LD50 值的情况下，后续的相关实验或者会在剂量设计时予以比照参考，或者得出的实验结果也不应与该 LD50 值明显冲突。此外，原告在无效阶段提交的证据 14 也能从侧面强化上述质疑，原因就在于证据 14 中的实验动物、给药方式、给药体积均与实施例 5 相同，但给药时间更长（为 4 周），给药剂量更大，甚至达到了 825mg/kg 的高剂量水平，却也同样未报告有小鼠死亡的情况。综上，原告对实施例 5 中 LD50 值的质疑具有合理性，专利权人仅以 LD50 值属于波动性较大的统计学估算值为由，主张实施例 5 中的 LD50 值缺乏定量参考价值，尚欠缺足够的说服力。而且即便该数值存在波动性，也可通过多次重复实验等方式予以调整修正，进而得到后续研究所需并具有参考指导意义的 LD50 数值，故专利权人有关 LD50 值的主张不予支持。

最后，专利权人对实施例 6 中给药剂量的解释仍然无法消除上述质疑。一方面，专利权人的上述解释和剂量换算方法没有记载在本专利说明书中，公众无从知晓，而只能通过说明书公开的内容去理解本专利的技术方案，本领域技术人员也只能根据说明书的记载，去实施本专利的技术方案。虽然专利权人无须在说明书中事无巨细地记载技术方案的方方面面，但对于一些关键的或者可能引发合理质疑的内容，说明书中仍有必要予以记载或者作必要澄清，否则很可能会引发对专利技术方案能否实施、能否产生其所声称技术效果的质疑。另一方面，专利权人的上述解释和剂量换算也仍然存在错误和不清楚之处。因此，专利权人对实施例 6 中给药剂量的解释同样缺乏说服力。

第四章 专利审查中证据的合法性

专利审查的核心是事实的法律适用，本质上是将具体的案件事实，置于法律规范的要件之下，以获得一定结论的思维过程。法律规范由具体法律条款组成，其逻辑结构包括：假定条件、行为模式和法律后果❶，其中的假定条件包含了证据的合法性要求。为在专利审查中准确适用法律，有必要从证据学角度全面认识证据的合法性。

本章内容涉及证据合法性的内涵、专利审查中证据合法性的特点和审查方法，以及网络证据的合法性问题。

第一节 证据合法性的内涵

一、证据合法性的实践意义

长久以来，证据的基本属性问题是我国法学界一直存在争议的问题，争论的焦点在于，证据除具有真实性和关联性外，是否具有合法性。一部分学者认为，合法性是证据的基本特征，是法制的基本要求，也是证据真实性和关联性的保证；另一部分学者认为，合法性不是证据的基本特征，是人为强加给证据的，并认为承认证据的合法性就等于承认在诉讼认定上的主观性，会削弱或动摇证据的客观性。

两种观点看似相互背离，实际上是矛盾的统一。认为合法性不是证据基本属性的出发点是证据的本质——证据是客观存在，而认为合法性是证据基本属性的出发点是证据的运用——证据以证明为目的。以证据本质为出发点强调证据作为客观存在的自然属性，包括证据的真实性和关联性，以证据运用为出发

---

❶ 百度百科，https://m.baidu.com/sf_bk/item/%E6%B3%95%E5%BE%8B%E8%A7%84%E5%88%99/364920?fr=aladdin&ms=1&rid=10442157050914963943.

点强调证据用于证明的法律属性，包括证据的合法性，两者之间存在辩证统一关系。虽然，证据的自然属性不以人的意志为转移，证据的法律属性是人主观意识的有益选择，但证据存在的意义是用来证明，或者说用来证明是证据的价值所在。证据的自然属性决定事实是否是证据，证据的法律属性决定证据能不能被采用。所以，证据的自然属性是证明的保证，证据的法律属性是证明的要求，都是实践意义上的证据基本属性。

二、证据合法性的含义

证据能力是证据制度的两个重要方面之一，规定证据必须具有证据能力是古今中外的立法通例❶。证据能力是指一定的资料能成为证明待证事实是否存在的证据的法律上的资格❷。客观存在的材料必须具有证据能力，在法律上才能作为证据。

证据的合法性是证据能力的直接外在反映。例如，《民事诉讼证据规定》第六十八条规定"以侵害他人合法权益或者违反法律禁止性规定的方法取得的证据，不能作为认定案件事实的依据"，《行政诉讼证据规定》第五十八条规定"以违反法律禁止性规定或者侵犯他人合法权益的方法取得的证据，不能作为认定案件事实的依据"。

证据的合法性是指证据必须是按照法律要求和法律程序取得的事实材料❸。根据上述的法律规定可以看出，证据的合法性主要包括以下两个方面：

第一，证据的形式必须符合法律的有关规定。如果法律对证据的存在形式、格式要求或者办理手续等作出了明确规定，那么不符合相应形式规定的证据不能被采用。例如，缺少公证人员签章的公证文书不能作为定案的依据；在民事诉讼中的合同关系（及时完结的合同除外）必须以书面合同予以证明。

第二，证据的收集程序或提取方法必须符合法律的有关规定。无论是司法机关、当事人还是其他诉讼参与人员提供证据都要符合法律规定。例如，不得以偷拍、偷录、窃听等手段，或者利诱、欺诈、胁迫、暴力等不正当手段获取证据；行政机关不得非法剥夺公民、法人或者其他组织依法享有的陈述、申辩或者听证权利要求采用的证据；复议机关不得在复议程序中收集或补充证据。

---

❶ 刘金友. 证据法学（新编）［M］. 北京：中国政法大学出版社，2003：96.
❷ 刘金友. 证据法学（新编）［M］. 北京：中国政法大学出版社，2003：91.
❸ 江伟. 证据法学［M］. 北京：法律出版社，1999：221.

三、证据合法性的审查标准

《行政诉讼证据规定》第五十五条规定："法庭应当根据案件的具体情况，从以下方面审查证据的合法性：

（一）证据是否符合法定形式；

（二）证据的取得是否符合法律、法规、司法解释和规章的要求；

（三）是否有影响证据效力的其他违法情况。"

该规定明确，证据的合法性首先要看审查证据是否符合法定形式要求，要了解法律、法规、司法解释和规章对证据的形式是否有要求。然后，审查证据的获取是否符合法定程序，程序正义原则是行政法中的标志性原则，违反法定程序往往可以直接排除有关证据。最后，审查证据的获取是否有其他违法情况，主要指是否违反他人合法权益的情况，如侵犯他人隐私权。

第二节　证据合法性的具体要求

一、证据合法性的有关规定

《专利法》及《专利法实施细则》中对证据作出明确规定的法条包括：《专利法》第九条，《专利法》第二十二条第二款、第三款、第五款，《专利法》第二十四条，《专利法》第二十九条和《专利法实施细则》（以下简称《细则》）第十一条。下面详细梳理这些法条中的证据因素，以便得到清晰的专利审查的证据合法性规定。

根据《专利法》第九条第一款和第二款，针对"重复授权"审查，证据材料为同日（申请日，有优先权的指优先权日）向中国提交的专利申请文件或专利文件。

根据《专利法》第二十二条第二款、第五款和《细则》第十一条，针对"新颖性"审查，证据材料为"现有技术"或"抵触申请"，现有技术为申请日（有优先权的指优先权日）前国内外公知的技术，抵触申请为在申请日（有优先权的指优先权日）之前向中国提出，在申请日之后（含申请日，有优先权的含优先权日）公开的专利申请文件或公告的专利文件。

根据《专利法》第二十二条第三款、第五款和《细则》第十一条，针对"创造性"审查，证据材料为"现有技术"。

　　根据《专利法》第二十四条和《细则》第十一条，针对"新颖性宽限期"审查，证据材料为申请日（有优先权的指优先权日）前6个月，在中国政府主办或者承认的国际展览会上首次展出发明创造的证据材料，在规定的学术会议或者技术会议上首次发表发明创造的证据材料，或他人未经申请人同意而泄露发明创造的证据材料。

　　根据《专利法》第二十九条，针对"享有优先权"审查，证据材料为申请之日起12个月内首次在国外提交的发明专利申请文件或者实用新型专利申请文件（该国同中国签订协议或者共同参加国际条约，或者互相承认优先权）；或者为申请之日起12个月内首次在中国提交的发明专利申请文件或者实用新型专利申请文件。

二、证据合法性规定的关系特点

1. 证据合法性规定的关系

专利法条中证据合法性要求彼此存在关联关系，如图4-1所示。

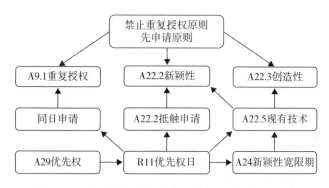

图4-1　专利法规中证据合法性规定的逻辑关系❶

　　《专利法》第九条第一款的规定体现"禁止重复授权原则"，《专利法》第九条第二款的规定体现"先申请原则"。根据这两项原则，对于提交专利申请的发明创造，要在同日提交的专利申请的范围内进行重复授权审查，要在申请日之前为公众所知的技术和提交的专利申请范围内，根据《专利法》第二十二条第二款和第三款进行新颖性和创造性审查。

　　《专利法》第二十二条第五款规定的现有技术既可以作为新颖性审查的证据，也可以作为创造性审查的证据。新颖性审查还有两种特殊情形，一种是抵

触申请，另一种是《专利法》第二十四条规定的新颖性宽限期情形。

《专利法实施细则》第十一条对享有优先权直接影响申请日的确定，进一步影响重复授权、现有技术、抵触申请和新颖性宽限期的证据合法性。《专利法》第二十九条规定享有优先权的条件。

2. 证据合法性规定的特点

从上述逻辑关系中可以看出，专利审查中的证据规定具有以先申请制为宗旨、以授权条件为核心、以形式合法为主体的特点。

禁止重复授权原则和先申请原则作为我国专利制度的两项重要原则，直接确立了重复授权、新颖性和创造性审查在专利审查中的地位。现有技术、抵触申请、新颖性宽限期和优先权的审查是新颖性和创造性审查依据的证据形式，或者需要审查的情形。这体现《专利法》第二章"授予专利权的条件"是专利审查的重点，有关的证据规定也以授权条件的新颖性和创造性为核心。

证据合法性包括证据要符合法定形式，以及证据的取得要符合法律规定两个方面。专利法规中没有对证据的获取作具体规定，而是根据专利审查的特殊性对证据的形式作出具体规定。但并不意味专利审查的证据获取没有任何约束，仍然要遵守《行政诉讼证据规定》的有关规定。

三、证据合法性规定的基本分类

《专利法》对证据的规定主要包括时间、状态、行为和内容 4 个方面，具体参见表4-1。

表4-1 《专利法》对证据的规定

证据/证明	证据规定			
	时间	状态	行为	内容
现有技术	申请日（优先权日）以前	为公众所知	—	—
抵触申请	申请日（优先权日）以前	—	向中国提出专利申请	同样的发明或者实用新型
	申请日（优先权日）以后（含）	公开或公告	—	
重复授权	申请日（优先权日）	—	向中国提出专利申请	同样的发明创造

续表

证据/证明	证 据 规 定			
	时间	状态	行为	内容
新颖性宽限期	申请日（优先权日）以前 6 个月内	—	中国政府主办或者承认的国际展览会上首次展出	—
			在规定的学术会议或者技术会议上首次发表	
			他人未经申请人同意而泄露	
优先权	首次申请的申请之日起 12 个月内	—	向外国/中国提出专利申请	相同主题

本节重点讨论证据合法性方面的规定，主要涉及时间、状态和行为 3 个方面，内容方面涉及证据的关联性，将在第五章详细讨论。

现有技术、抵触申请、重复授权证据、新颖性宽限期证据、优先权证据都有时间方面的规定。其中，现有技术、抵触申请、重复授权证据和新颖性宽限期证据的时间从申请日或者优先权日起算。优先权证据的时间从在先申请的申请日起算。时间规定成为审查证据合法性的重要内容，但时间不是证据合法的孤立要件，审查时需要结合状态和行为进行判断。

状态因素在各类证据中的作用各有不同。对于现有技术，为公众所知是必须满足的前提条件。对于抵触申请，为公众所知作为前提条件具体化为专利申请文件的公开和专利文件的公告。对于重复授权、新颖性宽限期和优先权情形而言，通常不受为公众所知条件限制，没有对其证据进行这方面审查的必要。这些情形中的证据能够为公众所知往往是既成事实。

在抵触申请、重复授权、新颖性宽限期和优先权的审查中，行为因素的作用方式和影响程度存在区别。抵触申请和重复授权审查的行为因素作为证据构成要件直接对应于证据，与其他要件一起用于证据确定。优先权审查的行为因素不直接作用于证据，而是间接地作用于证据，对现有技术、抵触申请、重复授权证据、新颖性宽限期的证据时间要求进行调整。新颖性宽限期审查的行为因素不改变证据确认，仅免除其对新颖性和创造性审查的不利影响，即不改变客观材料构成现有技术的事实，而是该现有技术不构成影响发明创造新颖性和创造性的证据。

第三节　证据合法性的审查方法

一、现有技术

现有技术的合法性规定包括时间合法和状态合法两个方面，对现有技术的审查围绕这两个方面进行。审查时两个方面要同时兼顾，可以按一定的顺序进行，首先要确定技术是否为公众所知，然后确定为公众所知的时间是否早于审查案件的申请日。

为公众所知包括两方面含义。一方面，公众是不受保密义务限制的"知"的主体。与公众相对的概念是特定人，特定人是指负有保密义务的人❶，不仅包括明示的保密义务，还包括在一般概念和商业习惯上默示要求予以保密的义务。另一方面，"知"不是指主体确实有所认识、了解、掌握，而是指公众能够得知，即公众想要获得即可获得。需要注意的是，当负有保密义务的人违反规定、协议或者默契泄露秘密，导致内容不再处于保密状态，在申请日之前确实能够为他人知道，实质上已构成了现有技术，具有作为评价专利申请新颖性和创造性证据的资格。而且，契约是具有社会属性的协议，在确定契约对公开状态的影响是，不受人的数量和地域等自然属性限制。

【案例4-1】

■ 案件情况

在第 28737 号无效决定（201320424967.3）涉及的案件中，请求人提交了由北京市包装技术协会玻璃容器委员会、北京玻璃总厂科技学术协会出版的《埃姆哈特——行列式制瓶机操作手册》作为证据1，用以证明该手册所披露的技术内容已构成现有技术。该手册通告中记载"操作或维修行列式制瓶机的人员应该透彻熟悉本手册内关于制瓶机操作和使用说明……因此，要求操作和维修人员或者在制瓶机附近区域工作人员经常留心和注意"。

■ 审查内容

证据1是否为公众所知。

---

❶　百度百科，https://wapbaike.baidu.com/item/% E7% 89% B9% E5% AE% 9A% E4% BA% BA? time stamp＝1551956612165.

■ 合法性分析

手册的措辞"仅仅表明上述人员应该熟悉本操作手册，并未限定该手册仅对操作或维修行列式制瓶机的人员这一部分人公开，操作或维修行列式制瓶机的人员也不负有对证据 1 进行保密的义务"，"证据 1 的发行对象应为公众，而不是特定人，该操作手册处于公开发行的状态"。

从该手册的编译发行者以及序言可以认定，该手册发行的目的不仅为全行业使用这种设备的用户提供技术信息，帮助其提高生产质量，而且具有面向公众宣传、推广相关设备操作方法的目的，因此，该手册一经出版就处于公众想得知就能够得知的状态。

【案例 4-2】

■ 案件情况

在第 12955 号无效决定（00219748.0）涉及的案件中，请求人提交的本名为《磷肥与复肥》（季刊）的杂志（证据 1）。该杂志上印有"限国内发行"的字样。

■ 审查内容

证据 1 是否为公众所知。

■ 合法性分析

"限国内发行"并不说明其为保密、公众不可得知的材料，且该杂志"封面上印有本杂志愿成为：窥探磷肥工业的窗口，交流各种肥料信息的桥梁，联系矿、工、商的组带"，可见该杂志的"目的在于交流信息，其一经发行就已处于公众想得知就能够得知的状态"。

限地区发行的刊物，其发行对象仍然是"公众"，而非特定人。专利法意义上的公众不受地域限制。

【案例 4-3】

■ 案件情况

在第 335 号无效决定（88200179）涉及的案件中，请求人提交了青岛市科委于申请日前对某设备所作的《鉴定意见书》（证据 1），用于证明该设备因技术成果鉴定构成现有技术。

■ 审查内容

证据 1 是否为公众所知。

■ 合法性分析

原国家科委颁发的《科学技术成果鉴定办法》规定，鉴定委员会成员对科技成果的科学价值、技术水平、学术水平、技术成熟性、经济合理性进行审查和评议，并对所鉴定的科技成果承担保密的义务。❶ 基于该保密义务，科技行政管理机关、鉴定单位、同行专家以及其他参加技术成果鉴定的人员均属于特定人范畴。若无证据证明泄密，则他们在申请日前了解相关技术的事实并不导致该技术处于公众想得知就能得知的状态。

【案例 4-4】

■ 案件情况

在第 1399 号无效决定（91215430.6）涉及的案件中，作为使用公开的证据为请求人与阿胶厂在申请日就开发"铝质开孔方便盖"签订的协议，以及请求人将 1500 只白色带孔铝盖作为试样品送到阿胶厂的送货通知单和送货单存根。其中的协议记载：阿胶厂向请求人提出改进要求，阿胶厂同意在请求人试制成功后使用其生产的产品，并在试制过程中积极配合并提供必要的方便；而两张送货单据（证据 8、9）的"名称及规格"栏上，填写了"白色带孔铝盖"，其相应的"数量"栏上填写有"1500 只"，相应的备注栏上填写有"（试样品）"。

■ 审查内容

研发使用是否构成技术为公众所知。

■ 合法性分析

发明创造能否实现其发明目的，达到预期效果，通常要通过试用来检验。如果试用是在特定关系人之间进行，则不构成公开使用。在为完成产品研发而订立的试制协议中，双方当事人属于产品研发过程中的合作者，试制开发的目的在于完善产品，而非面向公众推广使用，被委托的试制方对相关的技术内容负有默契的保密义务。上述协议以及证据 8、9 上注明 1500 只白色带孔铝盖为"试样品"，请求人将 1500 只白色带孔铝盖提供给阿胶厂的目的在于对盖的可

---

❶ 1987 年发布的《科学技术成果鉴定办法》第 9 条，1994 年发布的《科学技术成果鉴定办法》第 38 条。1994 年发布的办法自 1995 年 1 月 1 日起实施，1987 年发布的办法同时废止。

靠性进行试验，不是公开销售，不构成白色带孔铝盖的公开使用。

【案例 4-5】

■ 案件情况

在第 28589 号无效决定（200910099406.9）涉及的案件中，请求人提交的证据 1 为《中国日用玻璃》2009 年 2 月第 1 期刊载的一篇文章、附件 4~9 为该杂志的创刊号以及 2009 年第 1~6 期的连续期刊，该杂志均标注有"内部资料"的字样。

■ 审查内容

证据 1 是否为公众所知。

■ 合法性分析

附件 4 即该刊物创刊号的"卷首语"刊载了"《中国日用玻璃》是中国日用玻璃行业会员单位和广大日用玻璃从业者的读物"和"通过行业新闻、调研考察、技术交流、质量与标准、信息速递、协会建设、企业风采等栏目向广大读者传递大量新的重要的信息"，显示证据 1 面向的读者对象涉及普通的行业从业者，发行范围并不限于行业协会内部，公开的程度并不限于保密，而是供广大读者公开阅览，内容包括行业现状、企业动态、技术交流等。该杂志的出版目的之一在于对行业、企业进行宣传，扩大行业影响力、提高企业知名度。无论证据 1 中还是附件 4~10 中均未明示或者暗示有会员单位或者读者需要负有保密义务，从其刊载的内容来看，其中也并不涉及相应涉密内容。综上，虽然证据 1 以及附件 4~10 中均标注有"内部资料"的字样，但考虑其面向受众、发行范围、出版内容以及出版目的，其应处于公众想得知即可得知的状态。

【案例 4-6】

■ 案件情况

在第 54749 号复审决定（200810034068.6）涉及的案件中，实质审查过程中引用了对比文件 1（US60/959,413，2007 年 7 月 13 日）。

■ 审查内容

对比文件 1 是否为公众所知。

■ 合法性分析

对比文件 1 是一篇美国临时申请文件，申请日是 2007 年 7 月 13 日，并未记载公开日期，以该申请文件为基础要求优先权的正式申请为 PCT/US2008/069631（公开号为 WO2009/012109A2），公开日为 2009 年 1 月 22 日，晚于本申请的申请日。根据美国专利法 35 U. S. C. §122（2）规定，属于根据美国专利法 35 U. S. C. §111（b）提交的临时申请不予公布，不能将 2007 年 7 月 13 日视为公开日，同时也没有证据表明该文件在本申请的申请日以前处于能够为公众获得的状态，因此，该文件不能构成本申请的现有技术。

【案例 4-7】

■ 案件情况

在第 28240 号无效决定（201220352347.9）涉及的案件中，请求人提交了附件 1，即天津市建筑标准设计办公室发行的《天津市工程建设标准设计图集》，用于证明该图集作为公开出版物已构成涉案专利的现有技术。专利权人认为该附件不属于正规出版物，因而对其公开性持有异议。

■ 审查内容

附件 1 是否为公众所知。

■ 合法性分析

上述图集内含天津市建设管理委员会关于批准该图集为天津市工程建设标准设计的通知，表明由行政管理部门发布，并注明了"津标建筑标准图发行站"的地址、邮编和订购电话，上述内容足以表明公众中的任何人能够通过行政部门的指引，通过"津标建筑标准图发行站"进行订购，该图集处于公众想得知就能够得知的状态。

【案例 4-8】

■ 案件情况

在第 10246 号无效决定（03242559.7）涉及的案件中，请求人提交了证据 3，其中包括山东省泰安市宁阳县华丰标准件厂企业标准《汽车用换挡、换位操纵钢索》（标准编号鲁 Q/09NHBO02—95）和泰安泰龙软轴软管厂企业标准《汽车用换挡换位操纵钢索》（QO9NHBO02—1999）。

■ 审查内容

证据 3 是否为公众所知。

■ 合法性分析

企业标准在企业内部适用，其中的部分内容，特别是其中的技术解决方案很可能属于企业的技术秘密，作为国家行政机关的备案部门应当意识到企业标准可能包含技术秘密，从而应当履行保密义务。企业标准备案后成为标准档案，根据《档案法实施办法》第二十六条和《标准档案管理办法》第十六条的规定，公众不能随意查阅。在没有证据证明该企业标准在本专利申请日之前已经处于任何公众想要得知即可得知的状态下，证据3作为企业标准，虽然标明了发布及实施日期，也进行了备案，但是这种"发布""实施"及"备案"并不能视为专利法意义上的公开。

【案例4-9】

■ 案件情况

在第17631号无效决定（200410034163.8）涉及的案件中，请求人提交的证据1和证据5均为《国家中成药标准汇编（口腔、肿瘤、儿科分册）》（国家药品监督管理局编二〇〇二年）中的相关内容。

■ 审查内容

证据1和证据5的公开时间。

■ 合法性分析

证据1和证据5是由负责国家药品监督管理的行政部门编纂发行的药品标准汇编，目的是在全国范围内统一药品的生产工艺和质量标准，因此这种药品标准的汇编本是任何人可以获得的，处于公众想得知就能够得知的状态。另外，上述证据封面上记载了"国家药品监督管理局编二〇〇二年"的字样。前言页落款日期为"2002年11月20日"；该汇编本中所有试行标准均自2002年12月1日起实施，故该汇编本在2002年11月20日已汇编完成，并应在实施起始日2002年12月1日前公开发行。鉴于该汇编本上未明确记载公开日期，推定其最迟公开日为2002年12月31日。

【案例4-10】

■ 案件情况

在第28990号无效决定（201020553487.3）涉及的案件中，请求人提交了证据3，名为《煤矿架空乘人装置的设计与仿真研究》的山东科技大学硕士学位论文（其上载明答辩日期为 2009 年 6 月）以及国家图书馆科技检索中心出具的文献检索复制证明，以此证明论文为现有技术。

■ 审查内容

证据 3 的公开时间。

■ 合法性分析

证据 3 本身并未显示其出版日期或者印刷日期。文献复制证明仅表明，在国家图书馆科技检索中心出具文献复制证明的检索日（晚于涉案专利申请日）证据 3 处于公开状态。论文答辩时，论文仅提供给答辩委员会相关成员，并不向旁听人员发放，旁听人员能够得知的技术内容一般仅限于论文答辩过程中口头公开的技术内容，不等同于论文的书面内容。在无其他证据证明时，不能确定证据 3 所示内容在答辩日公开。最终，无法确认证据 3 的公开日。

二、抵触申请

抵触申请的合法性规定包括时间合法、状态合法和行为合法 3 个方面。3 个方面的关系与现有技术的合法性审查有所区别。由于抵触申请的形式为专利申请文件或专利文件，对公开状态有所保证，因而审查主要涉及时间和行为方面。首先要确定专利申请是否向中国提出，然后确定专利申请的提出时间是否早于审查案件的申请日，且专利申请的公开时间是否在审查案件申请日的当天或晚于申请日。

【案例 4-11】

■ 案件情况

在第 16781 号无效决定（200420050731.9）涉及的案件中，无效宣告请求人主张使用证据 1 作为抵触申请来评价涉案专利的新颖性。证据 1 是我国台湾地区实用新型专利，申请日为 2004 年 4 月 19 日，公开日为 2005 年 2 月 1 日。

■ 审查内容

证据 1 是否符合抵触申请的法律规定。

■ 合法性分析

虽然证据 1 在涉案专利申请日 2004 年 5 月 8 日之前申请，在该日期之后公开，但是由于证据 1 是向我国台湾地区管理专利工作的部门提出的专利申请，并非向国务院专利行政部门提出的申请，因此不能作为涉案专利的抵触申请。

【案例 4-12】

■ 案件情况

在第 4527 号无效决定（00239075.2）涉及的案件中，申请日为 2000 年 6 月 15 日。无效宣告请求人用以评价新颖性的证据 1 为一项 PCT 国际申请，证据 1 的国际申请日为 2000 年 6 月 2 日，进入中国国家阶段后的公开日为 2001 年 9 月 19 日。

■ 审查内容

证据 1 是否符合抵触申请的法律规定。

■ 合法性分析

PCT 国际申请在进入中国国家阶段后，与直接在我国提出的专利申请具有同等效力，国际申请日为申请日。证据 1 的国际申请日在涉案专利申请日之前，中国国家阶段公开日在涉案专利申请日之后，属于他人在涉案专利的申请日之前向国家知识产权局提出申请、在该申请日之后公开的在先专利申请，构成涉案专利的抵触申请。

【案例 4-13】

■ 案件情况

在第 23449 号无效决定（201120010137.7）所涉案件中，同一申请人于 2011 年 1 月 13 日就同一发明创造于同一天提交了发明专利申请（证据 1）和实用新型专利申请（涉案专利）。证据 1 的申请日被确定为 2011 年 1 月 13 日，形式审查合格后，于 2011 年 9 月 7 日公布。涉案专利在审查过程中，国家知识产权局发出补正通知书，在答复该补正通知书时，申请人补交了附图，导致涉案专利的申请日被重新确定为 2011 年 7 月 11 日。

■ 审查内容

证据 1 是否符合抵触申请的法律规定。

■ 合法性分析

由于涉案专利的申请日在 2009 年 10 月 1 日之后，应当适用第三次修正的《专利法》。根据有关规定，同一申请人在先提交、在后公开的发明专利申请可以构成涉案实用新型专利的抵触申请。针对涉案申请，证据 1 在时间上满足抵触申请的法律要求。

三、新颖性宽限期

新颖性宽限期的实质，是先申请制的专利制度中对申请人自主行为和部分他人行为有条件的宽限，不是具有绝对排他性，即对"申请人（包括发明人）的某些公开，或者第三人从申请人或发明人那里以合法手段或者不合法手段得来的发明创造的某些公开，认为是不损害该专利申请新颖性和创造性的公开"❶，一旦满足公开时间早于专利申请的申请日就构成专利法意义上的现有技术，这种现有技术在一定时间条件下，不具有影响专利申请新颖性和创造性的证据资格。如果这些公开导致第三人就同样的发明创造在申请人提出专利申请之前提出了专利申请，不能因为第三人的专利申请源于这些公开而否认其证据资格。

新颖性宽限期的合法性规定包括时间合法和行为合法两个方面。时间上要求申请日前 6 个月，相关的 3 种公开行为是：①中国政府主办的国际展览会，包括国务院、各部委主办或者国务院批准由其他机关或者地方政府举办的国际展览会；中国政府承认的国际博览会，是指国际展览会公约规定的在国际展览局注册或者由其认可的国际展览会。②学术会议或者技术会议，是指国务院有关主管部门或者全国性学术团体组织召开的学术会议或者技术会议。③他人未经申请人同意而泄露内容所造成的公开，包括他人未遵守明示或者暗示的保密信约将发明创造的内容公开，也包括他人用威胁、欺诈或者间谍活动等手段从发明人或者申请人那里获取发明创造的内容造成的公开。

【案例 4-14】

■ 案件情况

在第 1449 号无效决定（93246526.9）涉及的案件中，证据 1 涉及涉案专利产品在西安举办的"全国文化用品订货会"上的展出情况。专利权人主张该展会由中国百货商业协会主办，参展企业包括港、澳、台等地区的企业，根据《专利法》第二十四条的规定，涉案专利未因该展出丧失新颖性。

■ 审查内容

是否符合中国政府主办或者承认的国际展览会上首次展出。

■ 合法性分析

该订货会属于民间机构主办的全国性商品交易会，不是国务院、各部委主

---

❶ 《专利审查指南》（2010）第 166 页，第二部分第三章第 5 节。

办或者国务院批准由其他机关或者地方政府举办的国际展览会，也不是由国际展览局注册或者认可的国际展览会，涉案专利送展的场所不属于"中国政府主办或承认的国际展览会"范畴。行业协会主办的全国性商品交易会，即使有港、澳、台等地区企业参展，也不属于中国政府主办或承认的国际展览会。

【案例4-15】

■ 案件情况

在第77257号复审决定（201010299647.0）涉及的案件中，驳回决定引用对比文件1作为现有技术。申请人在复审请求时提出，对比文件1的作者未经申请人同意擅自发表该文章，泄露了涉案申请的发明内容，并以此为由主张适用新颖性宽限期的规定。

■ 审查内容

时间是否符合有关规定。

■ 合法性分析

对比文件1的出版周期为半月刊，发表时间为2010年第2期，公开日最晚应为2010年1月31日，而涉案申请的申请日是2010年10月8日（不享有优先权），对比文件1的公开日并非在涉案申请的申请日前6个月内。即使对比文件1属于他人未经申请人同意而泄露的内容，由于已经超出允许宽限的6个月期限，因此导致涉案申请不能享有新颖性宽限期。

【案例4-16】

■ 案件情况

在第1613号复审决定（97310391.4）涉及的案件中，请求人提交了附件3（97春季全国化妆洗涤、日用百货商品交易会刊物）、附件4（中国百货商业协会日用百货专业委员会的证明材料），用以证明在涉案专利申请日前已有与其相同的外观设计公开发表过，专利权人认为其在外观设计专利申请阶段已经声明"已在规定的学术会议或技术会议上首次发表"，请求人提交的附件1~3属于该情形导致的不丧失新颖性的公开。

■ 审查内容

是否符合在规定的学术会议或者技术会议上首次发表。

■ 合法性分析

附件 1~3 中所述"春季全国化妆洗涤、日用百货商品交易会"是商贸会，主要目的是开拓市场、促进商品贸易，不是国务院有关部门组织召开的，也不是全国性学术团体组织召开的学术会议或技术会议。

【案例 4-17】

■ 案件情况

在第 7442 号复审决定（00132507.8）涉及的案件中，专利局在第一次审查意见通知书中指出，涉案申请相对于对比文件 1 不具备新颖性和创造性。申请人主张，对比文件 1 的作者是涉案专利申请的发明人，其未经申请人同意泄露发明内容，属于《专利法》第二十四条第（三）项所列情形。经核查申请人提交的相关证据，其中显示侯某代表甲方于 1999 年 11 月 10 日与乙方（涉案专利申请人）签订新药技术转让协议，约定甲方将相关技术独家转让给乙方，双方对该协议涉及的所有技术秘密、技术资料和设备工艺负有保密责任；但是，在上述协议签署之前，发明人侯某与对涉案发明项目进行临床研究的其他工作人员共同完成对比文件 1 一文，并向《海军医学》杂志社投稿，收稿日为 1999 年 11 月 8 日，该文章发表于《海军医学》杂志 2000 年 6 月第 21 卷第 2 期。

■ 审查内容

是否符合他人未经申请人同意而泄露其内容。

■ 合法性分析

虽然对比文件 1 的投稿和收稿时间发生在上述合同的签订日之前，但是由于该文章的发表日期是 2000 年 6 月，在合同的签订日 1999 年 11 月 10 日之后，侯某应该有足够的条件和时间遵守合同明示的保密约定，追回所投的文章，阻止《海军医学》杂志社将该文章公开发表。因此，对比文件 1 的公开是侯某未经申请人同意而泄露的。并且对比文作 1 公开的技术内容来自申请人所有的技术内容，基于证据表明其并非由对比文件 1 的其他作者独立作出，故对比文件 1 的公开属于《专利法》第二十四条第（三）项规定的"申请日以前 6 个月内他人未经申请人同意而泄露其内容的"公开。对比文件 1 不能作为评价涉案专利创造性的现有技术文件。

四、优先权

优先权的审查结果对新颖性和创造性的审查产生直接影响。一方面，当专利申请享有优先权时，现有技术和抵触申请的时间规定将调整为优先权日；另一方面，当专利申请不享有优先权时，会存在其在先申请构成专利申请现有技术或者抵触申请的可能。不仅专利申请优先权情况，对比文件的优先权情况也会对审查产生影响。

优先权的合法性规定包括时间合法和行为合法两个方面。优先权的期限由在后申请的专利类型决定，如外观设计的期限为 6 个月，发明或者实用新型的期限为 12 个月。在先申请和在后申请要满足享受优先权的客体条件，如要求本国优先权的，只有发明或者实用新型类型专利申请，要求外国优先权的，外观设计专利申请不得作为发明或者实用新型专利申请的优先权基础。在先申请还要符合作为优先权基础的首次申请要求。作为优先权基础的在先申请必须是正式的国家申请，而且必须是针对相同主题的首次申请。

【案例 4-18】

■ 案件情况

在第 84211 号复审决定（200780036564.9）涉及的案件中，权利要求 1 要求保护式（1）化合物的 L-酒石酸盐水合物的固体形式，其中限定所述固体形式是不吸湿的。涉案申请要求享有在先美国申请 US60/841097 的优先权。驳回决定引用对比文件 2（WO2007016356A1），认为该对比文件 2 与涉案申请的申请人相同、记载了相同的主题，且其申请日早于涉案申请的优先权日，因此作为要求优先权基础的在先美国申请不是申请人提出的记载有与涉案申请相同主题发明的首次申请。

■ 审查内容

在先申请是否为首次申请。

■ 合法性分析

对比文件 2 中公开了式（I）化合物的制备方法，得到了该化合物的 L-酒石酸盐的冻干物，但在对比文件 2 说明书和权利要求书全文中均未提及该化合物的"L-酒石酸盐水合物固体形式产品"，因此未记载与涉案申请相同主题的发明，不影响在先美国申请 US60/841097 成为与涉案申请相同主题发明的首次申请。

【案例4-19】

■ 案件情况

在第 79424 号复审决定（200880005090.6）涉及的案件中，要求中国专利申请200710037557.2 的优先权。在审查过程中，检索到的对比文件 1（CN10113005A），申请日早于上述优先权文件的申请日。

■ 审查内容

在先申请是否为首次申请。

■ 合法性分析

判断专利申请的优先权是否成立，关键在于判断其优先权文件是否为相同主题发明的首次申请，为此需要判断对比文件 1 是否公开了涉案申请的技术方案。尽管从文字叙述方式上，对比文件 1 没有明确记载式（1）化合物的盐酸盐，但是对比文件 1 权利要求 7 记载了式（1）化合物形成"药学上可接受的盐"，根据对比文件 1 说明书中关于术语"药学上可接受的盐"的定义，对比文件 1 中的"药学上可接受的盐"是指"无毒的本发明化合物的无机酸加成盐和有机酸加成盐。代表性盐包括氢溴酸盐、盐酸盐……"。经过整体分析，对比文件 1 实际上公开了式（1）化合物盐酸盐的技术方案，记载了与涉案申请相同主题的发明。因此，涉案申请所要求的优先权文件不是记载相同主题发明的首次申请，涉案申请不能享有第 200710037557.2 号专利申请的优先权。

第四节 网络证据的合法性问题

网络证据合法性近年来一直是各界关注的热点和难点，本节将详细介绍网络证据合法性的审查方法。

一、公开状态

确定网络证据的公开状态时，一般被认为下述类型的网站发布的信息公众能够得知的，可以构成专利法意义上的公开❶：①在搜索引擎上加以注册并能进行搜索的网站；②其存在和位置为公众所知的网站（例如，与有关学术团体

---

❶ 尹新天. 关于网络证据构成现有技术的问题 [J]. 审查业务通讯, 2000 (12).

或者新闻单位的网页链接的网站，以向公众提供信息的方式显示的网站等）；③对于需要输入口令的网站，如果公众中的任何人通过非歧视性的正常途径就能够获得所需口令访问网站，则该网站发布的信息可被认为是公众可以得到的；④对于需要付费的网站，如果公众中的任何人仅仅需要交纳一定的费用就可以访问，则该信息可被认为是公众可以得到的。

下述类型的网站发布的信息一般不能被认为是公众所能得知的：①其网络资源定位地址没有公开，公众只能偶尔地进行访问的网站；②只有特定机构或者特定的成员才能访问（例如只有雇员才能访问的公司网站），并且其中的信息被作为秘密对待的网站；③网站信息采用了特殊的编码方式，一般公众无法阅读的网站（不包括通过一组付费或者不付费的方法才能公开地得到解码工具的情况）；④信息公开时间过短，不足以让公众进行访问的网站（例如在互联网上短时间公布的信息）。

二、公开时间

网络证据公开时间的确定受技术和法律影响，要在确认网络证据公开状态的基础上，需要进一步确认的关键问题。由于互联网类出版物的技术特殊性，确定网络证据公开时间的法律效力时需要对网站运行过程中产生的各种时间点进行综合考虑，主要包括：网页的撰稿时间、网页的上传时间、网页的发布时间、网页上记载的时间、服务器上记载的时间、日志文件中记载的时间以及网页中嵌入的 Word、PDF 等特定文件信息中包含的时间。在充分考虑网络证据真实性和公开性的情况下，可根据以下内容确定网络证据有关的时间点的法律效力，以认定网络证据的公开时间❶。

下述时间点一般被认为可构成专利法意义上的网络证据公开的起始时间：网页的发布时间，包括服务器上记载的时间和网页上记载的时间，除非当事人能够提供证据证明网页经过修改；根据日志文件的记载确定网络证据公开的起始时间，日志文件的记载包括网页的发布时间以及网页内容修改的时间。

下述时间点一般不能作为专利法意义上的网络证据公开的起始时间：网页的撰稿时间、网页的上传时间以及网页中嵌入的 Word、PDF 文件信息中包含的时间。

---

❶ 专利复审委员会，学术委员会一般课题（课题编号：Y070703）《网络证据的法律适用》，2007年 5 月至 2008 年 3 月。

【案例 4-20】

■ 案例情况

发明专利申请（200910238540.2）请求保护一种字幕编辑系统和一种插件，申请日为 2009 年 11 月 25 日。现有的字幕编辑系统在制作图形时，库中的图形元素不能满足复杂图形的需求。本发明的字幕编辑系统和插件能满足用户的图形需求，提高图形制作的效率。

芜湖教育网 Premiere 第十四节字幕制作（二）公开了一种与本案相似的字幕编辑系统（证据 1），网站上显示的发布时间为 2003 年 11 月 17 日，网址为：www.whedu.net/cms/data/html/doc/2003-11/17/29092/index.html。

■ 审查内容

证据 1 的公开时间。

■ 证据分析

在没有证据表明上述网络证据网站与本案当事人存在利害关系，也没有证据表明上述网页经过修改的情况下，本案网络证据的公开时间所在网页上记载的时间，代表了网页的发布时间，可以作为网络证据构成专利法意义上的公开的起始时间。

【案例 4-21】

■ 案例情况

发明专利申请（201310244114.6）请求保护一种 DHCP 租约文件的存储方法，申请日为 2013 年 6 月 19 日。该方法首先将 N 台 GlusterFS 组成一个卷，并将组成的所述卷挂载到本地服务器上，其次将 DHCP 租约文件存储到所述卷中，本地服务器通过挂载的所述卷访问 DHCP 租约文件。此方法解决了当 DHCP 服务器出现问题自动转移到其他服务器的过程时，可能出现的租约文件丢失，进而导致后续分配 IP 时出现 IP 重复的情况。

证据 1：用户"taibuy"于百度文库公开的 GlusterFS Storage Pool 高可用及负载均衡配置方法，将租约文件存储到多台服务器中。发布时间为 2012 年 2 月 28 日。

■ 审查内容

证据 1 的公开时间。

■ 证据分析

证据 1 的来源为百度文库。百度文库是百度公司发布的供网友在线分享文档的大型平台，百度文库的文档由百度用户上传，需要经过百度的审查才能发布，百度自身不编辑或修改用户上传的内容，资料上传者对上传资料的修改时间记录对任何用户均可见。网页没有修改的情况下，网页的公布时间构成专利法意义上的公开起始时间。

第五章 专利审查中证据的关联性

客观、公正、准确、及时是专利审查要遵循的 4 项准则。客观方面"应当以事实为依据，而不能从自己的主观意志出发处理专利申请和有关请求"；公正方面"应当不偏不倚地处理专利申请和有关请求"；准确方面"应当贯彻'依法行政'的要求，严格按照《专利法》及《专利法实施细则》的规定处理专利申请和有关请求"；及时方面"应当尽快地处理专利申请和请求"❶，这 4 项准则始终贯穿于专利审查工作之中。

准则在专利审查中得以实现的关键是在理解专利申请的基础上准确认定相关事实，包括案件事实和证据事实。证据通常是用于反驳或者证明申请人权利主张相关的事实，必然与申请文件中的事实密切相关，因而有必要对专利审查中证据的关联性进行全面深入的探讨。本章的主要内容包括证据关联性的内涵、证明根据、主体要求、分类及其应用和证明方法。

第一节　证据关联性的内涵

一、证据关联性的定义

证据关联性由证据的定义决定。证据关联性不但要求证据事实与待证事实之间存在联系，还要求证据事实与待证事实之间的联系必须是客观的。这种客观联系能够为人们所认识，认识的关键要找出两者之间存在的客观联系，避免脱离客观，主观上随意联系。

证据关联性包含 3 个要素，即证据事实、待证事实以及两者之间的联系。从证据事实的角度看，证据事实能够证明待证事实；从待证事实的角度看，待证事实需要证据事实来证明。证据事实能够证明待证事实，必须与其存在客观

---

❶ 尹新天. 中国专利法详解［M］. 北京：知识产权出版社，2011：238.

联系，否则不能作为证据。即使事实与待证事实存在客观联系，但用作证明依据的内容模糊不清、难以确定，或者与待证事实的客观联系遵循的规律性或趋势未被掌握，也不能作为证据。待证事实是否需要证据证明，由待证事实自身决定。如果待证事实是众所周知的事实，或者自认的事实，那就没有被证明的需要。

证明能力是证据制度的另一重要方面，从自然属性上说，证据必须具有证明能力，与案件事实有一定的关系，对案件事实有证明作用❶。证据关联性是证据具有证明能力的内在原因，证据的证明能力是证据事实与待证事实关系的外在表现。与待证事实没有关联性的证据不具有证明能力。

二、证据"三性"之间的关系

证据的基本属性包括真实性、合法性和关联性。虽然都是证据的基本属性，因属性起源不同而存在区别。证据是与待证事实相关联的一切事实，包含两方面含义：第一，证据是事实，属于存在范畴；第二，证据与待证事实之间的联系是客观的。第一方面体现证据的真实性，第二方面体现证据的关联性。可见，证据的真实性和关联性是证据的自然属性。真实性和关联性赋予事实作为证据的证明能力（证明力），但仅仅具有证明能力的事实并不必然得到法律上的承认，还必须符合法律的有关规定。由此看来，证据的合法性是法律外加于证据的属性，即证据的法律属性。合法性赋予事实作为证据的证据能力（证据资格）。

从认识论的角度来看，证据的真实性和关联性反映了认识活动的真理性要求，即通过证据发现事实真相，做到实事求是，证据的合法性反映了认识活动的正当性要求，即证明案件事实不能损害追求的法律价值。证据真实性和关联性体现的证明能力与证据合法性体现的证据能力相统一，从作为定案根据的角度具有重要意义。同时具备"三性"的证据才能够作为定案根据的证据。

三、认识证据关联性的活动

证明是人们在客观基础上，借助一定的形式和方法所进行的一切认识活动。❷ 证明的本质是人的认识活动，证据关联性是证明正确的根本保证，证明要借助经验证明和逻辑证明的形式，以及直接证明和间接证明等方法。

---

❶ 孔祥俊. 最高人民法院《关于行政诉讼证据若干问题的规定》的理解与适用［M］. 北京：中国人民公安出版社，2002：164.

❷ 裴苍龄. 新证据学论纲［M］. 北京：中国法制出版社，2002：311.

从认识角度，实现证明的构成要素包括证明主体、证明客体和证明活动。证明主体因性质不同分为基于履行职务的职务性主体、维护自身权益的权益性主体、履行义务的义务性主体。3 种主体在证明中所起的作用不同，职务性主体起主导作用，义务性主体起协助作用，权益性主体起半主导、半协助作用。证明客体包括证明对象和证据（证明依据）。证明对象是客观的，证明依据是客观的，证明依据和证明对象之间的联系也是客观的。❶ 不同证明主体和客体之间的证明活动不同，大体上分为取证、举证和审证。

从逻辑角度，证明的构成要素包括前提和结论。前提是推理的基本组成部分之一，是推理结论得以成立的根据。❷ 证明根据是证明所凭借的，已知的真实判断。❸ 现有的司法证明通常包括，大前提——法律规范，小前提——形成犯罪构成的事实总和，和结论——法院关于对被告人适用法规的一定条款上作出的判决。❹

司法证明中的证明根据包括证据、公理、原理、定律、科学定义、经验和法律。证据本身是事实。公理是在"一个系统中已为反复的时间所证实而被认为不需证明的真理"❺。原理是"某一领域、部门或科学中具有普遍意义的基本规律"❻。定律是"对客观规律的一种表达形式。通过大量具体事实归纳而成的结论"❼。定义是"揭示概念内涵的逻辑方法。概念的内涵是反映在概念中的事物的特有属性"❽。经验是指人们通过各种事件所获得的知识和技能。比较特殊的是法律，法律本身不是事实，而是关于事实本质作出的规定。例如我国《刑法》《民法通则》等实体法对某些事实的本质特征作出具体的规定，但都来自实践。因而，法律不能构成证据，却可以直接构成论据，成为诉讼证明的证明根据。

由此可见，证明根据大致分为 3 类，即事实论据、理论论据和法律根据。证明根据都以事实为基础，有的是事实本身，有的是实践基础上得来的理论，有的是体现事实本质的规定。"不管理论论据也好，事实论据也好，在证明中都是以判断的形式出现的。引用事实论据证明论题的，通常称为摆事实；引用

---

❶ 裴苍龄. 新证据学论纲 [M]. 北京：中国法制出版社，2002：314.
❷ 傅季重. 哲学大辞典（逻辑学卷）[M]. 上海：上海辞书出版社，1988：361.
❸ 裴苍龄. 新证据学论纲 [M]. 北京：中国法制出版社，2002：357.
❹ [苏] 切里佐夫. 苏维埃刑事诉讼 [M]. 北京：法律出版社，1955：209.
❺ 辞海（缩印本）[M]. 上海：上海辞书出版社，1980：151.
❻ 辞海（缩印本）[M]. 上海：上海辞书出版社，1980：151.
❼ 辞海（缩印本）[M]. 上海：上海辞书出版社，1980：1012.
❽ 傅季重. 哲学大辞典（逻辑学卷）[M]. 上海：上海辞书出版社，1988：311.

理论论据来证明论题的，通常称为讲道理。"❶

【案例 5-1】

■ 案件情况

发明专利申请（201510956014.5）请求保护一种雷电蓄电池系统，申请日为 2015 年 12 月 17 日。本发明利用雷电电容量大、电流电压强，地域广，建立分布式雷电蓄电池系统，实现大面积联网供电，以解决雷电多发的沿海城市用电紧张的问题，解决雷电多发山区用电难的问题。

审查员依据《现代科学技术通论》（证据 1，中国电力出版社 2009 年 3 月 31 日出版），和《66kV 大容量集合式电容器在 500kV 变电站的应用》（证据 2，《电力电容器与无功补偿》第 35 卷第 5 期，2014 年 10 月），认为本申请各项权利要求不具有实用性。证据 1 公开一次雷电电压可达 1 亿伏，电流可达 16 万安，可以产生 37.5 亿 kW 的电能，但闪电持续时间很短，至今还没有人找到利用闪电能的有效途径。证据 2 公开随着用电负荷的增加，500kV 变电站的额定容量达到了 750MVA，配套的补偿电容器容量为 240Mvar，为了降低低压侧电流，降低变压器造价，国内有许多 500kV 变电站已将第三绕组的额定电压提高到 66kV，单组电容器容量增大到 120Mvar。

■ 审查内容

证据 1 和证据 2 与待证事实是否存在关联性。

■ 关联性分析

发明的技术方案是否具有在产业中被制造或使用的可能性不仅受到方案本身技术合理性的约束，同时还受到当前的社会技术水平发展程度的约束。证据 1 和证据 2 表明现有技术文件中变电站的运行的额定电压和额定容量，与闪电上亿伏的电压和上亿千瓦的功率相比，存在非常大的差距，因而可以证明本案的技术方案目前在产业上尚无法制造和使用。

【案例 5-2】

■ 案件情况

发明专利申请（201310064812.8）请求保护一种中药祛风湿蜜饯肠，申请

---

❶　吴家麟. 法律专业逻辑学［M］. 北京：群众出版社，1983：270.

日为 2013 年 6 月 12 日。本发明的中药祛风湿蜜饯肠为肠衣内包裹着中药、蜂蜜、白砂糖、淀粉的混合物，用于治疗风湿。

审查员依据证据 1 和证据 2，认定本案的中药祛风湿蜜饯肠中的山梨酸钾用量会对公众健康造成危害，属于《专利法》第五条第一款规定的不能授予专利权的内容。

证据 1：GB2760—2011 食品安全国家标准，中华人民共和国卫生部于 2011 年 4 月 20 日发布，规定山梨酸及其钾盐在蜜饯凉果中的最大使用量为 0.5g/kg（以山梨酸汁）。

证据 2：《山梨酸钾的毒理学评价》，《海南医学》第 23 卷第 19 期，2012 年 10 月 31 日出版，公开山梨酸钾急性毒性试验证据显示中、高剂量组部分小鼠出现了中毒症状，主要表现为反应迟钝，行为呆滞，缺乏知觉，呼吸减弱，同时有 2 只小鼠死亡。

■ 审查内容

证据 1 与案件事实是否存在关联性。

■ 关联性分析

证据 1 是食品领域的标准。食品的定义为各种供人使用或者饮用的成品和原料，以及按照传统既是食品又是中药材的物品，但是不包括以治疗为目的的物品。药品的定义为用于预防、治疗、诊断人类疾病，有严格的适应证、禁忌证以及用法用量，允许有不良反应，不能长时间使用。

本案请求保护的中药祛风湿蜜饯肠，配方为防风、羌活、独活、秦艽、威灵仙、木瓜、川芎，中药占 40%～50%，糖 15%～20%，水 30%～40%，淀粉 5%～8%，0.1%～0.3%柠檬酸，0.1%山梨酸钾。技术方案中共包括 7 味中药和糖、淀粉等普通食品添加剂，7 味中药中"木瓜"既是食品又是药品，"川芎"可用于保健食品，而其余 5 味中药"防风、羌活、独活、秦艽、威灵仙"均属于药物。此外，说明书中明确记载，该中药蜜饯肠对于风湿患者人群，具有积极的治疗作用。由此可见，虽然本案要求保护的主题是"蜜饯肠"，但其以治疗为目的，实际属于治疗特定疾病的药品，而非适用于所有人的普通食品和适用于特定人群的调节机体功能的保健食品。证据 1 与案件事实不存在《专利法》第五条第一款规定的关联性。

第二节　证据关联性的法律根据

一、法律根据的范围

发明专利的实质审查依据的法律根据主要包括《专利法实施细则》第五十三条规定的发明专利申请经实质审查应当予以驳回的情形："（一）申请属于专利法第五条、第二十五条规定的情形，或者依照专利法第九条规定不能取得专利权的；（二）申请不符合专利法第二条第二款、第二十条第一款、第二十二条、第二十六条第三款、第四款、第五款、第三十一条第二款或者本细则第二十条第三款规定的；（三）申请的修改不符合专利法第三十三条规定，或者分案的本申请不符合本细则第四十三条第一款的规定的"。

二、法律根据的关系

影响上述法律根据之间关系的因素主要包括两大类：一类是社会秩序因素，另一类是专利权因素。

社会秩序是社会生活的一种有序化状态，它保障人民安居乐业，提高社会运行效率，降低社会管理成本。要维护有秩序的社会环境，逐渐形成社会规则，包括道德、法律和纪律等。在上述法律规定中直接体现社会规则的有《专利法》第五条第一款的"法律、社会公德或者……公共利益"。上述法规中反映社会规则的情形包括：涉及国家安全和重大利益的有《专利法》第二十五条第一款的"（五）用原子核变化方法获得的物质"❶ 和第五条第二款的"违反法律、行政法规的规定获取或者利用遗传资源"❷；涉及人道主义和社会伦理的有《专利法》第二十五条第一款的"（三）疾病的诊断和治疗方法"❸ 和

---

❶ 《生物多样性公约》（简称 CBD）第 15 条第 1 款规定："承认各国对其自然资源拥有的主权权利，可否获取遗传资源的决定权属于国家政府，并依照法律行使。"（Recognizing the sovereign right of states over their natural resources, the authority to determine access to genetic resources rests with the national governments and is subject to national legislation.）

❷ 尹新天. 中国专利法详解 [M]. 北京：知识产权出版社，2011：352."第（五）项的规定是我国 1984 年制定《专利法》时借鉴其他国家的专利法而引入的，其主要目的是维护国家安全，防止核扩散。"

❸ 《专利审查指南》（2010），知识产权出版社 2010 年版，第 124 页，第二部分第一章第 4.3 节："出于人道主义的考虑和社会伦理的原因，医生在诊断和治疗过程中应当有选择各种方法和条件的自由。……因此疾病的诊断和治疗方法不能被授予专利权。"

"（四）动物和植物品种"❶。

知识产权作为重要的民事权利，是社会秩序保障的对象。知识产权是指权利人对其智力劳动所创作的成果和经营活动中的标记、信誉所依法享有的专有权利，包括专利、商标、著作权等。专利权中的发明专利的审查主要考虑技术和保护范围两大因素。上述法律根据中，定义发明专利客体本质的是《专利法》第二条第二款的"发明是……技术方案"；不属于专利客体范畴的情形有《专利法》第二十五条第一款的"（一）科学发现"和"（二）智力活动的规则和方法"；涉及技术缺陷的有《专利法》第二十六条第三款和第二十二条第四款；涉及技术创新度衡量的有《专利法》第二十二条第二款和第三款；涉及权利范围的各类情形有《专利法》第九条第一款、第二十六条第四款、《专利法实施细则》第二十条第二款；涉及权利要求关系的有《专利法》第三十一条第一款；涉及申请文件修改的有《专利法》第三十三条和《专利法实施细则》第四十三条第一款。

三、法律根据的逻辑结构

上述法律根据大致分为 4 个层级，如图 5-1 所示。

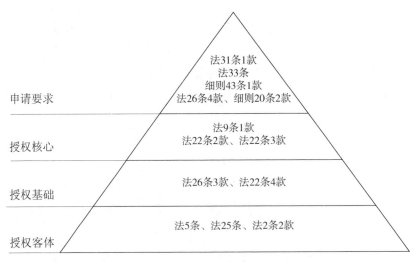

图5-1　发明专利实质审查法律根据的逻辑结构❷

---

❶　《与贸易有关的知识产权协议》（简称 TRIPS）第 27 条 3b 规定，各成员可以对除微生物以外的动、植物以及对生产动、植物的主要生物学的方法不授予专利权，但生产动、植物的非生物学方法及微生物方法除外。

❷　图中如"法 31 条 1 款"是《专利法》第三十一条第一款的简写，"细则"是《专利法实施细则》的简写。下文表 5-1 中亦如此。

第一层级的法律根据包括社会秩序相关的《专利法》第五条、第二十五条第一款第（三）、（四）、（五）项，技术范畴相关的《专利法》第二条第二款、第二十五条第一款第（一）、（二）项。不符合这类法律规定的发明专利申请被排除在专利授权客体以外，因而将其命名为授权客体类法律根据。

第二层级的法律根据包括技术上涉及公开充分的《专利法》第二十六条第三款和在工业或产业上使用的《专利法》第二十二条第四款。这类法律规定是评价技术创新度的前提和基础，不符合的发明专利申请无法进行技术创新度评价，因而将其命名为授权基础类法律根据。

第三层级的法律根据包括《专利法》第二十二条第二款和第三款，以及《专利法》第九条第一款。这类法律规定的内容是发明专利授权的核心条件，是我国专利制度的体现，也是申请人的根本诉求，因而将其命名为授权核心类法律根据。

第四层级的法律根据包括《专利法》第二十六条第四款、第三十一条第一款、第三十三条，《专利法实施细则》第二十条第二款和第四十三条第一款。这类法律规定从权利要求的内容与说明书的关系、权利要求关系、申请文件修改等方面规定专利请求保护范围应符合的要求，因而将其命名为申请要求类法律根据。

四、证据关联性的审查标准

上述法律根据明确了专利审查中证据关联性的审查标准，具体如表5-1所示。

表 5-1　专利审查中证据关联性的审查标准

法　条	关联性审查标准
法5条	违反法律、社会公德或者妨害公共利益
	违反法律、行政法规获取或者利用遗传资源，且依赖该遗传资源完成的发明创造
法2条2款	发明是技术方案
法25条	科学发现
	智力活动的规则和方法
	疾病的诊断和治疗方法
	动物和植物品种
	用原子核变换方法获得的物质

续表

法　条	关 联 性 审 查 标 准
法 26 条 3 款	所属技术领域的技术人员能够实现
法 22 条 4 款	能够制造或者使用，并且能够产生积极效果
法 22 条 2 款	同样的发明
法 22 条 3 款	突出的实质性特点和显著的进步
法 9 条 1 款	同样的发明创造
法 26 条 4 款	以说明书为依据
	清楚、简要地限定要求专利保护的范围
细则 20 条 2 款	独立权利要求记载解决技术问题的必要技术特征
法 31 条 1 款	属于一个总的发明构思的两项以上的发明
法 33 条	修改不得超出原说明书和权利要求书记载的范围
细则 43 条 1 款	分案申请不得超出原申请记载的范围

第三节　证据关联性审查的主体要求

一、审查主体的责任要求

证明责任是指司法机关和当事人为行使职权或为维护自身权益所承担的收集和获取证据、提出证据、审查和评定证据，证明案件事实和主张事实的责任。收集和获取证据的责任属于取证责任，向审判机关提出证据的责任属于举证责任，审查和评定证据的责任属于审证责任。❶ 取证、举证和审证构成证明责任的基本内容。证明责任的意义在于，明确证明主体在证明中的分内事和做不好分内事应承担的后果。❷ 举证责任和证明责任的关系是部分和全部的关系。举证责任只是证明责任的一种表现形式。❸

原则上，待证事实均属于应当通过证据证明的事实，如《行政诉讼证据规定》第五十三条规定"人民法院裁判行政案件，应当以证据证明的案件事实为依据"。虽然证据法上，一切事实必须用证据证明是一项重要原则，但也存在

---

❶ 裴苍龄. 新证据学论纲 [M]. 北京：中国法制出版社，2002：418.

❷ 裴苍龄. 新证据学论纲 [M]. 北京：中国法制出版社，2002：421.

❸ 裴苍龄. 论诉讼中的证明责任 [J]. 法学研究，1989（3）：79-82.

无需证据证明的例外，包括司法认知的事实和自认的事实。

司法认知是指对众所周知或者非常容易证实的某种事实无需正式的证明而可予以直接认定的情形❶，即对无须证明的事实直接认定。根据《行政诉讼证据规定》第六十八条规定，可予以司法认知的事实包括直接得到的事实："（一）众所周知的事实；（二）自然规律及定理；（四）已依法证明的事实"；也包括由特定事实推定的事实："（三）按照法律规定推定的事实；（五）根据日常生活经验法则推定的事实。"

自认通常是指一方当事人对另一方当事人主张的对其不利的事实的承认。自认的事实无须再通过其他证据加以证明，而直接作为定案根据。《行政诉讼证据规定》第六十五条至第六十七条规定了自认规则，即如何认定一方当事人对他方当事人的事实陈述或者提供的证据给予承认的效力。

专利审查中，国务院专利行政管理部门依法对专利申请发出审查意见通知书、授权或者驳回决定，申请人针对审查意见提交意见陈述书。审查意见通知书、授权或者驳回决定由审查员作出。从专利审查的过程可以看出，审查员一方面要就案件事实提出审查主张并提供依据的证据，另一方面要就申请人在意见陈述书中提出的主张审查所依据的证据是否足以支持其主张。因此，专利审查中的主体证明责任既包括举证责任，又包括审证责任。

【案例 5-3】

■ 案件情形

在第 11359 号无效决定（01310952.9）涉及的案件中，请求人提交的证据 1~6 分别为产品的销售发票、使用说明书、产品合格证明书、装箱单、购销合同、对销售产品使用情况进行保全的公证书，用以证明专利产品在申请日前已公开销售和使用。请求人还补充提交如下证据：补证 1，专利权人公司原总经理王豫康证明产品销售的证人证言；补证 2，补证 1 中证人身份的证明材料；补证 3，购销合同中买方公司出具的单位证明；补证 4，证明证据 2 原件与复印件一致的公证书。专利权人对证据 2~4 的真实性有异议，认为其上没有单位公章。

■ 审查内容

是否举证充分。

---

❶ 孔祥俊. 最高人民法院《关于行政诉讼证据若干问题的规定》的理解与适用 [M]. 北京：中国人民公安出版社，2002：236.

■ 证明责任分析

首先，产品说明书、合格证明书、装箱单上没有盖单位公章的情况在日常生产生活中属于常见情况，没有盖单位公章并不足以证明其是不真实的；其次，证据3所示合格证明书上有王豫康的签章，且专利权人对王豫康的身份为原总经理无异议；再次，本案中证据2~4与补证3、4相互印证，均显示其为专利权人所销售产品的说明书、合格证明书、装箱单，在专利权人未提交反证的情况下，上述证据的真实性可以确认；最后，上述证据中销售发票、销售合同、使用说明书、合格证明书、保全公证书和证人证言形成了完整的证据链，其中有关日期、生产厂家、外观、性能参数、型号、商标等内容均相互印证，足以证明该产品在申请日前销售的事实。如果图片中车牌号、车架号、发动机号与行驶证记载的信息相互吻合，在无相反证据的情况下，行驶证上显示的日期可以认定为公开日期，达到了证明标准。

【案例5-4】

■ 案件情形

在第20325号无效决定（200630077336.4）涉及的案件中，请求人提交的证据1为Jufeng Metal plastic Co（HK）东莞市鑫宏实业有限公司的产品样本，其上记载：电话0769-5328518，但未注明公开时间；证据5为第9届中国文化用品商品交易会会刊资料，封面载明的时间为"2006.4.1-3"，该会刊无正式出版刊号，其中第94页载明参展单位：Jufeng Metal plastic Co（HK），电话0769-85328518；证据6为公证书，用于证明东莞市电话号码升至7位始于2005年12月10日零时。请求人认为，证据5参展单位英文名字与证据1中公司英文名称相同，因此该公司参加了展会并公开了证据1。

■ 审查内容

是否举证充分。

■ 证明责任分析

首先，证据5没有正式出版发行刊号，其上参展单位电话号码为8位，而证据1中的公司电话号码为7位，作为公司在交易会上散发的资料，其联系方式为商业贸易中重要的商业信息，证据1中电话号码仍然为升位前的号码，这与商业展会中散发资料需信息准确的习惯不符。因此，仅凭证据5与证据1中公司英文名称相同，并不足以证明证据1就是在证据5所述展会中公开的产品样本。其次，证据1为产品样本，其上记载了升位前的电话号码，证据6仅证明了东莞市电话号码升位的时间，其证明证据 1 的制作时间是在证据 6 的电话号码升位之前，但并不足以证明证据 1 在电话号码升位前公开发行。因此，对产品手册公开的事实不予采信。

二、审查主体的意识要求

《专利法》第一条规定的"促进科学技术进步和经济社会发展"诠释了我国专利制度的价值方向，促进科技进步和社会发展作为专利审查工作的指导思想，对专利审查提出了两方面的意识要求，包括：从维护社会秩序的角度，审查专利申请是否违反法律和社会公德，或者是否与社会公德、公共利益、国家安全、重大利益或人道主义等发生冲突；从科学与技术关系的角度，审查专利申请是否属于技术范畴。

准确判断技术范畴需要厘清科学与技术的概念内涵。科学是反映客观事实及其规律的知识体系不断完善和发展的过程❶。技术是人类在实践活动（包括生产、生活、交往等方面）中，根据实践经验或科学原理所创造或发明的各种物质手段及方式方法的总和❷。科学解决理论问题，科学活动的产物是阐明自然现象的本质、特点、规律；技术解决实际问题，技术成果包括新工艺、新产品和新办法等。科学是"对自然界认识的总和"❸，是人们认识世界的产物和指导改造世界的依据，但不是技术本身，也就不是专利法意义上的发明创造。

【案例 5-5】

■ 案件情形

第 94808 号复审决定（201110332740.1）涉及的案件中，请求保护一种视野扩展训练图，以中心对称辐射方式设置朝向为上、下、左、右 4 个方向、颜色相异的"E"字；其中，由内向外所述"E"字大小逐渐增大，而距中心位于同一半径的所述"E"字大小相同；而且距中心半径相同的"E"字，相异朝向的数量和相异颜色的数量以均布且交叉方式设置。

■ 审查内容

权利要求是否是技术方案。

---

❶　高永明. 也谈科学的定义 [J]. 科学技术哲学研究，1988（3）：42.

❷　钱时惕. 什么是技术及科学与技术的关系——科学与人文漫话之二 [J]. 物理通报，2009（11）：55-56.

❸　《专利审查指南》（2010），知识产权出版社 2010 年版，第 122 页。

■ 关联性分析

本案所保护的视野扩展训练图，仅是关于字母"E"或其他对称图形的数量、大小、方向、颜色、排列规则等特征的描述，其内容完全属于人为的规定，是以人的意志为转移的，即这些字母或图形如何组合、数量多少、如何排布、选择什么颜色等都是由人来规定的，不具有客观事物自身运动、变化和发展的内在必然联系属性，因此该方案没有使用自然规律，不属于技术方案。

三、审查主体的能力要求

证明时应坚持以"内心确信"作为主观操作标准，以"客观真实"作为客观验证标准，坚持主观、客观标准的统一。❶

内心确信是指法官依据法律规定、经验法则、逻辑规则，通过内心的良知、理性等对证据的价值和证明力进行判断，并最终形成确信，据此认定案件事实。证据的价值或证明力取决于证据与案件事实之间的关联强弱。为避免司法人员"内心确信"出现事实认识错误的问题，在"内心确信"标准之外，还设定"客观真实"标准。当"内心确信"标准与这一标准发生冲突时，要服从这一标准，并接受其检验。

专利审查中为实现"内心确信"和"客观验证"相统一的证明标准，审查主体必须满足一定的能力要求。即所属技术领域的技术人员，能够"知晓申请日或者优先权日之前发明所属技术领域所有的普通技术知识，能够获得该领域中所有的现有技术，并且具有应用该日期之前常规实验手段的能力，但他不具有创造能力。如果所要解决的技术问题能够促使本领域的技术人员在其他技术领域寻找技术手段，他也应具有从该其他领域中获知该申请日或优先权日之前的相关现有技术、普通技术知识和常规实验手段的能力"❷。

根据这一要求，审查员要做好以下 3 个方面的工作：

首先，要在知晓发明所属领域和相关领域的现有技术基础上结合案件事实形成内心确信，避免技术知识匮乏导致的主观性错误，例如因技术难于理解而主观认定技术方案公开不充分，或者因技术易于理解而主观认定不具有创造性。关键要以技术问题为导向，补足所属领域和相关领域申请日之前的现有技术知识。

其次，要在全面掌握专利申请技术方案的基础上洞悉技术问题和技术方案的理论关系或者经验关系，知其然亦知其所以然，避免未探究技术原理导致的

---

❶ 刘金友. 证据法学（新编）［M］. 北京：中国政法大学出版社，2003：238-246.
❷ 《专利审查指南》（2010），知识产权出版社 2010 年版，第 171 页。

表面性错误，空有审查其表，不具审查其里。关键要以技术问题为指引，调动相关的科学知识和技术知识，深入探寻技术手段组合解决技术问题的原因。

最后，要在进行专利申请技术方案和现有技术的比较时，在掌握技术手段及其技术作用对应关系的基础上，从不同价值维度进行分析，包括不同的技术改进方向和不同的技术选择，避免机械教条地分析比较导致的片面性错误。关键要将技术手段作为最小判断单元。技术手段是技术方案中具有技术作用的基本单元，有时是独自发挥技术作用的技术特征，有时是多个结合发挥技术作用的技术特征组成的技术特征团。组成技术特征团的技术特征不可分解，否则不能发挥该技术作用。

【案例 5-6】

■ 案件情形

发明专利申请（201510481389.0）请求保护一种柚木苗木的培育方法，申请日为 2015 年 8 月 8 日。针对我国柚木商品林的发展多以种子实生苗和组织培养存在的成本高、技术要求高、产量低和成活率低等不足，本案提供一种通过小叶紫檀树的根段作砧木通过嫁接培育柚木苗木的培育方法，可以获得根生长势强、成活率高的柚木苗木，其成活率大于 77%，最高约在 95%。

■ 审查内容

技术方案是否能够在工业或产业上使用。

■ 关联性分析

证据 1：《园林苗木繁育技术》，中国农业大学出版社 2014 年 9 月出版，第 86 页公开：亲缘关系越近，亲和力越强，同品种或同种间的亲和力最强；亲缘关系越远嫁接的成活率越低，不同科的树种间亲和力更弱，嫁接很难或不能获得成功，在生产上不能应用。

证据 2：《北方优质果品生产技术》，中国农业大学出版社 2012 年 6 月出版，第 44 页公开：亲缘关系愈近，亲和力愈强，愈容易成活；同种、同品种亲和力强；同属异种，亲和力较强；同科异属，亲和力较弱；不同科亲和力差，嫁接不成活。

根据证据 1 和证据 2，亲缘关系越远嫁接成活率越低，不同科的植物嫁接很难成活。柚木和小叶紫檀属于不同的目（分类的级别：界、门、纲、目、科、属、种）。柚木和小叶紫檀属"同纲不同目"的树种，其亲缘关系较"不同科"的树种更远，无法达到申请人声称的高嫁接成活率，判定该专利申请的技术方案不能在工业或产业上使用并产生预期的积极效果。

【案例 5-7】

■ 案件情形

在第 169578 号复审决定涉及的案件（201510501671.0）中，涉案申请提供一种防倒吸装置，用于飞机内的集油箱，防倒吸装置设置在飞机内的集油箱内部并包裹油泵的吸油口，防倒吸装置上设置有多个油孔，用于在飞机进行负加速度飞行时，减缓集油箱内的油远离吸油口。避免飞机飞行处于负加速度状态时，油箱内的油无法进入吸油口为发动机供油。审查员依据证据 1 和证据 2，依据《专利法》第二十二条第二款对本案权利要求 1~10 作出驳回。

证据 1：中国实用新型专利 CN 203611741U，公告日为 2014 年 5 月 28 日，公开了（说明书第［0005］－［0024］段，附图 1~3）一种汽车燃油箱，燃油箱内设有一矩形稳油板，与燃油箱内侧壁之间具有间隙，边沿通过若干绳体连接燃油箱，与燃油箱内壁保持距离，悬浮于燃油表面防止燃油液面出现较大波动或拍打燃油箱内壁。稳油板下侧面上垂直固连有若干竖直插入燃油挡液板，阻断燃油液面下方的流动惯性，减少燃油晃动，减少内燃油的流动噪声。当燃油箱内燃油量较少时，挡液板下边沿直接抵靠在燃油箱底面上，燃油能够从挡液板两端进行流通。稳油板和挡液板上均开设有若干通孔，增加燃油流动性。

证据 2：中国实用新型专利 CN 204279054U，公告日为 2015 年 4 月 22 日，公开了（说明书具体实施例部分，附图 1~3）一种油箱内固定有防晃隔板，由开有过油孔的直型子隔板与弯型子隔板间隔排列组成三角形网格形状。油箱内燃油被分割成三角形，当燃油向三角形底边流动时行程较短，晃动幅度减小，当燃油向三角形顶点流动时，燃油的冲击载荷可以分解为垂直和平行于两侧隔板的载荷，平行于两侧隔板的载荷会受到燃油与隔板之间的摩擦力而减弱，而垂直于两侧隔板的载荷中的一部分会被相邻网格内的燃油冲击载荷抵消，另一部分会由隔板弯曲承受，可以达到降低燃油晃动幅度与冲击载荷的效果。

■ 审查内容

证据 1 和证据 2 与本案的技术关联性。

■ 关联性分析

本案针对飞机飞行负压导致油箱内的油无法进入吸油口，采用在油箱内部设置包裹吸油口的有多个油孔的防倒吸结构。一方面，防倒吸机构包裹吸油口设置，使得在负加速状态时起到保有一定量的油进入吸油口；另一方面，防倒吸机构上有多个油孔，使得油能从集油箱进入吸油口。

证据1针对汽车油箱燃油液面震荡拍打油箱内壁产生噪声，采用悬浮燃油液面的稳油板及其下侧垂直插入燃油挡液板减少液面下方的燃油晃动。稳油板和挡液板上均开设有若干通孔，增加燃油流动性。

证据2针对飞机油箱燃油晃动产生冲击载荷，采用开有过油孔的直型子隔板与弯型子隔板间隔排列组成三角形网格形状的防晃隔板，且固定在油箱内，从而在保证燃油流动的同时减小流动行程、抵消冲击载荷。

通过上述工作原理分析，本申请的关键技术手段包括结构位于吸油口处且包裹吸油口，设置方式是固定连接，且设多个油孔。证据1的关键技术手段是稳油板和挡油板设有多个油孔，悬浮于油箱内。证据2的关键技术手段是直型子隔板和弯型子隔板间隔排列组成三角形网格形状，设有多个油孔。在技术上证据1和证据2与本案的关联性仅在于板体具有多个油孔保持燃油流动，而在上述3个技术方案中，与多个油孔结合的技术特征均不相同，结合后形成的技术手段及其具有的技术作用也均不相同。

第四节　证据关联性的分类及应用

一、本证和反证

根据证据对于负有举证责任的当事人一方所主张事实的证明作用方向，可以将证据划分为本证和反证。本证是证明负有证明责任的当事人一方主张事实成立的证据。反证是证明负有证明责任的当事人一方主张事实不能成立的证据。❶ 区分本证和反证首先要确定谁是负有举证责任的当事人，其次要以证据的证明作用方向为依据。

本证和反证的证明目的不同，本证的目的在于促进对案件事实的认定，反证的目的在于削弱、动摇本证的证明力。本证和反证对案件事实进行证明时要达到的证明力标准不同，本证必须达到确定案件事实存在的程度，反证的证明力只要能够使案件事实成立处于不能确定的状态即可，不必达到不成立的状态。本证和反证责任强制性不同，负有举证责任的当事方通常应提供本证，没有举证责任的当事方不是必须提出反证。

专利审查中本证的使用比较频繁，无论是审查员发出主张权利要求不具有

---

❶ 刘金友. 证据法学（新编）［M］. 北京：中国政法大学出版社，2003：155.

专利性的审查意见时采用的证据，还是申请人答复审查意见时主张权利要求具有专利性所提供的证据都属于本证。实质审查要树立提供本证的证据意识，尤其针对案件主要事实提出主张时，通常需要提供本证。在实质审查过程中，审查员和申请人通过审查意见和答复意见表明各自主张，经常会针对同一主张事实形成争议，可通过审查争议中的本证和反证，衡量本证与反证的证明力强弱，帮助准确认定案件事实。

【案例 5-8】

■ 案件情形

发明专利申请（201610270814.6）请求保护一种检测机体活度的溶液及检测方法，申请日为 2016 年 4 月 27 日。本案通过配置特殊颜色溶液选择作用于唾液中的特异性酶，通过颜色的改变来确定活性。说明书公开唾液与溶液混合后的反应原理是：唾液中存在一种糖皮质激素淬灭剂，该糖皮质激素淬灭剂分解检测溶液中的糖皮质激素，产生新生态氧，这个新生态氧在有 4-氨基安替比林存在的情况下，导致无色的 2，4，6-三碘-3-羟基苯甲酸变成蓝色。

审查员依据证据 1，认定说明书中记载的唾液和溶液不能发生反应。

证据 1：《不同心理弹性水平个体在特里尔社会应激时主观紧张度、唾液 α-淀粉酶和糖皮质激素浓度的变化》，《第三军医大学学报》第 34 卷第 20 期，2012 年 10 月公开。第 2116 页引言部分公开：糖皮质激素是由肾上腺皮质分泌的一种应激激素，可作为 HPA 功能的指标，急性心理压力可导致唾液中糖皮质激素的浓度比正常状态下高 2~3 倍。

■ 审查内容

唾液与溶液混合能否发生反应。

■ 关联性分析

本案说明书的记载是通过检测唾液中的糖皮质激素淬灭剂浓度来检测机体活度。糖皮质激素淬灭剂是指一类能够分解糖皮质激素的物质的总称，现有技术中没有任何文献公开唾液中包含糖皮质激素淬灭剂。证据 1 公开的内容可以确定唾液中含有糖皮质激素，而糖皮质激素淬灭剂与糖皮质激素两者会相互反应不能共存属于公知常识，在唾液中含有糖皮质激素基础上可以推出唾液中不含有糖皮质激素淬灭剂。因此，唾液与溶液混合不能发生变色反应。

二、直接证据和间接证据

根据证据事实与案件主要事实之间的证明关系，可以将证据划分为直接证据和间接证据。直接证据是能单独直接证明案件主要事实的证据；间接证据是不能单独直接证明、而需要和其他证据结合起来才能证明案件主要事实的证据。案件主要事实是指案件中的关键性事实。❶

直接证据揭示的事实与案件主要事实是重合的，其对案件主要事实的证明不需要中间环节。间接证据只有与其他证据相结合、并组成完整的证据锁链，才能证明案件主要事实。然而，直接证据的证明范围有大小之分，真实性有真假之分，因而不能过度迷信直接证据。间接证据在证明中具有重要作用，包括确定证明方向，指引直接证据的收集线索，帮助查证直接证据的真实性，甚至成为定案根据等。然而，完全依靠间接证据证明待证事实相比于直接证据更加复杂，需要借助逻辑推理和逻辑规律，将间接证据有机地联系起来，形成一个完整的足以排除其他可能的证明体系。

专利审查中直接证据和间接证据的证明应用最为重要，也最为广泛，涉及授权核心问题的新颖性和创造性审查，将在本章第五节详细介绍。

三、证明力强的证据和证明力弱的证据

根据证据事实的证明能力大小，可以将证据划分为证明力强的证据和证明力弱的证据。证明力强的证据是对案件事实的证明作用比较大的证据；证明力弱的证据是对案件事实的证明作用比较小的证据。多个证据对同一待证事实证明的可靠性、可信度和充分度会表现出证明能力的强弱。

证明能力的强弱是多个证据针对同一待证事实比较的结果，如果只有一个证据或者待证事实不同，也就无证明能力强弱之分。多个证据比较时应注意要针对同一待证事实综合所有证据，确定证明作用的强弱。区分证据证明能力的强弱有助于正确运用证据。在同一待证事实存在多个证据时，通过比较证明力大小，选择证明力强的证据作为定案根据。

证明力强的证据在证明作用上大于证明力弱的证据，一般应优先采用。而证明力弱的证据配合证明力强的证据可以起到辅助证明作用，也是不可或缺的定案根据。《民事诉讼证据规定》第七十七条规定："人民法院就数个证据对同一事实的证明力，可以依照下列原则认定：（一）国家机关、社会团体依职权制作的公文书证的证明力一般大于其他书证；（二）物证、档案、鉴定结论、勘验笔录或者经过公证、登记的书证，其证明力一般大于其他书证、视听资料和证人证言；（三）原始证据的证明力一般大于传来证据；（四）直接证据的证明力一般大于间接证据；（五）证人提供的对其有亲属或者其他密切关系的

---

❶　江伟. 证据法学［M］. 北京：法律出版社，1999：223-225.

当事人有利的证言，其证明力一般小于其他证人证言。"《行政诉讼证据规定》第六十三条也有类似规定。证明能力的强弱是相对概念，应根据具体案情具体分析，不应机械地执行上述原则，武断地断定证据是证明力强的证据或证明力弱的证据。

专利审查经常会面临一个难题，即从检索获得的多个与待证事实具有关联性的证据材料中筛选出证明作用最强的证据，这可以借助证明力强弱的大小比较得以解决。证明能力的强弱是多个证据针对同一待证事实比较的结果。多个证据比较时要有同一的参照标准，包括同一待证事实和同一关联维度；在多个证据之间要按照同一参照标准确定各证据对待证事实证明的充分度和可靠度，必要时要综合所有案件，根据与其他证据的印证关系，确定证据证明力的强弱。最后选择证明力强的证据作为定案根据。

【案例5-9】

■ 案件情况

发明专利申请（201510454225.9）请求保护一种评估受测者对网络活动的依赖程度的方法，申请日为2018年1月13日。本案通过采集受测者在观看情绪刺激材料之前的一段时间内的胸部和腹部呼吸信号，以及其在观看情绪刺激材料期间的胸部和腹部呼吸信号，对所采集的呼吸信号的平均频率和平均振幅作定量分析，从而判断个体在某个较短时间段内对网络活动的依赖程度。

■ 证据材料

证据1：国际疾病分类（International Classification of Diseases，ICD）第11版（简称ICD-11），公布时间为2018年5月31日。其中收录了"成瘾行为所致障碍"（Disorders due to addictive behaviors）。并且对该障碍的临床表现进行了如下描述：成瘾行为所致障碍包括赌博障碍和游戏障碍，这可能涉及在线和离线行为（Disorders due to addictive behaviors include gambling disorder and gaming disorder，which may involve both online and offline behavior）。

证据2：ICD-10及其之前版本中并没有明确记录"网络依赖"或"网瘾"的临床症状。

证据3：《网络成瘾临床诊断标准》，于2008年10月通过《解放军医学杂志》发布。由北京军区总医院制定的中国首个《网络成瘾临床诊断标准》（简称网瘾临床标准）。其中公布了网络成瘾的相关症状。按照该标准，网络依赖或网瘾属于精神疾病。但该《网络成瘾临床诊断标准》不是国家标准。

证据 4：2015 年美国精神医学学会出版了《精神障碍诊断与统计手册（第五版）》（简称精神手册 V）。该书认为，网络游戏障碍属于有待继续研究的课题，而不能被直接认定为精神障碍或精神疾病。

证据 5：国家标准化管理委员会批准发布了《GB/T 14396—2016 疾病分类与代码》国家标准（简称 14396 标准）。该标准基于 ICD-10 框架，由国家卫生计生委统计信息中心联合北京协和医院编制，国家标准化管理委员会审查批准，于 2016 年 10 月 13 日发布。其中明确收录有下述条目："F63.801 青少年网络成瘾"。因此，基于现行国家标准，"网络依赖"或"网瘾"属于明确规定的精神疾病。

■ 审查内容

针对案件事实进行证据 1~5 的选择。

■ 关联性分析

针对 4 份证据事实进行梳理，如表 5-2 所示。

表 5-2　4 份证据事实

证据名称	使用区域	标准类型	公开内容	申请日前公开
ICD-11	国外	国际标准	网瘾是疾病	否
ICD-10 及早先版	国外	国际标准	未公开	是
精神手册 V	国外	国家标准	未公开	是
网瘾临床标准	国内	非国家标准	网瘾是疾病	是
14396 标准	国内	国家标准	网瘾是疾病	是

如表 5-2 所述，根据对前述各项证据进行分析可知，目前将"网络依赖"或"网瘾"明确认定为精神疾病的，是现行的中国国家标准、世界卫生组织制定的国际疾病分类最新版 ICD-11，以及国内北京军区总医院制定的《网络成瘾临床诊断标准》。上述证据中，现行的中国国家标准（GB/T 14396—2016 疾病分类与代码）早于本案的申请日（2018 年 1 月 13 日）。在进行专利保护客体审查时，对于上述证据的效力判断需要主要考虑如下几个方面：

（1）专利保护客体审查适用证据的公开时间

对于专利保护客体的审查，是指审查专利申请是否属于《专利法》第五条、第二十五条所规定的不授予专利权的申请，以及是否属于《专利法》第二条第二款规定的客体。在上述相关审查中，虽然不涉及与现有技术的比较，但是，一般情况下，也要考虑相关证据的发布日期应早于本案的申请日。

（2）国家标准与其他地方性或机构性标准的考虑

"GB/T 14396—2016 疾病分类与代码"是由国务院标准化行政主管部门制定的国家标准，而北京军区总医院制定的《网络成瘾临床诊断标准》是相关机构内部发布并遵循的标准，从临床实践上在业内得到一定的认可，但确信度低于医疗卫生行业内的国家标准。

（3）国际标准与他国国家标准的考虑

世界卫生组织制定的国际疾病分类 ICD 对于其成员国在制定本国分类标准以及进行国际交流时具有指导意义，他国的国家标准，例如美国国家标准《精神障碍诊断与统计手册（第五版）》，对国内的疾病分类研究也有借鉴和启发意义，然而确信度低于医疗卫生行业内的国家标准。

（4）相对于旧版本证据，新版本证据优先适用

按照世界卫生组织制定的国际疾病分类 ICD-10 及其之前的版本，没有"网络依赖"或"网瘾"的有关记载，而其最新版本 ICD-11 已经明确将其收录。

由于《专利审查指南》（2010）中没有任何对心理或精神疾病种类的列举，并且临床实践中对于精神或心理疾病的种类的认定也一直处于研究中，因此在判断专利申请是否属于精神或心理疾病的诊断方法时，应当立足于证据。根据目前的中国国家标准（GB/T 14396—2016 疾病分类与代码），对于精神或心理疾病的种类作出正确的认定。另外，世界卫生组织《国际疾病分类》最新版本 ICD-11、其他国家的国家标准，以及国内其他地方性或机构性诊断标准仅具有参考作用。

四、确然性证据和或然性证据

证据关联性有些是明确的，人们可以对它作出确定性的认识，有些是不明确的，人们只能作出可能性的认识。❶ 事实与待证事实的客观联系是明确的称为确然性证据，人们利用它可以作出确定性的判断。事实与待证事实的客观联系是不明确的称为或然性证据，人们利用它可以作出可能性的判断。确然性证据的证明能力表现为确定性认识，或然性证据的证明能力表现为可能性认识。这种证明能力的差异一方面因为事实联系待证事实的表现形式是多向性的，另一方面因为个体的认识能力是有限的。证据的或然性证明作用使得判断存在多种可能性，也催生出一种特殊的证明应用——推定。

推定是对事实的一种推断。具体来说，推定就是由甲事实的存在推断乙事

---

❶ 裴苍龄. 新证据学论纲［M］. 北京：中国法制出版社，2002：264.

实存在的认识活动。甲事实称为基础事实，乙事实称为推定事实，两者之间存在某种联系。推定的本质是一种选择，这种选择有 3 个必要的构成条件，包括：推定必须有真实的且具有或然性证明作用的基础事实；或然性证明作用提供的可能性选择分为一般和个别、常规和例外两类；推定成立遵循可能性高的择优规则，即在一般和个别、常规和例外两种可能性中，选择一般和常规。❶推定对事实的判断不是确认而是择优选择，会出现在个别或例外的情况下发生错误的可能，需要审慎使用并接受客观事实的验证。推定可以弥补因收集不到必要证据而形成的证据力空白或不足，免除不必要的举证责任，适度提高诉讼效率。

专利审查中也存在案件需要确认而又难以取得必要证据予以证明的事实，尤其在部分可预见性不强的技术领域中，如化学医药领域，使用推定能有效发挥证据的证明作用，但要注意推定只是择优选择，存在错误的可能，应通过有效听证保障证明效力。

【案例 5-10】

■ 案件情形

在第 32159 号复审决定（99801366.8）涉及的案件中，权利要求 1 要求保护一种多晶型体（晶体 A），采用 X 射线粉末行射图谱参数定义，对比文件 1 公开了同一化合物的晶体，但是采用红外光谱参数定义。

■ 审查内容

权利要求 1 和对比文件 1 的技术方案是否相同。

■ 关联性分析

虽然权利要求 1 与对比文件 1 采用了不同的理化参数定义，所属领域技术人员无法将二者直接进行比较，但对比分析涉案申请说明书记载的晶体 A 的红外光谱数据和对比文件 1 公开的晶体的红外光谱数据，二者具有较大的相似性，仅存部分差异并不具有重要的鉴别意义，导致所属领域人员不能将二者区分开来，因此推定权利要求 1 相对于对比文件 1 不具备新颖性。

---

❶ 裴苍龄. 新证据学论纲［M］. 北京：中国法制出版社，2002：406.

【案例 5-11】

■ 案件情形

在第 21276 号无效决定（01802381.9）涉及的案件中，权利要求 1 保护 2-甲基-2-三唑基甲基青霉烷-3-羧酸二苯甲酯 1,1-二氧化物（简称 TAZB）晶体，并以 X 射线行射数据进行表征。证据 1 公开了 TAZB 化合物及其制备方法，公开了在反应后对目标产物进行结晶，并经 NMR 和 IR 谱图比较确定其结构。

■ 审查内容

权利要求 1 和对比文件 1 的技术方案是否相同。

■ 关联性分析

首先，权利要求 1 要求保护具有特定 XPRD 数据的 TAZB 晶体，证据 1 没有公开 TAZB 的具体形式，也没有公开 XPRD 射线图，所属领域技术人员无法通过比较参数直接确认二者属于相同的晶体。其次，将权利要求 1 晶体的制备方法和证据 1 的制备方法进行对比，两者的结晶溶剂存在差别。另外，从涉案专利说明书比较例 2 可以获知，采用证据 1 中的结晶化步骤不一定能够确实获得 TAZB 结晶。在无效宣告请求人没有提供足够证据证明权利要求 1 晶体化合物与证据 1 公开的晶体实质相同，同时二者制备方法又存在差异的情况下，推定权利要求 1 不具备新颖性缺乏事实依据。

五、内源性证据和外源性证据

根据证据与案件事实是否来自同一载体，有内源性证据和外源性证据之分。内源性证据是指来源于记载案件事实的申请文件中的证据事实。申请文件是申请人申请专利时提交的文件总和。根据《专利法》第二十六条第一款的规定，"申请发明的应当提交请求书、说明书及其摘要和权利要求书等文件"。专利审查需要针对案件事实，提出相应的审查意见主张，采用的内源性证据主要包括权利要求书和说明书及其附图。外源性证据是指来源于申请文件以外的证据事实。从证据提供者的角度来看，外源性证据的提供者通常处于申请人的关系以外，与申请人没有利害关系，也不存在利益冲突，具有较强的客观性。专利审查的证据使用中，外源性证据占有非常重要的地位。

部分证据关联性的法律根据明确证明需要内源性证据。例如，《专利法》第三十三条规定的"申请文件的修改不得超出原说明书和权利要求书记载的范围"；《专利法》第二十六条第四款规定的"权利要求书应当以说明书为依据"。授权核心类的法律根据明确了外源性证据的重要性。例如，《专利法》第二十二条第二款规定的"新颖性是指发明不属于现有技术"，"创造性是指与现有技术相比，该发明具有突出的实质性特点和显著的进步"，其中"现有技术是指申请日以前在国内外为公众所知的技术"。

由于对权利要求书要简要地限定保护范围的要求，以及说明书解释的清楚和完整程度也仅以所属技术领域的技术人员能够实现为准，所以申请文件的记载不一定完备，证明时往往需要引入外源性证据与内源性证据结合判断。证据事实往往连同其他无关事实记录在证据材料中，无论是申请文件还是对比文件，都要认真阅读理解，以便全面掌握证据材料内容，准确辨别和提取证据事实，既要避免未充分发挥证据的证明能力，也要避免引入无效的证据，提高证据的使用效率。

【案例 5-12】

■ 案件情形

在第 10447 号无效决定（96190788.6）涉及的案件中，涉案申请要求保护一种通过探测、比较信号的方式检查位于物料带上的图样的装置，其中权利要求 1 的特征 d 为："比较器将输出信号的组合顺序与预定的信号顺序比较，若两者顺序相似，则产生比较器的输出信号"。涉案专利说明书中与该特征对应的 6 处描述中，有 4 处公开产生比较器输出信号的条件是"两者顺序相同"，有两处公开的条件是"两者顺序相似"。

■ 证明分析

由于说明书中对于"相似"的判断标准未作任何说明，所属领域技术人员也难以把握或预先确定两个信号顺序有多少位相同可被称为"相似"，无法更进一步确定相应的技术方案能够解决发明的技术问题，仅凭说明书中所述两处文字记载的内容，不能确定权利要求 1 能够得到说明书的支持。

【案例 5-13】

■ 案件情形

发明专利申请（201010578904.4）请求保护一种现场抗风压性能等效静载检测方法及其检测装置，申请日为 2010 年 12 月 8 日。本案在答复第一次审查意见通知书时，根据证据 1 和证据 2 将权利要求 1 中的"位移计的精度达到满量程的 25%" 修改为 "位移计的精度达到满量程的 0.25%"。并提供修改的依据：

证据 1：本案说明书第 ［0027］ 段记载了使用本发明作出的检测结果评定可参照 GB 15227—2007 及 GB 7106—2008 中相关规定。

证据 2：GB/T15227—2007《建筑幕墙气密、水密抗风压性能检测方法》，2007 年 9 月 11 日公布，第 10 页第 4.3.2.8 节公开位移计的精度应达到满量程的 0.25%。

■ 审查内容

修改是否超出原始说明书或权利要求书的记载。

■ 关联性分析

本案原始说明书以及权利要求书中均未明确记载 "满量程的 25%"。但根据本案说明书第 ［0027］ 段的记载，使用本发明作出的检测结果评定可参照 GB 15227—2007 相关规定，结合申请人提交的 GB/T15227—2007《建筑幕墙气密、水密抗风压性能检测方法》第 10 页第 4.3.2.8 节，公开了位移计的精度应达到满量程的 0.25%，内源性证据与外源性证据的结合可以确定，申请人在原始申请文件中的 25% 属于明显的错误，允许申请人修改。

第五节　证据关联性的证明方法

一、直接证明

1. 直接证明的定义及特点

直接证明是指不经任何推理而直接揭示事实的方法。[1] 例如，人们可以根据正午太阳的位置直接确定方位；医生根据掌握的医学知识和病患的表现，直接确认患病情况。直接证明表现为人们对事物与其他事物之间作出肯定或否定断定，即明确某一事物和其他事物之间的关系。

直接证明具有据题合一、无需推理的特点。[2] 直接证明是人们认识的一种重复，即人们把以往经历过的反映客观存在的主观意识，再针对同一客观存在确定结果或者分辨清楚。这种重复使得作为证明根据的论题与作为待证事实的

---

[1]　裴苍龄. 新证据学论纲 ［M］. 北京：中国法制出版社，2002：383.

[2]　裴苍龄. 新证据学论纲 ［M］. 北京：中国法制出版社，2002：384.

论题合一，从而没有推理存在的必要。人们的以往认识可以是亲身经历得到的经验，也可以是认识基础上总结归纳出来的知识。直接证明从举证的角度表现为对事实的直接陈述或记述，从审证的角度表现为无需任何推理的直接确认，例如众所周知的事实、自然规律及定理、已依法证明的事实。

2. 直接证明的应用

直接证明主要用于《专利法》第二条第二款、第五条、第二十五条的审查，具体涉及社会秩序和技术范畴两种情形。

1）社会秩序

社会秩序相关的法律根据主要涵盖 4 类相互独立的概念：

（1）法律是指由全国人民代表大会或者全国人民代表大会常务委员会依照立法程序制定和颁布的法律，不包括行政法规和规章；社会公德是人们在社会交往和公共生活中应该遵守的行为准则，是维护社会成员之间最基本的社会关系秩序、保证社会和谐稳定的最基本的道德要求；公共利益是指能够满足一定范围内所有人生存、享受和发展的具有公共效用的资源和条件。

（2）疾病是偏离人体正常形态与功能的状态。疾病的诊断和治疗方法是指以有生命的人体或者动物体为直接实施对象，进行识别、确定或消除病因或病灶的过程。

（3）动物是指不能自己合成，只能靠摄取自然的碳水化合物及蛋白质来维系其生命的生物，不包括人。植物是指可以借助光合作用，以水、二氧化碳和无机盐等无机物合成碳水化合物、蛋白质来维系生存，且通常不发生移动的生物。

（4）原子核变换方法是指使一个或几个原子核经分裂或者聚合，形成一个或几个新原子核的过程。用原子核变换方法所获得的物质，主要是指加速器、反应堆以及其他核反应装置生产、制造的各种放射性同位素。

与法律、社会公德、公共利益、疾病的诊断和治疗概念相关的判断对象一般涉及技术方案的目的或效果，需要根据申请文件整体内容确定，不应局限于权利要求书。与动物、植物、用原子核变换方法获得的物质概念相关的判断对象有时也需要借助说明书中详细的技术描述加以确定。

判断对象与有关概念直接比较时，一方面判断对象与有关概念直接对应，另一方面不附带任何其他条件或存在中间环节。判断对象与有关概念直接对应是因为判断对象自身含有有关概念的属性，因而判断中不需要其他判断条件，也不存在中间环节。例如，产品滥用导致违反法律时，不能认定产品违反法律；方法实施的结果不直接对应疾病的确定或消除时，不能认定为疾病的诊断或治疗方法。

【案例 5-14】

■ 案件情形

在第 12540 号复审决定（20128000456.6）涉及的案件中，涉案申请涉及一种游戏系统及其使用方法，根据说明书的记载，该申请的技术方案用于博彩业。

■ 审查内容

该方法是否违反法律。

■ 关联性分析

本案在玩家进行现金下注的基础上，通过随机设置的多个位数的游戏代码符号和红利代码符号，吸引玩家不断参与游戏从而最终获得大奖。这种为了博得头彩的游戏方式属于赌博行为，玩家以赌博心理选择某台游戏机，在该台游戏机中押注并持续参与游戏，通过上述行为方式企图获取最终的金钱利益。尽管涉案申请设置了代码匹配、随机移动方向等多种机器实现方式，但是其本质上是通过最终累积式的头彩来吸引玩家，其多种游戏设置为赌博行为创造的随机条件，仅仅是为了延长玩家获取金钱利益的过程，增加更多玩家参与并押注的可能性。本案通过设置赌博条件而吸引玩家博取头彩，明显违反我国相关法律规定。

【案例 5-15】

■ 案件情形

在第 3168 号无效决定（96201956.9）涉及的案件中，请求人主张涉案专利可用作赌博工具，而赌博为我国《刑法》所禁止，因而该专利不符合《专利法》第五条的规定。

■ 审查内容

该方法是否违反法律。

■ 关联性分析

本案请求保护一种魔术麻将。根据常识可知，麻将本身是一种常用的娱乐用具，虽然其可能用于赌博等违法活动，但结合专利说明书可知，该专利的目的在于通过对麻将结构的限制来提供一种图案不能够被触摸到的麻将，使之具有魔术效果，从整个说明书及权利要求书中也不能理解出其有专用于赌博的意图，不能仅因为存在可用于赌博目的的可能就认定其违反法律。

【案例 5-16】

■ 案件情形

在第 15588 号复审决定（02825879.7）涉及的案件中，权利要求的主题为"检测来自患者的生物学材料样品中的碱性鞘磷脂酶的体外方法"，其中并未涉及相关疾病。

■ 审查内容

该方法是否为疾病诊断方法。

■ 关联性分析

说明书记载了在肠道癌变中碱性鞘磷脂酶发挥重要作用，并且易于以排泄方式选择性地大量流失，还明确记载了该酶的过量排泄可作为结肠直肠癌变的诊断标记。因而，本案发明目的在于通过检测可能处于上述肠道病理状态的患者粪便中的碱性鞘磷脂酶，获得信息本身即可直接得出相应疾病的诊断结果或健康状况，该信息属于"诊断结果"，相应的检测方法属于疾病的诊断方法。

【案例 5-17】

■ 案件情形

在第 67292 号复审决定（200910258228.X）中，涉案申请要求保护一种用于测量血样的谐振频率的方法。

■ 审查内容

该方法是否为疾病诊断方法。

■ 关联性分析

血样谐振频率仅是反映止血特性的参数之一，并不能反映全部止血特性。止血慢或者出血只是凝血功能障碍的临床表现之一。判断检测对象是否患有凝血功能障碍疾病需要从整体上进行多项凝血障碍因子筛查试验和其他确诊试验，仅凭"谐振频率"这一数据不能够直接诊断该受试者患有凝血功能障碍，因此测量血样谐振频率的方法既不能用于诊断疾病，也不能用于判定健康状况，不属于疾病的诊断方法。

2）技术范畴

技术范畴相关的法律根据主要涉及 3 个相互联系的概念：

（1）技术方案是以改造客观世界为目的，针对技术问题采取的利用了自然规律的技术手段的集合。

（2）科学发现是对自然界中客观存在的物质、现象、变化过程及其特性和规律的揭示，属于人们认识的延伸。这些被认识的物质、现象、过程特性和规律不是专利法意义上的发明创造。

（3）智力活动的规则和方法是指导人们进行思维、表述、判断和记忆的规则和方法。智力活动是指人的思维运动，源于人的思维，经过推理、分析和判断产生出的抽象的结果，或者经过人的思维运动作为媒介，间接地作用于自然产生结果。

3 个概念之间存在一定的联系。科学发现揭示的内容可以作为技术方案所依据的客观规律或者所采取的技术手段，智力活动是将客观规律和知识信息有机联系起来构建技术方案的必经过程。但科学发现本身只停留在人们的认识成果层面。智力活动自身缺乏客观内容，其规则只能直接作用于人脑思维，不能直接作用于自然世界，甚至只能作用于人脑思维，无法作用于自然世界。

判断方案是否具有技术属性可以从方案目的、解决问题、采用的手段和手段间的关系等多个方面判断，如判断是否针对客观对象，解决的问题是否是人与自然的关系问题，采用的手段是否来自客观，手段间的关系是否遵循客观规律。判断时应采用整体判断方式，不能只关注方案中的部分特征，忽略方案中所包含的技术性内容，仅凭方案中具有某些非技术性内容就否定整个方案的技术性。

【案例 5-18】

■ 案件情形

第 119361 号复审决定（201310396828.9）涉及一种万能棋，权利要求 1 对棋盘本身的结构进行了限定，并具体限定了棋盘为双面棋盘，其主体为正方形，正方形区域的正反面分别标有中国象棋和国际象棋的棋盘格式。同时，以正方形的边作为底边，从 4 个顶点向外延伸形成等腰三角形，利用等腰三角形区域和所述正方形区域形成跳棋格式。

■ 审查内容

该方法是否为技术方案。

■ 关联性分析

权利要求1要求保护一种万能棋,其中包含了对棋盘本身的结构所提出的改进,并在该结构的基础上对棋盘盘面的布局、图案、颜色等进行了限定,从而使棋盘具有了中国象棋、国际象棋以及跳棋等多种棋类游戏的功能,并非是在一个现有结构的棋盘上根据需要来实施某种人为规定的游戏规则。权利要求1的上述方案采用了对棋盘结构进行改进的技术手段,解决了现有棋盘功能单一的技术问题,实现了棋盘功能多样化的技术效果,因此权利要求1的方案整体上属于技术方案。

【案例5-19】

■ 案件情形

在第1F111139号复审决定(200510072481.8)涉及的案件中,涉案申请要求保护一种石墨铅笔分类(按硬度K分)的色彩图案标示法,对石墨铅笔进行识别的过程分3个步骤进行。步骤一:根据硬度不同对铅笔进行色彩和图案的定义;步骤二:将和石墨铅笔的硬度对应的上述色彩及图案数量标注在石墨铅笔上;步骤三:人们根据已经掌握的色彩、图案数量和硬度的对应关系,能根据石墨铅笔上标注的色彩和图案数量迅速识别出铅笔的硬度。

■ 审查内容

该方法是否为技术方案。

■ 关联性分析

上述步骤二、步骤三的实现依赖于步骤一的定义,因此本案的认定关键在于步骤一中的"定义"行为遵循的是自然规律还是仅是人为设定的规则。根据铅笔硬度来定义色彩和图案仅来源于复审请求人对个别自然现象的感官经验,而不具有普遍适用性的客观规律,属于人为设定的规则。本案的上述方法并未利用自然规律,不是技术方案。

【案例5-20】

■ 案件情形

第5374号复审决定(02111388.2)涉及的案件中,涉案申请提供一种鸽子的驯养方法,其通过把鸽子的饲养地与观赏点分开,解决鸽子的粪便和脱落羽毛对广场、公园等景点造成污染的问题。

■ 审查内容

该方法是否为智力活动的规则和方法。

■ 关联性分析

权利要求 1 所限定的解决方案利用鸽子具有一定的记忆力，在饥饿时进行觅食的动物本能。同时，方案得以实现依赖于饲养者的经验、识别和判断能力。该解决方案没有采用技术手段，也没有利用自然规律，必须通过人的思维运动作为媒介才能间接地作用于自然产生结果，属于智力活动的规则和方法。

【案例 5-21】

■ 案件情形

在第 10516 号复审决定（00129659.0）所涉及的案件中，涉案申请要求保护一种关联式的即时有声教学方法，其以书籍或是各种具体的器物作为学习目标，利用光学辨识装置读取标示于学习目标的标签，并通过储存标签的识别码作为识别学习目标的依据、建立对应于学习目标的声音资料、提供搜寻单元、声音输出单元等方式实现有声教学。

■ 审查内容

该方法是否为智力活动的规则和方法。

■ 关联性分析

上述方案的实质在于建立教材与声音资料之间的即时关联性，提供一种有声教材，从而摆脱完全依赖平面文字或图形教材作为教学媒介的传统教学方式。该教学方法改善了以往单调的学习形式，且解决了录音带、影音带或多媒体电脑教学等辅助器材携带不方便的问题，适合学龄前幼童学习以及非现场教学。虽然权利要求要求保护的主题为一种教学方法，但并不是通过指导学习者主观的思维活动以取得更好的教学成绩的方法，而是通过上述一系列客观的且具有实际操作意义的技术手段，来实现对教学媒介上的技术性改进，不属于智力活动的规则和方法。

二、推理证明

1. 推理证明的定义和特点

推理是由一个或几个已知判断（论据）推出新判断（论题）的思维过

程。❶ 论据和论题之间必须有相互包含关系或者同类可比较关系，才能建立符合逻辑的推理联系，论据和论题存在相互包容关系的有演绎推理、归纳推理，存在同类可比较关系的有类比推理。演绎推理是由一般到特殊的推理方法，推理依据的论据蕴含得到的论题。归纳推理是由个别到一般的推理方法，推理得到的论题蕴含所依据的论据。类比推理是由特殊到特殊的推理方法，推理得到的论题与所依据的论据具有同类可比较的关系。

演绎和归纳是相互联系，相互依存的。自然界的一般都存在于个别和特殊之中，并通过个别而存在。只有通过认识个体才能认识一般。人们从认识个别、特殊的事物出发，总结、概括出带有一般性的原理或原则，然后再从这些原理、原则出发，再得出关于个别事物的结论。这种程序贯穿于人们的认识活动中，不断从个别上升到一般，再从一般落实到具体。

演绎推理具有确然性，归纳推理和类比推理具有或然性。演绎推理中论据蕴含论题，如果论据具有真实性，则论题必定是真的。与其相反的归纳推理中论题蕴含论据，不能保证论据必然支持论题，只能保证论据或然地支持论题，使得即使论据具有真实性，归纳推理得到的论题也不具有绝对的确定性。类比推理的论据和论题具有类似性，论据或然性地支持论题，论据随着论题中实例数量，相似方面的数量、相关性和差异性等方面的改变而改变支持论题的程度。

2. 推理证明的应用

推理证明主要应用于《专利法》第二十二条第四款、第二十六条第三款、第四款、第三十一条第一款、第三十三条，《专利法实施细则》第二十条第二款和第四十三条第一款的审查，其中作为推理大前提的是相关法律条款中的审查标准，作为推理小前提的案件事实是按照整体原则从申请文件尤其是说明书中分析确定的技术内容，而且要在准确理解技术内容的基础上进行判断，从遵循的技术原理、实现的技术目的或效果、解决的技术问题等方面进行判断。按照审查标准分为公开充分、实用性和其他 3 类情形。

1）公开充分

公开充分的审查标准是说明书应对发明作出清楚、完整的说明，达到所属领域技术人员能够实现的标准。这一规定以保证社会公众能够从专利申请文件中获得足以实现发明创造的技术信息为前提，体现获得专利权的基本义务，为专利申请的新颖性、创造性和实用性的审查提供事实基础。

---

❶ 百度百科，https://baike.baidu.com/item/%E6%8E%A8%E7%90%86?timestamp=1554171199106.

导致说明书公开不充分的表现主要包括说明书的表述含糊不清和说明书不完整。前者使得所属领域技术人员无法清楚、准确地理解其含义，而无法实现技术方案；后者因缺少帮助理解发明必不可少的内容，导致无法实现技术方案。能够实现的结果包括技术方案能够实现，也包括技术问题得以解决或达到预期的技术效果。此外，部分技术领域的发明是否能够实现还需要证据证明，例如新用途发明的实验数据和必不可少的生物材料的保藏。

【案例 5-22】

■ 案件情形

在第 11647 号复审决定（01107369.1）涉及的案件中，涉案申请要求保护一种治疗胃病的中药组合物，其中含一味药是"藤子暗消"。经查中药领域工具书《中药大辞典》可知，"藤子暗消"是中药异名，它对应于两种正名原料——"南木香"和"羊蹄暗消"。

■ 审查内容

技术术语是否影响能够实现。

■ 关联性分析

说明书中没有具体"藤子暗消"的性状特征和功能，无法认定其为这两味药中的哪一种；而且，这两味药虽然均可在治疗胃病中使用，但性味不同，在使用中不能随便互换，因此无法认定"藤子暗消"可以同时指代这两种原料。另外，审查过程中申请人提交了一份植物鉴定证明，主张涉案申请中使用的"藤子暗消"是不同于"南木香"和"羊蹄暗消"的第三种中药，但该植物鉴定并不足以证明所属领域技术人员在阅读涉案申请说明书时能够获知其中使用的中药材"藤子暗消"是所述第三种中药。基于所属领域技术人员在阅读本案说明书时不能获知"藤子暗消"这一中药异名指代的究竟为何种中药原料，因此无法实现该发明。

【案例 5-23】

■ 案件情形

在第 73780 号复审决定（200780042615.9）涉及的案件中，涉案申请要求保护一种通式化合物，说明书中记载所述化合物可以控制血管生成或抑制 TNF-a、TNF-B、L-12、IL-18 等细胞因子的生成，从而可治疗与血管发生相关的病症、疼痛，包括但不限于复杂区域性疼痛综合征、黄斑变性和相关综合征、皮肤病等多种疾病，但未公开任何能够证明该化合物效果的实验数据。

■ 审查内容

实验数据是否影响能够实现。

■ 关联性分析

涉案申请要求保护的化合物属于全新的化合物，现有技术中并无与其结构相似且具有相同或相类似活性的化合物，故该化合物能否解决说明书中声称的技术问题、达到预期的技术效果将依赖于实验结果的证实。但是涉案申请说明书中并未提供任何实验数据，而是仅仅泛泛地提到该化合物具有多种机理的活性，可以治疗大量的疾病。在这种情况下，说明书中公开的实际上仅仅是一种结果未定的研究方向，不能满足能够实现的要求。

【案例 5-24】

■ 案件情形

在第 20304 号复审决定（99807588.4）涉及的案件中，涉案申请要求保护一种可从黏膜炎布兰汉氏球菌中分离出来的属于黏膜炎布兰汉氏球菌抗原的蛋白质。其中涉及黏膜炎布兰汉氏球菌 K65 菌株。

■ 审查内容

保藏是否影响能够实现。

■ 关联性分析

根据说明书的记载，所述 K65 菌株获自澳大利亚 Sir Charles Gardinar 医院回收的痰液的临床分离物，由于客观件的限制以及样品中特定微生物存在的偶然性，所属领域技术人员无法据说明书中给出的信息重复获得同样的菌株，同时该菌株也不是可以通过商业购买等途径获得的已知菌株，因此，该 K65 菌株属于公众不能得到的生物材料，菌株未进行保藏导致本案不能实现。

2）实用性

实用性的审查标准是必须能够在产业上制造或者使用，并且能够产生积极效果。能够在产业上使用，是指发明不能只在理论或思维上予以应用，而是能在实际产业中予以应用。产业包括工业、矿业、农业、林业、水产业、畜牧业、交通运输业、服务业等。保护的产品必须能够实际制造出来，保护的方法必须能在实际中予以使用。不能在产业上使用的具体情形主要包括违背自然规律、利用独特的自然条件、人体或者动物体的非治疗目的的外科手术。能够产生积极效果，是指发明制造或使用后，具有有益的技术效果、经济效果或者社会效果，例如提高产品的产量、改善产品的质量、增加产品的功能、节省资源、改善劳动条件、防治环境污染、提供更多技术选择等。不产生积极效果的具体情形包括明显无益、脱离社会需要、严重污染环境、严重浪费资源等。

【案例 5-25】

■ 案件情形

在第 105828 号复审决定（201210123928. X）中，涉案申请要求保护一种新型热机，根据说明书的记载，所述新型热机进入正常循环之后即不需要外部能量来源，仅依靠外界环境热量和大气压力就能够使该新型热机持续地工作。

■ 审查内容

该方案是否能在产业上应用。

■ 关联性分析

根据热力学第二定律，机器不能从单一热源获取热能并完全转换成有用功而不产生其他影响，在权利要求的技术方案中，无论空气介质在各个装置内如何流动，该热机作为一个整体，其从大气环境中吸收热量来输出功，正常循环时不需要外部能源可自行运行，即该热机仅仅从单一热源吸取热能便能持续对外做功，这明显违背了热力学第二定律。该技术方案无法在工业上使用，不具备实用性。

【案例 5-26】

■ 案件情形

在第 35623 号复审决定（200510113015. X）涉及的案件中，涉案申请要求保护一种大洋暖流循环工程，该工程是在各大洋之间已有海峡的基础上，彻底打通太平洋—印度洋—红海—地中海—大西洋—北冰洋之间的海峡，构成暖流循环通道，形成大洋间暖流的循环。

■ 审查内容

该方案是否能在产业上应用。

■ 关联性分析

根据说明书的记载，所述方案的目的在于循环开发大洋暖流资源，开创暖流恒温生态史。该申请技术方案中所利用的各大洋之间已有的海峡属于地球上独一无二的自然条件，技术方案依托于特定的自然条件而建造，实施的工程自始至终都是不可移动的唯一产品，不可能直接运用于其他不同的地方，因而使得方案无法在产业上重复制造和使用，导致该申请不具备实用性。

【案例 5-27】

■ 案件情形

在第 65326 号复审决定（201010301212.5）中，涉案申请要求保护病人的进食方法，包括在病人进食时首先将硅胶管的末端经口腔插入至病人食管上端的步骤。该进食方法更接近病人的生理需要，有利于营养供给，同时有利于病人吞咽功能的恢复，减轻病人的痛苦。

■ 审查内容

该方案是否能在产业上应用。

■ 关联性分析

介入性治疗、介入性处置通常指无需开刀、无需暴露病灶，只需在血管、皮肤上进行微创治疗或处置的方法，或者经人体原有的管道进行非创伤性治疗或处置的方法，属于专利法意义上的外科手术方法。该申请所要求保护的进食方法使用硅胶管这种器械，经过人体咽喉、食道进入人体并直达病灶部位，属于前述情形。该申请的技术方案属于非治疗目的的外科手术方法，不具备实用性。

【案例 5-28】

■ 案件情形

在第 110431 号复审决定（201210109724.0）中，涉案申请要求保护消除大中城市空气污染的方法，所采用的技术手段为：在城市周边建立个大型产气厂，将产气厂产生的气通过管路通到路灯杆根部，从路灯杆根部喷出，来清除空气中的污染物。

■ 审查内容

该方案是否能产生积极效果。

■ 关联性分析

直接影响城市污染物在空气中扩散、稀释的因素是空气流动，而空气流动的直接原因是大气气压在水平方向分布不均匀。尽管该申请的技术手段是完全可实现的，但是相应的技术方案仅能够在地表几米的范围内控制一定量的气流，其风速、风量不足以影响大气气压，因而不足以影响厚度为 1~2 公里的低层大气中污染物的扩散，也无法实现"把空气中的病毒和污染物吹散，清除空气中的所有垃圾"的目的。因此权利要求1的技术方案消耗能源而不能产生预期的积极效果，明显无益、脱离社会需要，不具备实用性。

3）其他情形

申请要求类情形的审查中，作为推理大前提的法律规范涉及权利要求自身、权利要求之间，权利要求与说明书之间修改等多种情形。涉及权利要求自身的，包括权利要求自身文字表述导致的保护范围不清楚。涉及权利要求之间关系的，包括权利要求之间的引用关系导致保护范围不清楚，多项权利要求不属于同一个发明构思。涉及权利要求与申请文件之间关系，包括权利要求得不到说明书支持和独立权利要求没有记载解决技术问题的必要技术手段。涉及修改，主要包括修改超出原权利要求书和说明书的记载，分案申请的修改超出原申请记载的范围。

【案例5-29】

■ 案件情形

在第 113756 号复审决定（201410319236.1）涉及的案件中，权利要求 1 要求保护一种高强度叶片的制造方法，其中限定"所述叶片的材质以重量百分含量由以下组分构成：A1：26%～32%，Ni：2.53%～4.21%…Ni：0.08%～0.15%"。复审请求人认为，采用这两个数值范围的技术方案均可解决技术问题，所属领域技术人员看到合金组合物中存在两个"Ni"含量时必然会想到两者要么是"或"的关系、要么是"和"的关系。按照常规做法，当采用"和"的关系时，通常不在权利要求中写两遍，而是会将两者相加，因此，利用排除法可以确定此处二者应当是"或"的关系。

■ 审查内容

描述对保护范围的影响。

■ 关联性分析

权利要求1中对元素限定了两个含量，所属领域技人员不清楚两个 Ni 元素含量之间的关系，也不清楚在叶片材质的整体百分含量中 Ni 元素组分的具体含量是多少；而且，即使参考说明书中关于叶片材质组分的表述方式，也无法确定权利要求 1 中的取值究竟是哪个含量范围。因此，两个元素含量的表述导致权利要求 1 的保护范围不清楚。

【案例 5-30】

■ 案件情形

在第 33444 号复审决定（200510092177.X）涉及的案件中，权利要求 1 请求保护"一种对多个打印机时序安排打印工作的方法，其中限定将各个打印工作打包，并根据下述至少之一的时序安排……打印顺序"。

■ 审查内容

功能性概括能否得到说明书支持。

■ 关联性分析

权利要求 1 中的"使打印机处于非操作模式的时间周期数最小化"和"使连续运行时间最大化"是对所述时序安排所实现的效果进行的限定，属于功能性限定的技术特征。然而，涉案申请说明书中仅仅给出了特定情况下高级工作的时序安排方法可以实现上述效果，例如，实施例中只有黑色打印和印刷色打印的最终编排结果，没有给出高级工作最佳过程的工作原理，因此所属领域技术人员不能明了此功能是否可以采用说明书中未提到的其他替代方式来完成，权利要求 1 得不到说明书的支持。

【案例 5-31】

■ 案件情形

在第 13330 号无效决定（200420015408.8）涉及的案件中，权利要求 1 保护一种电池套标机，包括机架、张标机构和推杆。

■ 审查内容

如何确定必要技术特征对应的技术问题。

■ 关联性分析

根据说明书背景技术的记载，涉案专利所要解决的技术问题有两个：一是针对现有电池套标机的张标机构及推送机构往复运动依次只能套一个电池而生产效率低下的问题，提供一种生产效率高的电池套标机；二是针对现有技术中不能实现自动加假底而需人工加假底的问题，提供一种可同时完成套标及加假底的电池套标机。为解决上述第一个技术问题，涉案专利把多根推杆分布在一个转盘上，转盘每旋转一周，即可完成多个电池的套标过程。权利要求1已经限定"多根推杆分布在转盘上""使多根推杆随转盘的转动依次做往复运动的驱动机构"，该限定构成了解决上述第一个技术问题不可缺少的必要技术特征。虽然权利要求1不包括解决上述第二个技术问题所不可缺少的技术特征"加假底机构"，但只要所请求保护的技术方案能够解决说明书记载的多个技术问题中的至少一个技术问题，就应当认为其并不缺少解决技术问题的必要技术特征。

【案例 5-32】

■ 案件情形

在第 12569 号复审决定（03117259.8）涉及的案件中，权利要求1要求保护一种新型传动机构，具有机座和托轮，其特征在于承传带绕在两个托轮上并托承着工作机的滚筒转动；修改后的权利要求中增加了技术特征"滚筒同时支承在承传带和托轮上"。针对该特征，原说明书还记载"两托轮不直接受重"。

■ 审查内容

是否超出说明书的记载。

■ 关联性分析

权利要求1的上述特征虽然在原始说明书文字中没有明确记载，但是原说明书在描述安装过程时提到"把滚筒吊装到托轮及承传带上"；原说明书附图也显示，承传带支承着滚筒，承传带压在托轮上；将本申请的结构结合本领域基本工作原理可知，滚筒虽然直接压在承传带上，但是通过承传带将大部分重量转移到托轮上，即滚筒的重量实质上是由承传带和托轮共同支承的，即权利要求1的特征"滚筒同时支承在承传带和托轮上"能够根据说明书上下文、附图结合本领地、毫无疑义地确定。至于原始说明书记载的特征"两托轮不直接受重，从字面上来看似乎与修改后的权利要求的文字描述不一致，但是本领域技术人员结合其上下文以及说明书附图、本领域常识，能够理解原文想要表达的真正含义是两托轮不直接承受大部分重量，大部分重量是通过承传带传递给托轮，即托轮间接承受大部分重量。这与权利要求1描述的含义实质上是相同的。涉及上述技术特征的修改后的权利要求1没有超出原始说明书和权利要求书的记载范围。

【**案例 5-33**】

■ 案件情形

在第 73221 号复审决定（201010236081.7）涉及的案件中，权利要求 1 请求保护一种培育相比于对照组幼虫、重量至少大 50% 的蜜蜂幼虫的方法，其中限定以具备某通式结构的 HDAC 抑制剂喂饲年轻工蜂，并以其分泌的蜂王浆喂饲蜜蜂幼虫，所述通式化合物具有共同的"苯基苯并二氢吡喃"主体结构。

■ 审查内容

是否具有技术联系。

■ 关联性分析

权利要求中存在的多个技术方案之间所包含的技术特征不仅在于通式化合物所具有的共同结构，还包括该通式化合物的使用方法特征。虽然通式化合物具有的共同结构已被现有证据公开，但涉案申请的发明构思在于将该通式化合物用于增加蜜蜂幼虫重量。因此，所述通式化合物和喂饲蜜蜂幼虫的具体步骤之间是紧密联系的，在技术特征时应将其作为一个整体。

三、逻辑论证

1. 逻辑论证的定义和特点

逻辑论证，也称作逻辑证明，是用一个或一些已知为真的命题确定另一命题真实性或虚假性的思维过程。[1] 逻辑论证不同于直接证明，也不同于推理证明。直接证明是对同一事物认识的回复，不需要推理，也不需要论证。推理证明是由论据得到论题的单次思维过程，具有单一性。

逻辑论证是一种建立在直接证明和推理证明基础上的复杂严密的证明体系，是各种证明形式、推理形式和逻辑规律的综合应用。逻辑论证的论据要求是真的命题，可以由直接证明的结论构成，也可以由推理证明的论题构成。直接证明和推理证明与逻辑论证之间的关系，就像零部件与整部机器一样，是部分与整体的关系。逻辑证明不能脱离直接证明和推理证明发挥证明作用。

逻辑论证包含复杂多样的逻辑结构。一方面，推理形式种类繁多，包括多个论据独立支持论题（参见例 1），多个论据结合支持论题（参见例 2），论据

---

❶ 百度百科，https://baike.baidu.com/item/%E9%80%BB%E8%BE%91%E8%AF%81%E6%98%8E/1916900?.

推出多个并列论题（参见例3），前一推理的论题与后一推理论据合一（参见例4），❶ 还包括确然性推理，或然性推理，推理中的论据省略，以及推理相互交织等。另一方面，逻辑论证往往通过上述推理方式的叠加构建而成，进一步增加了其推理结构的复杂性。

【例1】①与许多人的认识相反，HIV 检测呈阳性并不必定是死亡判决。一方面，②从（艾滋病病毒）抗体发生到出现临床症状平均将近十年；另一方面，③许多研究报告显示，相当数量的检测呈阳性者从未发展为艾滋病患者。

论证中论据①和论据②分别独立地支持论题③。

【例2】①如果一个行动能够适当地维护所有当事人的权益而又不侵犯任何人的权益，那么这个行动就是道德上可接受的。②至少在某些情况下，安乐死能够最适当地维护所有当事人的利益又不侵犯任何人的权益。所以，③至少在某些情况下安乐死是道德上可接受的。

论证中论据①和论据②之间相互结合才能支持论题③。

【例3】①加速英国的社会革命就是国际工人协会的最重要的目标。②而加速这一革命的唯一办法就是使爱尔兰独立。因此，③国际的任务就是到处把英国和爱尔兰的冲突提到首要地位，④到处都公开站在爱尔兰方面。

论证中从论据①和论据②同时得到论题③和论题④。

【例4】因为①出现在非洲人种身上的线粒体变种最多，科学家推断②非洲人种的进化史最长，这表明③非洲人种可能是现代人类的起源。

两个推理完整的内容包括：

1. 一种人种身上的线粒体变种越多，其进化史就越长；

2. 出现在非洲人种身上的线粒体变种最多。

因此非洲人种进化史最长。

1. 非洲人种进化史最长；

2. 现代人类可能起源于进化史最长的人种。

因此现代人类可能起源于非洲人种。

前一推理中从论题②同时构成后一推理的论据②。

逻辑论证还要遵循一定的规律，包括同一律、矛盾律、排中律和充足理由律。❷ 同一律要求在同一思维判断过程中，同一概念或统一思想对象必须保持同一性，严格确定，始终不变。矛盾律要求相互反对和矛盾的判断，不能同时

---

❶ 欧文·M. 柯匹，卡尔·科恩. 逻辑学导论 ［M］. 11 版. 张建军，潘天群，等，译. 北京：中国人民大学出版社，2007：16-18.

❷ 刘金友. 证据法学（新编）［M］. 北京：中国政法大学出版社，2003：177-178.

断定其中每一个都是真的。排中律要求，在同一思维过程中，不能对两个相互矛盾的判断加以否定，而肯定不存在的第三个判断的真实性。充足理由律要求任何一个论断要有充足的真实可靠且与判断有内在逻辑联系的理由。

逻辑论证的证明对象以权利要求限定的内容为主，并适当结合说明书的解释。证明对象和证据事实都具体表现为针对技术问题根据技术规律采取的技术手段的集合，内容不仅包括外显的技术领域、技术问题、技术手段和技术效果，还包括内含的技术原理和客观规律，但在内容和表达上会存在区别，包括：缺少明确记载，开放式和封闭式的区别，技术手段的差异，上下位概念的差异，数值或数值范围特征以及参数、用途或制备方法特征对产品权利要求是否有限定作用等情形。证明结构往往是由多个直接证明和/或推理证明（包括推定）通过并列、串接或交叉构建成的复杂结构。

2. 逻辑论证的应用

逻辑论证主要用于《专利法》第九条第一款、《专利法》第二十二条第二款和第三款的审查。按照证据和证明对象的关联方式，此类审查可分为直接证据证明和间接证据证明两种情形。

1）直接证据证明

直接证据证明主要涉及新颖性和重复授权的审查。作为证据材料的对比文件，无论是专利文献还是非专利文献，都要单独使用。用作证据的对比文件的技术方案单独、直接地与权利要求进行对比，证明权利要求与对比文件中的技术方案是同样的发明或者同样的发明创造。

新颖性和重复授权的证明区别主要在于证明标准。新颖性证明标准是同样的发明，要求技术领域、所解决的技术问题、技术方案和预期效果实质上相同。重复授权证明标准是同样的发明创造，要求两件或两件以上申请（或专利）中存在的保护范围相同的权利要求。因此，新颖性的证据可以是专利文献，也可以是非专利文献，重复授权的证据只能是专利文献。同样是专利文献，新颖性的证据事实可以从权利要求书和说明书范围获取，重复授权的证据事实只能从权利要求书获取。

这类证据的重点应放在证据事实和待证事实的确定上，即确定权利要求的保护范围和对比文件公开的技术内容。两类事实确定准确基本能够保证证明有效。

【案例5-34】

■ 案件情形

在第22722号无效决定（201020532690.2）涉及的案件中，权利要求1保护混二元酸二甲酯生产中的甲醇精馏装置，该装置包括与混二元酸二甲酯酯化反应釜的酯化气相出口连通的精馏塔，和与所述精馏塔顶部的精馏气相出口连通的冷凝器。证据1公开了一种用于脂肪酸甲酯的酯化反应装置，其中包括精馏塔和冷凝器，从证据1的文字表述和附图可知，证据1公开了与权利要求1相同的甲醇精馏装置。

■ 审查内容

是否为同样的发明。

■ 关联性分析

虽然涉案专利的精馏装置用于精馏混二元酸二甲酯，证据1的精馏装置用于脂肪酸甲酯的酯化反应，但这仅是反应釜内发生的反应不同，反应后精馏的对象都是甲醇，反应釜内所发生反应的不同并不能使涉案专利保护的精馏装置在结构上实质性地区别于证据1的精馏装置。在二者技术方案实质相同的情况下，所属领域技术人员根据二者的技术方案可以确定二者能够适用于相同的技术领域，解决相同的技术问题，并具有相同的预期效果，因此，二者属于同样的发明。

【案例5-35】

■ 案件情形

在第10103号无效决定（99223969.9）涉及的案件中，权利要求1保护一种可拆卸的永磁发电机转子，由永磁体、导磁体构成，其中导磁体与永磁体的连接为活动连接，永磁体可拆卸。对比文件2公开了一种永磁发电机转子，该转子由铁芯、永磁体、端压板及螺栓组成，永磁体嵌镶于铁芯内，用槽楔压紧，铁芯的两侧为端压板，螺栓将端压板连同铁芯一起固紧。专利权人声称的区别特征为"导磁体与永磁体的连接为活动连接，永磁体可拆卸"。

■ 审查内容

文字表述对同样发明的影响。

■ 关联性分析

对比文件2仅仅是在文字表述上与涉案专利不同，其中的永磁体是用槽楔压紧的，因此其永磁体与导磁体之间的连接显然也是活动的，永磁体是可拆卸的，在永磁体退磁后同样可将其拆下并充磁再利用，这与涉案专利权利要求1的技术方案和技术效果完全相同，仅仅是文字表述上的不同不能为涉案专利带来新颖性。

【案例 5-36 】

■ 案件情形

在第9110号无效决定（01209802.7）所涉案件中，权利要求1保护一种太极柔力球，由拍框、拍面、拍颈、拍把和球组成，其中拍面是由橡胶、塑料或橡塑合成的柔软有弹性的材料制作，在球内装填有固体颗粒。证据1公开了太极柔力球及球拍，球拍包括拍框、拍颈、拍柄以及拍面，拍面由浅白色橡胶组成，球内填有一定量的填充物。

■ 审查内容

上下位概念对同样发明的影响。

■ 关联性分析

将涉案专利权利要求1与证据1进行对比，权利要求1在球内装填有固体颗粒，而证据1在球内填有一定量的填充物。决定认为，"固体颗粒"是"填充物"的具体下位概念，而上位概念的公开并不影响下位概念的新颖性，因此涉案专利权利要求1相对于证据1具备新颖性。

【案例 5-37 】

■ 案件情形

在第19904号无效决定（03156023.7）所涉案件中，权利要求4保护一种鸦胆子油水包油乳针剂，该针剂中含有5%～30%（ml/ml）鸦胆子油，1%～5%（g/ml）精制豆磷脂，1%～5%（ml/ml）甘油，制得的针剂乳粒直径≤5μm。证据2公开了一种鸦胆子油静脉乳剂（水包油针剂），其中，在10000ml体系中，加入1000ml鸦胆子油［10%（ml/ml）］、100g精制豆磷脂［1%（g/ml）］、250ml甘油［2.5%（ml/ml）］制备得到鸦胆子油静脉乳剂，粒度为1μm以下的乳粒在95%以上。

■ 审查内容

数值范围对同样发明的影响。

■ 关联性分析

由于证据 2 公开的各组分的数值均落入权利要求 4 限定的数值范围内，或者落在数值范围的端点值上，因此涉案专利权利要求 4 不具备新颖性。

【案例 5-38 】

■ 案件情形

在第 24359 号无效决定（201120236527.6）涉及的案件中，权利要求 1 保护一种多层装饰玻璃，包括至少一层玻璃片，所述玻璃片一侧表面设有一材料层，所述材料层通过胶层与所述玻璃片灌胶成型。附件 1 公开了一种装饰夹层玻璃，其与权利要求 1 的区别仅在于二者的制备方法不同：权利要求 1 中是灌胶成型，附件 1 中是热压成型。

■ 审查内容

方法特征对同样产品的影响。

■ 关联性分析

决定认为，灌胶成型和热压成型均为玻璃成型中的常用技术手段，灌胶成型和热压成型的最终结果均是使材料层与玻璃片之间通过胶层粘接在一起，进而形成多层玻璃。上述制备方法的不同并未使产品的结构产生区别，因此，权利要求 1 不具备新颖性。

2）间接证据证明

间接证据证明主要涉及创造性的审查。对比文件作为证据材料不能单独与作为证明对象的权利要求对应，导致证明需要通过不同对比文件的技术方案组合、同一对比文件中不同技术方案组合或者对比文件的技术方案与其他认定事实组合来证明。根据组合中各证据的证明地位的比较，将证明方式划分为主辅证明方式和并列证明方式。

主辅证明方式通过主要证据与辅助证据结合进行证明。主要证据是证明中起基础证明作用的证据，具体表现为最接近现有技术的技术方案。辅助证据是证明中起必要证明作用的证据，具体表现为技术手段，包括来自其他对比文件的技术事实、同一对比文件中其他技术方案的技术事实、对比文件以外的认定事实以及根据以上事实通过逻辑推理得到的事实。该证明方式主要用于改进发明、选择发明、转用发明、要素变更发明、要素替代发明、要素省略发明等。

并列证明方式是对证明作用相当的多个证据组合进行证明。处于并列地位的证据可以是不同对比文件中的技术方案，也可以是同一对比文件中的不同技术方案。该证明方式主要用于组合发明。

主辅证明方式中，主要证据一般是技术方案，辅助证据一般是技术手段，证明要通过将辅助证据嵌入主要证据中形成一个完整的技术方案与待证技术方案进行比较。证明过程包括四方面的内容：

（1）确定待证技术方案的发明构思。发明构思通常是发明人面对自身认识到的现有技术中存在的缺陷而提出的解决思路，通过技术领域、技术问题、技术效果和技术方案显示。

（2）确定主要证据，即最接近现有技术。待证技术方案发明构思的技术领域、技术问题、技术效果和技术方案作为确定最接近现有技术依据的因素，其中技术领域、技术问题和技术效果是定性因素，技术方案是定量因素。定量因素要在定性因素指导下使用。定性因素中起决定作用的是技术问题，技术领域对技术结合起保障作用但不绝对，技术效果是技术方案针对技术问题的结果性反映。最接近现有技术不能仅凭现有技术公开发明技术特征的数量确定，而应在技术问题和技术效果至少其一的指导下确定。

（3）确定待证技术方案与主要证据之间的技术区别，并根据该技术区别确定实际解决的技术问题。技术区别不能仅依据文字表达和叙述方式的差异确定，应按照在实现技术效果中所起的技术作用将待证技术方案分解为相对独立、作用不同的技术手段，将与最接近现有技术存在区别的技术手段作为技术区别。技术手段可以由独自发挥技术作用的技术特征构成，也可以由相互依存、紧密联系、协同作用的技术特征组成。以技术区别在实现技术效果中起的技术作用为基础，确定发明相对最接近现有技术进行改进并成功完成的技术任务，作为基于最接近现有技术实际要解决的技术问题。

（4）确定主要证据和辅助证据之间技术上的证据结合力。依据实际要解决的技术问题，判断辅助证据的技术手段和技术作用与该技术区别及其在待证技术方案中的技术作用的对应性。注意要同时考虑辅助证据的技术手段和所起的技术作用，缺一不可。

【案例 5-39】

■ 案件情形

在第 100159 号复审决定（201110393196.1）涉及的案件中，涉案申请要求保护一种低分子量聚乙二醇—坦索罗辛结合物。坦索罗辛化合物是用于治疗良性前列腺增生的药物，涉案申请利用聚乙二醇（PEG）来对坦索罗辛进行结构改造以增加坦索罗辛的水溶性、降低该药物对中枢系统的毒副作用。对比文件 1 公开了用 PEG 对青霉素酰化酶进行化学修饰的技术，所述的青霉素酰化酶在半合成抗生素及其中间体的制备中起到促进产物生成的作用。

■ 审查内容

如何确定最接近现有技术。

■ 关联性分析

虽然涉案申请与对比文件 1 都利用了 PEG，但是对比文件 1 所述的青霉素酰化酶是在半合成抗生素及其中间体的制备中，为了形成两水相生物转化体系以有利于催化反应的进行，涉案申请是应用于坦索罗辛为治疗良性前列腺增生症的药物，为了降低坦索罗辛对中枢系统的毒副作用。因而，二者应用的领域、所要解决的技术问题和产生的技术效果也不一样。二者在分子量上存在的显著差异（涉案申请权利要求 1 中 PEG 分子量为 282，而对比文件 1 中 PEG 分子量为 10000）决定了所用 PEG 的性能和应用不同，导致对被修饰物在物理和化学性能方面产生明显不同的影响。因此，对比文件 1 不能成为涉案申请的最接近的现有技术。

【案例 5-40】

■ 案件情形

在第 40592 号复审决定（200810070675.8）涉及的案件中，涉案申请要求保护一种微波陶瓷元器件制作的激光微调刻蚀方法，而对比文件 1 公开了一种用激光照射对石英晶体进行微调的方法。

■ 审查内容

如何确定最接近现有技术。

■ 关联性分析

虽然涉案申请与对比文件 1 加工对象的性质和具体应用领域有差别，但对于陶瓷和石英这样质地坚硬的材料而言，激光微调刻蚀在原理上是类似的，都是利用激光束可聚集成很小的光斑，当达到适当的能量密度时，有选择地气化部分材料来精密调节微电子元器件，在涉及激光微调刻蚀技术的现有技术文献中也已经给出该技术可通用于许多集成电路元器件的教导。因此，这种技术问题与功能上的一致足以指引所属领域技术人员以对比文件1为基础，根据其公开的激光微调刻蚀石英的技术而想到并实现激光微调刻蚀陶瓷的技术，从而将对比文件1作为最接近的现有技术。

【案例 5-41】

■ 案件情形

在第 24576 号无效决定（201020511181.1）涉及的案件中，涉案专利要求保护一种电磁水泵的组合式保持架。根据说明书背景技术的描述，现有保持架为整体框架结构，在其内部设有隔离衬套和两个磁轭圈（套管）。此种结构零件多、安装麻烦、体积大。为此，涉案专利保持架的框架由左 L 形框板和右 L 形框板卡接而成，左右套管分别与相应的 L 形框板一体冲压成型，从而使得保持架安装方便，结构小巧。

■ 审查内容

如何分解待证技术方案。

■ 关联性分析

涉案专利采用套管与框板一体成型和框架由两块 L 形框板卡接而成共同解决了保持架安装方便和结构小巧的技术问题，上述结构改进对于发明所要解决的技术问题"安装较麻烦和结构不够小巧"而言是不可分割、缺一不可的，应当作为一个整体考虑。

【案例 5-42】

■ 案件情形

在第 22604 号无效决定（200820048888.6）涉及的案件中，涉案专利保护一种豆浆机。涉案专利针对豆浆机电源插接口裸露，液体会沿着手柄流到电源插接口上造成短路或接触不良，积累灰尘等杂质，提出在豆浆机的插接口的敞开端口上设置防止杂质或液体进入插接口内的密封件。证据 1 公开了一种豆浆机，其把手上设置一个敞开的电源插座。

■ 审查内容

如何确定区别技术特征和解决的技术问题。

■ 关联性分析

涉案专利权利要求 1 相对于证据 1 公开的豆浆机的区别特征为：在插接口的敞开端口上设置有防止杂质或液体进入插接口内的密封件。基于上述区别技术特征，能够防止液体和灰尘进入电源插接口内，涉案专利实际解决的技术问题是防止水、豆浆等液体进入电源插接口内和防止插接口内积累灰尘等杂质。

【案例 5-43】

■ 案件情形

在第 87522 号复审决定（200880112898.4）涉及的案件中，权利要求 1 要求保护一种吸水性树脂的制备方法，该权利要求与对比文件 1 的区别在于，选用特定的氧杂环丁烷化合物作为交联剂。

■ 审查内容

如何确定实际解决的技术问题。

■ 关联性分析

尽管氧杂环丁烷本身作为常用交联剂的固有属性是在一定条件下提高交联密度，但是单纯交联密度的提高并不足以促进吸水性树脂在"保水能力""吸水能力"和"水可溶成分"三方面性能上的总体改善；与之相反，由于上述三方面性能之间在客观上存在一定程度的关联与矛盾，实际研发中选择适当的交联剂制备吸水性树脂，是为了与其他组分在特定混合比例下综合作用，以便获得这三方面性能的最优平衡。与此同时，涉案申请说明书公开的实验数据证实，由此制备的树脂在维持吸水性树脂的保水能力基本不变的情况下，具有良好的保水吸水能力和较低的水可溶成分含量。因此，不应当将权利要求 1 实际解决的技术问题认定为该区别特征本身固有的提高交联密度的功能，而是应当基于该区别特征在发明技术方案中通过与其他技术特征之间的相互作用实际带给发明的技术效果，将发明实际解决的技术问题认定为：在维持吸水性树脂的保水能力基本不变的情况下，提高吸水能力并降低其水可溶成分含量。

【案例 5-44 】

■ 案件情形

在第 29367 号无效决定（98805898.7）涉及的案件中，权利要求 1 保护一种管道连接件及带有能减轻磨损的结构的套圈，该权利要求与证据 3 的区别特征为：后套圈的内壁有位于第一和第二端之间的圆周形凹槽，凹槽与第一端轴向有距离，所述凹槽在连接件上紧时减小了在驱动部件驱动表面的力集中。涉案专利实际解决的技术问题是减少驱动螺母高的扭矩力及其引起的力集中。

■ 审查内容

如何确定证据的技术启示。

■ 关联性分析

尽管证据 1 公开了相同的技术手段，但并未记载设置凹槽的作用。所属领域的技术人员基于证据 1 记载的信息及其知晓的普通技术知识，能够意识到证据 1 中设置凹槽的套圈能够起到减少驱动螺母的扭矩力的作用。并且，这种意识并非是获取涉案专利的技术信息后的事后判断，而属于所属领域的技术人员在证据 1 公开信息的基础上基于其掌握的机械领域普通技术原理就应当能够意识到的内容，即证据 1 给出了通过设置凹槽来实现减少驱动螺母的扭矩力及其引起的力集中的技术启示。

第六章　专利审查中证据的解读

专利审查中的证据包括申请人主张获得专利权的证据、专利局欲反驳申请人获得专利权的现有技术证据、申请人与审查员进行意见交互过程中提供的其他证据等多种形式。

申请人主张获得专利权的证据，主要包括其向专利局提交的记载其发明创造的说明书和权利要求书等专利申请文件。专利申请文件是能够清楚、完整地呈现发明创造的载体，也是还原发明的本来面目、确认发明事实的证据基础。专利申请文件的主要作用是客观呈现发明的内容，即发明人发明了什么、请求保护什么，客观地呈现发明的来龙去脉，即相关的背景技术、所要解决的技术问题、所采用的技术方案、最终实现的技术效果等多个方面，客观地呈现发明人所认可的对现有技术有所贡献的内容❶。

在专利审查中，如专利局意欲作出不利于申请人请求的审查意见，反驳申请人获得专利权的请求，那么就应当遵守专利审查证据规定，由具有举证责任的专利局通过获取现有技术证据并提供给申请人的方式来进行。根据《专利法》第二十二条第五款的规定，现有技术是指申请日以前在国内外为公众所知的技术。现有技术包括在申请日（有优先权的，指优先权日）以前在国内外出版物上公开发表、在国内外公开使用或者以其他方式为公众所知的技术。现有技术应当是在申请日以前公众能够得知的技术内容❷。换句话说，现有技术应当在申请日以前处于能够为公众获得的状态，并包含有能够使公众从中得知实质性技术知识的内容。

申请人与专利局进行意见交互过程中还可能提供审查所需的其他证据。这些证据较为多样，例如，专利局审查员为了证明其在专利审查过程中所使用的

---

❶　专利复审委员会，国家知识产权局学术委员会 2014 年专项课题研究项目《创造性相关问题研究》，课题负责人：王霄蕙，课题组长：马文霞。

❷　《专利审查指南》（2010）第二部分第三章第 2.1 节 "现有技术"。

公知常识是确凿的，所提供的进一步的公知常识性证明材料❶；再例如，申请人为了证明其发明创造所产生的技术效果所提交的进一步证明材料，实验数据是该类证明材料中非常重要的一个方面❷❸❹；又例如，申请人为了证明其发明创造与现有技术相比具有突出的实质性特点的其他证明材料，如专家意见、课题评估报告、单位证明材料等❺。

本章将围绕专利审查中证据的解读进行较为系统的分析，并通过专利审查实践和审查案例进行分析说明，加深读者的理解。

第一节　解读证据的能力要求

专利申请的审查目的在于确定专利申请是否应当被授予专利权。专利申请的审查过程，是通过系统完整地衡量申请人主张获得专利权的证据、专利局欲反驳申请人获得专利权的现有技术证据、申请人与专利局进行意见交互过程中提供的其他证据等多种证据，经过书面质证等方式来确定专利申请是否被授予专利权的过程。

为了达到客观、公正、准确、及时的审查目标，为了使专利审查的标准相对客观一致，避免个体的主观差异，专利法引入了一个法律拟制的"人"，即"所属技术领域的技术人员"❻，也可称为本领域的技术人员，是指一种假设的"人"，假定他知晓申请日或者优先权日之前发明所属技术领域所有的普通技术知识，能够获知该领域中所有的现有技术，并且具有应用该日期之前常规实验手段的能力，但他不具有创造能力。如果所要解决的技术问题能够促使本领域的技术人员在其他技术领域寻找技术手段，他也应具有从该其他技术领域中获知该申请日或优先权日之前的相关现有技术、普通技术知识和常规实验手段的

---

❶　《专利审查指南》（2010）第二部分第八章第 4.10.2.2 节 "审查意见通知书正文"。

❷　专利复审委员会、国家知识产权局学术委员会 2015 年一般课题研究报告《从医药领域专利法第 26 条第 3 款复审撤驳案件探讨本领域技术人员知识和能力》，课题负责人：李人久。

❸　王扬平，张宇. 申请日后补交对比实验数据证明创造性的判例思考［C］//本书编委会.《专利法》第 22 条和第 23 条的适用：2015 年专利代理学术研讨会优秀论文集. 北京：知识产权出版社，2016：156-166.

❹　原学宁. 关于化学领域对比实验数据的一点探讨［C］//本书编委会.《专利法》第 22 条和第 23 条的适用：2015 年专利代理学术研讨会优秀论文集. 北京：知识产权出版社，2016：145-155.

❺　陆传亮. 无效程序中单位证明材料的性质认定及其审核评断［J］. 审查业务通讯，2008，14（7）：17-19.

❻　《专利审查指南》（2010）第二部分第四章第 2.4 节 "所属技术领域的技术人员"。

能力。此外，《专利审查指南》（2010）规定"如果发明是所属技术领域的技术人员在现有技术的基础上仅仅通过合乎逻辑的分析、推理或者有限的试验可以得到的，则该发明是显而易见的，也就不具备突出的实质性特点"❶，可见，本领域技术人员所具备的能力，一般来说还包括合乎逻辑的分析、推理或者有限的试验的能力。

一、本领域技术人员的普通技术知识

本领域技术人员的普通技术知识，其内涵在《专利法》《专利法实施细则》《专利审查指南》（2010）中均未有明确的定义或解释。目前较为认可的观点，普通技术知识是所属技术领域的技术人员本身所掌握的技术知识，不需要所属技术领域的技术人员通过其他渠道来获得，理论上该普通技术知识的范围、内容对于所属技术领域的技术人员来说是确定的、肯定的。在 2018 年《专利审查指南修改草案（征求意见稿）》中，认为"本领域技术人员普遍知晓的普通技术知识，是指这些技术知识对于本领域技术人员而言已达到无需探究即可获得共识的程度。例如：粉末的粒度越小，比表面积就越大，减小粉末粒度、加大比表面积会提高难溶粉末的溶解度"。

本领域技术人员的普通技术知识，在审查实践中一般可能涉及的内容包括但不限于：众所周知的事实；所属技术领域和通用技术领域的惯用手段；记载于所属技术领域和通用技术领域的教科书、工具书、技术手册等中的知识；在技术快速更新的技术领域，记载于文献中被所属技术领域的技术人员广泛知晓的知识❷❸。

1. 众所周知的事实

众所周知的事实，与 2018 年《专利审查指南修改草案（征求意见稿）》中涉及的"众所周知的技术常识"范畴基本相同，即"公知的程度已经达到无技术领域限制的程度，例如，金属能够导电；橡胶具有绝缘性"。另外，众所周知的事实的情况一般来说还包括生活中的技术常识，例如钢铁一般比木头的硬度高、电灯泡需要通电才能点亮、醋是酸性的等。

2. 惯用手段

所属技术领域和通用技术领域的惯用手段，是在所属技术领域和通用技术

---

❶ 《专利审查指南》（2010）第二部分第四章第 2.2 节"突出的实质性特点"。

❷ 专利复审委员会，国家知识产权局学术委员会 2014 年专项课题研究项目《创造性相关问题研究》，课题负责人：王霄蕙，课题组长：马文霞。

❸ 专利复审委员会电学申诉处，国家知识产权局学术委员会 2009 年自主课题研究报告《专利审查中所属技术领域技术人员的研究》，课题负责人：马昊。

领域由于广泛使用而被所属技术领域的技术人员所普遍知晓的技术，例如，要求保护的发明是一种用铝制造的建筑构件，其要解决的技术问题是减轻建筑构件的重量。一份对比文件公开了相同的建筑构件，同时说明建筑构件是轻质材料，但未提及使用铝材。而在建筑标准中，已明确指出铝作为一种轻质材料，可作为建筑构件。该要求保护的发明明显应用了铝材轻质的公知性质。

3. 公知常识

记载于所属技术领域和通用技术领域的教科书、工具书、技术手册等中的知识，与《专利审查指南》（2010）中涉及的"技术词典、技术手册和教科书等所属技术领域中的公知常识性证据"所记载的知识的范畴基本相同。在《专利审查指南》（2010）中以举例的方式明确了技术词典、技术手册和教科书可作为公知常识性证据。需要注意的是，除上述3种形式的公知常识性证据之外，如果其他的证据记载的内容属于所属技术领域的技术人员应当知晓的技术常识，也可将其认定为公知常识性证据，例如我国国家标准、行业标准❶。我国的国家标准是由我国标准化主管机构批准发布，对全国经济、技术发展有重大意义且在全国范围内统一的标准，我国的行业标准是由各主管部委（局）统一批准发布，在该部门范围内统一使用的标准，是我国某行业范围内统一的标准。

4. 快速更新的技术领域中广泛知晓并普遍接受的知识

在技术快速更新的技术领域，记载于文献中被所属技术领域的技术人员广泛知晓并普遍接受，但是由于该领域的技术更新较快未及时集结成册的知识，本书赞同将其纳入本领域技术人员的普通技术知识范畴内，例如技术快速更新的通信领域。一般来说，通信协议通常被认为是本领域技术人员广泛知晓并普遍接受的技术知识，但是其转化为教材、工具书等中记载的内容则需要一定的时间，这些知识对于通信领域的技术人员来说通常是广泛知晓并普遍接受的，如果仅仅因为其形式上未记载于工具书、教科书等中为由将其排除出"普通技术知识"，则与本领域的申请人和发明人存在比较明显的分歧。然而，应当注意，一般来说虽然上述通信协议在审查过程中可以被纳入本领域技术人员的普通技术知识的能力范畴内，但是在审查实践中，通常应当综合考虑申请文件和现有技术的相关情况，依案件的实际情况依法审查。例如将通信协议的相关技术资料作为现有证据进行专利审查，其目的在于避免由于审查员未能准确站位本领域技术人员，出现判定水平不一致和"事后诸葛亮"等类似情况。笔者认

---

❶　专利复审委员会电学申诉处，国家知识产权局学术委员会2009年自主课题研究报告《专利审查中所属技术领域技术人员的研究》，课题负责人：马昊。

为，在专利审查的过程中直接认定这些通信协议是本领域的公知常识或者惯用手段的方式，易于出现审查标准偏离"本领域技术人员"水平的情况，只有遵循证据优先的原则正确履行举证责任，才有助于提高审查员站位本领域技术人员的水平。

二、本领域技术人员的合乎逻辑的分析、推理和试验能力

本领域技术人员的合乎逻辑的分析、推理和试验能力，在专利审查的过程中，一般用于《专利法》第二十二条第三款中对于创造性的审查，并且通常在审查意见中会采用在现有技术的基础上通过说理的方式来说服申请人。合乎逻辑的分析、推理和试验能力，是本领域技术人员根据所获知的现有技术，通过确定的逻辑指引，综合考虑申请文件所要解决的技术问题、要达到的技术效果等，而有预期地对现有技术的技术方案做进一步的改进和提高的能力。一般来说，逻辑指引的方向、目标和途径都是逻辑思维能力的外化表现，审查实践中，一般建立在充分了解现有相关知识的基础上而合理运用。

本领域技术人员具有分析推理能力，也可以从《专利审查指南》（2010）的 5 种类型的发明的创造性判断方式加以佐证，即组合发明、选择发明、转用发明、已知产品的新用途发明、要素变更的发明。对于这 5 类发明是否具备创造性，本领域技术人员则应当具备如下多种分析、推理和试验能力，即组合发明是否属于显而易见的组合、选择发明是否获得预料不到的技术效果、转用发明的转用技术领域远近、转用发明的转用难易程度、转用发明是否需要克服技术上的困难、转用发明是否获得预料不到的技术效果、已知产品的用途发明是否利用了新发现的性质、已知产品的用途发明是否产生了预料不到的技术效果、要素变更的发明是否存在要素关系的改变、替代和省略的技术启示、要素变更的发明的技术效果是否能够预料，等等。对于这 5 类发明的创造性判断，一般都是本领域技术人员在现有技术的基础上仅仅通过合乎逻辑的分析、推理和有限的试验而进行判定的，并且判定的结果对于发明是否能够被授予专利权起到了至关重要的作用。

在《民事诉讼法司法解释》的第四部分"证据"中第九十三条就规定了当事人无须举证证明的情形，包括"（三）根据法律规定推定的事实""（四）根据已知的事实和日常生活经验法则推定出的另一事实"（其中第三项和第四项规定的事实，当事人有相反证据足以反驳的除外）。在《行政诉讼证据规定》第六十八条规定，法庭可以直接认定的事实包括"（三）按照法律规定推定的事实""（五）根据日常生活经验法则推定的事实"（其中第三项和第五项，当

事人有相反证据足以推翻的除外）。与上述无须举证证明或者法庭可以直接认定的事实的观点一致，在专利审查过程中，如果本领域技术人员在现有技术的基础上仅仅通过合乎逻辑的分析、推理或有限的试验就能够得到发明，那么一般情况下，如果当事人没有相反证据足以推翻或者反驳，则在审查过程中一般无须举证证明。

第二节　主张专利权的证据解读

主张专利权的证据，主要包括申请人为获得专利权所提交的专利申请文件及相关内容，一般来说，体现为权利要求书、说明书等专利申请文件。正确解读专利申请文件，对于准确确定专利审查中所需的现有技术证据来说是非常重要的，只有在正确解读专利申请文件的基础上，才可能基本还原申请人的发明形成过程，充分理解申请人的权利主张诉求。

一、专利申请文件的作用

1. 说明书的作用

说明书是申请人向专利局提交的公开其发明技术内容的法律文件，其在专利申请和审查以及专利权的保护等法律程序中，主要起到如下作用❶❷：

第一方面，说明书用于清楚、完整地公开发明或实用新型的技术方案，使得所属技术领域的技术人员能够实现发明或者实用新型，其中"实现"的含义包括理解和实施两个层面，也就是说，说明书能够为社会公众提供有用的技术信息资料，并且所属技术领域的技术人员能够通过说明书理解和实施发明；

第二方面，说明书是在专利审查中的审查基础，其通常记载了发明或实用新型的技术领域、背景技术、要解决的技术问题、解决技术问题所采用的技术方案、技术方案所能产生的有益效果等技术信息，是判定是否能够授予专利权的重要基础；

第三方面，说明书及其附图可以用于解释权利要求书，说明书是权利要求书的基础和依据，在专利审查过程和授予专利权之后，特别是在侵权判定过程

---

❶　尹新天. 中国专利法详解［M］. 北京：知识产权出版社，2011：355-372（第三章"第二十六条　发明和实用新型专利的申请文件"）.

❷　田力普. 发明专利审查基础教程·审查分册［M］. 3 版. 北京：知识产权出版社，2012：36-47（第二章第二节"说明书的阅读和理解"）.

中，说明书及其附图为正确地确定发明和实用新型专利权的保护范围起到非常重要的作用；

第四方面，申请人原始提交的说明书是专利审查和后续程序中的修改依据。

2. 权利要求书的作用

权利要求书是用于表达申请人意欲保护的专利权的重要法律文件，其在专利审查和专利权的保护等法律程序中，主要起到以下作用❶❷：

第一方面，权利要求书是以说明书为依据，限定要求专利保护的范围，权利要求书是发明的实质内容和申请人权利诉求的集中表现，通常也是专利审查、专利权无效、侵权判定的焦点；

第二方面，权利要求书是确定授权后的专利权保护范围的法律依据，一件发明专利申请被授予专利权后，究竟能获得多大范围的法律保护，遇到侵权纠纷时能够有效发挥作用，与其权利要求书的内容有直接的联系；

第三方面，申请人原始提交的权利要求书是专利审查和后续程序中重要的修改依据。

二、专利申请文件的阅读理解和分析

在了解专利申请文件的说明书和权利要求书的作用之后，对于专利申请文件的解读和分析，以下通过案例的方式进行说明。

1. 说明书对权利要求书的解释作用

【案例6-1】

权利要求1请求保护"一种式（Ⅰ）化合物或其药学上可接受的盐，结构如图6-1所示。

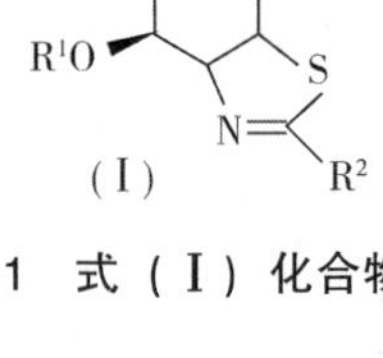

图6-1　式（Ⅰ）化合物结构

---

❶ 尹新天. 中国专利法详解［M］. 北京：知识产权出版社，2011：355-372（第三章"第二十六条　发明和实用新型专利的申请文件"）.

❷ 田力普. 发明专利审查基础教程·审查分册［M］. 3版. 北京：知识产权出版社，2012：53-59（第二章第四节"权利要求书的作用及撰写要求"）.

其中，每个 R^1 各自独立地是无干扰取代基；R^2 是烷基、芳基、杂芳基、OR^4、NR_2^4 和 NR^4OR^4，其各自可任选地被无干扰取代基取代；R^3 是 OR^4、N^3 或 NR_2^4；以及每个 R^4 各自独立地是无干扰取代基，前提是当每个 R^1 是 H 且 R^3 是 OH 时，R^2 不包括……"

在上述权利要求中出现了"无干扰取代基"，对于化学领域的普通技术人员来说，"无干扰取代基"不是本领域的常规技术术语并且没有公知的含义，很难直接理解权利要求的技术方案，因此仅仅通过阅读权利要求书很难获知上述权利要求请求保护的技术方案的实质含义。根据《专利法》第五十九条第一款的规定，发明或实用新型专利权的保护范围以其权利要求书的内容为准，说明书及附图可以用于解释权利要求的内容。在解读"无干扰取代基"时，由于仅通过阅读权利要求书无法获知其技术含义，因此可以考虑通过说明书原始记载的技术内容来理解。

在本案的说明书中，其相关内容为"一般而言，'无干扰取代基'是其存在不会破坏式（I）化合物调节 O-GlcNAc 酶活性之能力的取代基。具体而言，取代基的存在不会破坏化合物作为 O-GlcNAc 酶活性调节剂的有效性。合适的无干扰取代基包括：H、烷基（C1-10）、烯基（C2-10）……"。基于说明书对权利要求书的解释作用，本领域技术人员在理解和分析权利要求的技术方案时，特别是对于该技术术语的解读，就可以充分参考说明书中所记载的内容，明确申请人实际上想保护的方案内容，并且容易在审查过程中与申请人获得共识。

然而，如果在权利要求中记载的技术术语在本领域中有通用的技术含义，那么一般来说应遵从本领域的通用技术含义来确定权利要求的保护范围，避免出现将说明书中的技术理解不当代入权利要求的保护范围解读中。

【案例6-2】

某案，权利要求 1 请求保护"一种变速箱同步器液压控制方法，其特征在于，所述变速箱同步器液压控制方法包括：第一比例流量电磁阀（25）处于某一工作状态，选定第一同步器（21）或第二同步器（22）的其中一个被启用，另一个同步器的挡位保持不变；调节第一压力电磁阀（27）和第二压力电磁阀（28）的液体压力，形成压力差，使被启用的同步器切换或退出挡位"。

本案的说明书第 50 段中记载了"两个压力电磁阀作用在同步器油缸的两端，实现了双边控制，控制精度高，可有效避免挂错挡的发生"。

根据本领域技术人员的能力水平，可知压力电磁阀用于实现压力或流量调节的电磁阀，可以单边控制，也可以双边控制。说明书中记载的双边控制方式，仅是本领域"压力电磁阀"控制方式的一种。对权利要求 1 保护范围的解读，应当将压力电磁阀理解为本领域通常具有的含义，而不可局限于说明书所记载的相关内容。

2. 补充检索普通技术知识理解技术方案

【案例 6-3】

本案请求保护一种电流模式同步整流 PWM 控制电路，其权利要求如下："一种电流模式同步整流 PWM 控制电路，其特征在于，所述电流模式同步整流 PWM 控制电路包括误差放大模块、PWM 比较模块、电流采样放大模块、振荡器模块和驱动模块，所述误差放大模块与振荡器模块和 PWM 比较模块连接，所述误差放大模块通过反馈电阻产生误差放大器的输出电压，所述输出电压和振荡器模块产生的锯齿波信号进行叠加，作为 PWM 比较模块的输入信号，所述电流采样放大模块与 PWM 比较模块连接，所述电流采样放大模块通过检测输出电流，产生电流环路的输出信号，给 PWM 比较模块的另一端输入，所述驱动模块也与 PWM 比较模块连接，所述通过对两端输入的信号进行比较，接着产生占空比可变的 PWM 信号，然后通过驱动模块控制功率管的通断，所述 PWM 电流比较器内设置有倒比管。"

在本申请的说明书中，对于技术方案的描述与权利要求书基本相同，并没有对"倒比管"给出相应的解释说明，然而在说明书中记载了其技术效果的相关描述，具体为"设置倒比管解决因比较器延时造成的控制电路反应速度缓慢的问题"。

在专利审查过程中，由于审查员非常难于准确站位法律上拟制的"所属技术领域的技术人员"的水平要求，因此对于说明书和权利要求书中出现的"倒比管"的技术知识的理解就会产生一定的困惑。在这种情况下，如果审查员未能通过检索等方式首先帮助自身尽量去达到"所属技术领域的技术人员"的水平，而直接使用"倒比管"作为检索要素去查找公开了该技术内容的现有技术证据，那么将很难获得较高的审查质量和审查效率，甚至于有可能出现无效的证据使用和审查意见。因此，首先审查员应当通过检索去补充自己的"本领域的普通技术知识"，聚焦于自身与本领域技术人员之间的差距进行"学习型的检索"，然后再来理解申请文件的技术内容。

学习型检索一般是围绕需要学习和提高的技术内容来进行的相关技术资料的检索和学习，检索的数据库通常优先选择应当被所属技术领域的技术人员所广为使用的数据库，例如"知网""读秀""百度"等。对于一些特定领域的特色学习途径也可纳入其中，例如计算机技术应用领域的专业技术论坛和开源信息相关数据资源等。

具体到本申请的专利申请文件理解，在学习型检索中发现无法通过常规的"百度"搜索方式获知"倒比管"的技术知识，然而通过"读秀"获得一本记载了相关技术信息的技术书籍，并且其公开日在本申请的申请日之前，即"《集成电路版图设计》，刘睿强等编著，电子科技大学出版社，2011年3月第1版，第127~130页"。在这本技术书籍中对于"倒比管"的技术知识有较为详细和准确的定义，"常用的MOS管的宽长比都是大于1的，但有时候也会有小于1的管子出现，这样的管子称为'倒比管'"。审查员在学习了上述普通技术知识的情况下，经过准确理解"倒比管"的含义，就容易去深入理解本申请所涉及的"倒比管"为何能够解决"因比较器延时造成的控制电路反应速度缓慢"的技术问题并达到预期的技术效果。

这个案例的情形在专利审查过程中非常具有借鉴意义，审查员在大量的专利审查过程中几乎都面临着"如何尽量减小自身水平与本领域技术人员水平的差异性"的困惑和难题，在解决这个问题的过程中，充分用好学习型检索，补充本领域技术人员的普通技术知识，明确目标和方法，能获得行之有效、举一反三的良好效果。

下面这个案例涉及中医药领域，也是通过学习型检索来帮助审查员准确站位本领域技术人员，充分理解发明的技术内容，进而为后续的审查工作做好事实认定基础。

【案例6-4】

本案涉及一种治疗癌症的中药组合物及其制备方法，该中药组合物包括有内治中药组合物和外治中药组合物两部分。由说明书的记载可知，发明目的在于提供一种治疗癌症的中药组合物，其以多种中草药配制而成，采用内治与外治相结合的治疗方式。发明目的是通过选择数种中草药原料并按一定比例配制而实现的。显然原料中草药的选择对配制得到的产品的施用功效起着至关重要的作用，是实现发明目的的关键。

为解决上述技术问题，本发明所采取的技术方案根据癌症之病因、病状，"具有清热解毒、散结化瘤、消肿止痛、行气活血、止血化风、祛邪除湿、消胀之功效"，其在配制外用药时，"取斑蝥、红姑娘各20克、……"。由以上的描述可知，本申请中将"斑蝥、红姑娘"归为一类，利用其活血散结之功效，并采用斑蝥及红姑娘中的斑蝥素达到抑制癌细胞的主治功能，最终通过多种中草药材料的配制实现本申请预期的技术效果。

然而，对中医药领域的技术人员来说，本申请中记载的"红姑娘"为异名，有可能对应着酸浆、红娘子或者苦瓜等。那么在专利审查过程中，如何准确认定本申请中的"红姑娘"，就非常考验审查员是否能够准确站位本领域技术人员的知识能力水平了。

在此情况下，为了在能力水平上趋近于本领域技术人员，同样也是推荐采用学习型检索的方式去补充本领域的普通技术知识。经过检索，我们获得了一些相关技术资料，包括本领域的辞典、教科书等，具体如下：

相关资料1：《全国中草药汇编》，人民卫生出版社，1978年4月版，第740页，"红娘子，别名红姑娘，化学成分，含斑蝥素等"；

相关资料2：《中药有效成分药理与应用》，黑龙江科学技术出版社，1995年12月版，第101页，斑蝥素具有抗肿瘤作用；

相关资料3：《中药大辞典》，上海科学技术出版社，1986年版，第2033~2034页，"红娘子：【异名】红姑娘（《四川中药志》）"；

相关资料4：《纲目》：红娘子，盖厥阴经药，能行血活血；

相关资料5：《普济方》治目翳，拨云膏中与芜菁、斑蝥同用，亦是活血散结之义也。

基于上述相关技术资料并经过进一步的了解，"红果酸浆"的药理作用主要在于抗菌和兴奋子宫，用于清热、解毒和利尿，未见其有与斑蝥同用的记载，也未见其有用于治疗癌症的验方。对于"苦瓜"，仅明代的农艺植物著作《群芳谱》中称"苦瓜"为"红姑娘"，现代中医药领域已很少这么使用。异名为"红姑娘"的"红娘子"含有斑蝥素，其有时与斑蝥同用，其中含有的斑蝥素具有抑制癌症的主治功能。由于中药的命名非常繁杂，且迄今没有公认的统一标准，因此，对于异名同为"红姑娘"的"红娘子""红果酸浆""苦瓜"，所属技术领域的技术人员按照本申请说明书记载的内容，为了达到抑制癌症的目的，通常会选用"红娘子"，而不会选用"酸浆"和"苦瓜"作为本发明中成药的原料药材，因此可以确信本申请文件中提及的"红姑娘"的含义即为上面这些相关技术资料中记载的"红娘子"。

3. 技术方案和技术效果的理解和分析

在专利审查中，对于申请文件的理解和分析，审查实践较多涉及技术方案与技术效果的解读难点，这一难点的探讨较多地出现在化学、材料、生物医药等需要实验数据支持效果验证的技术学科中。

《专利审查指南》（2010）第二部分第三章第 3.2.5 节规定，对于包含性能、参数特征的产品权利要求，"应当考虑权利要求中的性能、参数特征是否隐含了要求保护的产品具有某种特定结构和/或组成。如果该性能、参数隐含了要求保护的产品具有区别于对比文件产品的结构和/或组成，则该权利要求具备新颖性；相反，如果所属技术领域的技术人员根据该性能、参数无法将要求保护的产品与对比文件产品区分开，则可推定要求保护的产品与对比文件产品相同，因此申请的权利要求不具备新颖性，除非申请人能够根据申请文件或现有技术证明权利要求中包含性能、参数特征的产品与对比文件产品在结构和/或组成上不同"。《专利审查指南》（2010）第二部分第十章第 5.1 节规定，"专利申请要求保护一种化合物的，如果在一份对比文件里已经提到该化合物，即推定该化合物不具备新颖性，但申请人能提供证据证明在申请日之前无法获得该化合物的除外"。根据上述相关规定，可以知道专利申请文件中技术效果的解读是非常重要的。对于技术方案和技术效果的事实确认过程，就是站位本领域技术人员，通过申请公开的内容，认定申请事实，把握发明实质的过程，必要的时候可以通过补充本领域技术人员的普通技术知识的方式辅助完成申请文件的事实认定。

【案例 6-5】

某申请请求保护一种 IGZO 薄膜晶体管及改善 IGZO 薄膜晶体管电学性能的方法，其权利要求书中记载了如下技术内容："一种改善 IGZO 薄膜晶体管电学性能的方法，包括以下步骤：提供一半导体结构，所述半导体结构包括一衬底，所述衬底之上部分表面形成有金属栅，所述金属栅及衬底上表面覆盖有一栅氧化层；制备一 IGZO 薄膜层覆盖于所述栅氧化层上方，刻蚀所述 IGZO 薄膜层形成有源层和像素电极区，在所述 IGZO 薄膜层上方依次形成源电极、漏电极和钝化层；其中，在刻蚀所述 IGZO 薄膜层形成有源层后，同时采用等离子处理工艺和紫外线辐射处理对所述 IGZO 薄膜层表面进行处理。"

在本申请的说明书中记载了如下内容："由于在 IGZO 薄膜层上方制备形成钝化层 5 之前，先对 IGZO 薄膜进行了等离子处理和 UV 辐射处理，可改善 IGZO 薄膜体内的氧原子含量，减少氧空位缺陷以及 IGZO 薄膜层与栅氧化层（SiO_2）界面陷阱缺陷；同时氧空位缺陷以及 IGZO 薄膜层与栅氧化层（SiO_2）界面缺陷的减少还可提高电子迁移率，增加开态下 TFT 的输出电流，进而最终显著提高 IGZO TFT 的开关比，提高应用 IGZO TFT 的稳定性与寿命。"

根据上述技术方案和技术效果的描述，在理解发明确认申请事实的过程中，首先应当明确说明书中所声称的多个技术效果是如何获得的，例如在本申请说明书中所声称的技术效果：减小 IGZO 薄膜体内的氧空位缺陷，进而提高载流子迁移率，是否因为采用了"对 IGZO 薄膜进行等离子处理和 UV 辐射处理获得"的手段而得到。

审查员针对该技术内容进行学习型检索，以提高站位本领域技术人员水平，在补充本领域技术人员的普通技术知识过程中，发现了现有技术文献"Effects of Ultra-Violet Treatment on Electrical Characteristics of Solution-processed Oxide Thin-Film Transistors"。该技术文献中明确记载了"通过进行紫外线辐射处理，IGZO 中氧含量并未增加"。实质上，紫外线处理使得空气中的氢被电离，与 IGZO 中的氧结合形成了 O—H 键，同时电离出来的电子成为 IGZO 中的自由电子，这样提高了载流子的迁移率。紫外线处理提高迁移率的原理与等离子处理提高迁移率的原理是不同的，二者是互不干扰的独立过程，两种处理独立产生作用，本申请将二者合并在一起进行，客观上可以起到降低生产成本的效果。

由此可见，根据此文献的普通技术知识补充，审查员在确认申请事实的过程中就对专利申请文件中关于技术方案与技术效果的相关事实进行了确认，并且对于其中可能存在谬误的内容开展了前期的研究，以便于在后续的实质审查过程中，基于准确的申请文件事实开展高质高效的专利审查工作。

4. 超长权利要求的技术方案解读

【案例6-6】

某案涉及一种用于高温超导带材的在线温度监测系统，其通过光纤来传输温度传感器测得的温度信号，使用导热率低、电阻率高的锰铜线作为测量用引线，在铜导冷骨架上设置导热绝缘层，促进缠绕其上的锰铜线和铜导冷骨架的热交换实现了快速准确地在高电压、强磁场、传导冷却条件下的高温超导磁体内部的高温超导带材上的温度测试，并确保不会因为温度传感器的安装而引入外部热量。

本案的权利要求 1 如下：

一种用于高温超导带材的在线温度监测系统，包括：

1）高温超导磁体系统（6），所述高温超导磁体系统（6）包括：高温超导带材（1）和传导冷却超导磁体骨架（2）；所述高温超导带材（1）绕制在所述传导冷却超导磁体骨架（2）上；

2）传导冷却制冷系统，所述传导冷却制冷系统包括：制冷机冷头（10）、铜导冷连接盘（9）和铜导冷骨架（8）；所述制冷机冷头（10）与所述铜导冷连接盘（9）连接；所述铜导冷骨架（8）的一端与所述铜导冷连接盘（9）连接，所述铜导冷骨架（8）用于对所述高温超导磁体系统（6）进行传导冷却；

3）低温杜瓦系统，所述低温杜瓦系统包括低温杜瓦（13）和低温杜瓦盖板（12）；所述的高温超导磁体系统（6）、制冷机冷头（10）、铜导冷连接盘（9）和铜导冷骨架（8）置于所述的低温杜瓦（13）内；所述的低温杜瓦盖板（12）覆盖在所述低温杜瓦（13）的开口上，形成真空密封结构；

4）温度测试装置，其特征在于，所述温度测试装置包括：

安装在所述高温超导带材（1）的表面的渗碳陶瓷温度传感器（4），在所述高温超导带材（1）绕制完毕并且所述渗碳陶瓷温度传感器（4）安装后，用环氧固化剂（3）对所述传导冷却超导磁体骨架（2）、所述高温超导带材（1）和所述渗碳陶瓷温度传感器（4）进行浸渍固化；

测量用锰铜线（5），所述测量用锰铜线（5）的一端与所述渗碳陶瓷温度传感器（4）的引出线通过焊接而彼此连接；

导热绝缘层（7），所述导热绝缘层（7）被包覆在所述铜导冷骨架（8）的外周上，所述测量用锰铜线（5）的中间部分被大致螺旋形状地缠绕在所述导热绝缘层（7）上；

温度变送器（14），所述测量用锰铜线（5）的另一端和所述温度变送器（14）电连接；

第一光纤转换器（15），所述第一光纤转换器（15）通过信号线与所述温度变送器（14）电连接，所述第一光纤转换器（15）用于将电信号转化成光信号；

光纤（16），所述光纤（16）的一端与所述第一光纤转换器（15）光连接，所述光纤（16）用于进行光信号的传输；

第二光纤转换器（17），所述光纤（16）的另一端与所述第二光纤转换器（17）光连接，所述第二光纤转换器（17）用于将光信号再转化为电信号；

计算机（18），所述计算机（18）通过信号线与所述第二光纤转换器（17）电连接，用于对由所述第二光纤转换器（17）转化过来的电信号进行采集、显示、分析和处理；

压接铜片（19），所述压接铜片（19）的中间部分将所述渗碳陶瓷温度传感器（4）直接压靠在所述高温超导带材（1）的表面，所述压接铜片（19）的两端通过焊接直接固定在所述高温超导带材（1）的表面，用以将所述渗碳陶瓷温度传感器（4）紧固在所述高温超导带材（1）的表面；

低温高真空脂（20），所述低温高真空脂（20）填充在所述压接铜片

（19）与所述渗碳陶瓷温度传感器（4）和所述高温超导带材（1）之间的缝隙中，用于辅助固定所述渗碳陶瓷温度传感器（4），并且起导热作用。

对于上述超长的权利要求的技术方案解读，应当有主有次，详略得当，切忌眉毛胡子一把抓。在解读权利要求的技术方案过程中，首先可以围绕申请人在申请文件中声称所要解决的技术问题，提取出用于解决上述技术问题的技术思路，并初步确定与解决问题密切相关的关键技术手段，然后基于对本发明实质的理解，将权利要求中的技术内容进行分组分类分析。具体到本案，本申请的说明书中记载了拟解决的技术问题"克服现有技术的缺点，提出开发一种用于高电压、强磁场、低温传导冷却条件下的高温超导带材的在线温度监测系统，能够更精确和方便地测试进行在高电压、强磁场、低温传导冷却条件下的高温超导磁体内部的高温超导带材的温度测试"。在权利要求中记载了用于解决上述技术问题的关键技术手段，具体如下：使用渗碳陶瓷温度传感器来实现强磁场下的温度监测；使用光纤进行信号传输实现高电压隔离；使用导热率低、电阻率高的锰铜线作为温度传感器的测量用引线，以及在冷骨架上设置导热绝缘层，促进缠绕其上的引线和冷骨架的热交换来避免引入外部热量。权利要求 1 包括了 3 个部分的技术内容描述，其中：第一部分是待测物，即高温超导体系系统；第二部分是为待测物提供低温环境的装置，即传导冷却制冷系统及低温杜瓦系统；第三部分是检测待测物温度的装置，即温度测试装置。

由如上分析和解读可知，权利要求 1 虽然超千字，篇幅很长，但是其技术内容的实质、关键技术手段、技术效果却均非常明确。依据上述分析方式，有利于我们快速抓住权利要求的技术核心，剥离与解决技术问题无关的大量细节内容，实现拨云见日的效果。在超长权利要求的审查中，只有对其技术实质和关键技术特征有了准确的事实认定，才能够在后续找准检索方向和目标，为高效获得现有技术、准确进行"三性"判定奠定良好的基础。

三、基于专利申请文件确定发明构思

从发明人的角度来说，发明的基本形成过程就是创造发明的过程，一般都是来源于现实中需要解决的技术问题和技术需求，并在发现了技术问题的情况下寻求解决问题的具体方法和手段，进而将发明创造以专利申请文件的方式固化下来，以期寻求专利权的保护。在专利审查的过程中，我们鼓励本领域技术人员站在申请人的角度去充分理解发明，了解发明人为解决技术问题所提出的解决思路，透过外在的专利申请文件去理解发明的本质，这些解决问题的思路在专利审查中通常就是所谓的"发明构思"。

1. 发明构思与技术方案

"发明构思"在《专利法》《专利法实施细则》和《专利审查指南》（2010）中均未有明确的定义，近年来逐渐成为专利审查的研究热点并获得了专利审查实践的认可。本章中对于发明构思的解读，较为认可如下说法❶❷：发明构思是基于申请文件本身所记载的背景技术、客观完成的发明内容所确认的技术改进思路，是依据申请文件本身的记载能够确认的发明对现有技术有所贡献的内容，而不是在新颖性和/或创造性的评述过程中，在与所选择的具体的某一篇或多篇对比文件相比较以后确定的相对于该文献作出贡献的部分。申请文件所呈现的发明技术信息是一项发明创造的完成结果，是其外在的具体表现形式，而发明构思才是形成于发明者头脑中的发明创造的灵魂和本质。

在2018年《专利审查指南修改草案（征求意见稿）》中，认为"在评判发明创造性之前，审查员应根据申请公开的内容，认定申请事实，把握发明的实质，即围绕发明所要解决的技术问题、解决所述技术问题的技术方案和该技术方案所能带来的技术效果，确定发明能够解决的技术问题和所采用的技术手段"，其中所提及的"把握发明的实质"，其中发明的实质就是发明构思。

发明构思具有整体性，需要从申请文件出发整体考虑发明的技术领域、技术问题、技术方案和技术效果。发明构思具有领域性，需要站位本领域技术人员去进行分析和确定，特别是考虑到技术领域、技术问题、技术方案和技术效果的关联性。发明构思的表达，对于撰写较为规范的专利申请来说是较为容易的，对于撰写水平不够规范的专利申请来说，必要的时候应当通过检索补充本领域的普通技术知识的方式来辅助形成。

根据上述分析，可以知道技术方案是发明构思中的一部分，并且是其解决技术问题和预期获得技术效果的不可缺少的重要内容，但是发明构思也不仅是技术方案。在专利审查中，既不能离开技术方案去谈发明构思，也不能单纯以技术方案来代替发明构思，二者之间既有联系又有区别。能否准确确定发明构思，在明确了技术问题的情况下，取决于能否通过申请文件所记载的内容站位本领域技术人员进行技术方案的解读。

---

❶　专利复审委员会，国家知识产权局学术委员会2014年专项课题研究报告《创造性相关问题研究》，课题负责人：王霄蕙。

❷　专利审查协作河南中心，国家知识产权局学术委员会2016年专项课题研究报告《"发明构思"在创造性评判中的作用研究》，课题负责人：韩爱朋。

2. 发明构思与关键技术手段

发明构思的形成是建立在需要解决的技术问题基础上的。在解决问题的原动力驱使下，发明人围绕这一目标，利用其所掌握的技术知识、分析推理、试验手段等能力，通过抽象思维活动而形成。在这一过程中，发明人的抽象思维活动是形成发明创造的关键性因素，是联系技术问题和技术方案的纽带和桥梁。发明人的抽象思维活动外化可对应于发明构思，而在形成发明创造的过程中，用于解决技术问题的技术方案中对解决技术问题起到关键作用的技术手段外化可对应于关键技术手段。

在一些研究中"关键技术手段"也被称为"核心技术手段"[1]，认为"技术思路至发明的完成，需要通过技术手段来实现，其中发明为解决技术问题并获得相应技术效果所采取的实质性和决定性作用的技术手段，称其为核心技术手段，其最终通过一个或多个具体的技术特征，或者技术特征的配合关系来体现"。对于发明构思的表达，一般围绕技术领域、技术问题、技术方案和技术效果这 4 个方面进行，其表达方式可参考以下案例中的方式进行。

【案例 6-7】

某案，申请保护的权利要求书如下：

1. 一种室内环境下的定位方法，其特征在于，所述方法包括：

用户终端接收用户输入的室内定位请求，所述室内定位请求包括商品标识；

所述用户终端将所述室内定位请求发送至室内商场的服务器，以使所述服务器获取所述用户终端的当前位置，并使所述服务器确定所述商品标识所属的商品，以及从所述商品中确定出商品位置与所述当前位置的距离小于或等于预设距离阈值的目标商品；

所述用户终端接收所述服务器发送的所述目标商品的目标位置；

所述用户终端将所述目标商品的目标位置映射至所述室内商场对应的室内地图中；

所述用户终端接收用户输入的室内定位请求之后，所述方法还包括：所述用户终端检测所述用户终端以及与所述用户终端绑定的穿戴设备是否均在预设时长内发生同一动作事件，若是，所述用户终端执行所述将所述室内定位请求

---

[1] 专利审查协作河南中心，国家知识产权局学术委员会 2016 年专项课题研究报告《"发明构思"在创造性评判中的作用研究》，课题负责人：韩爱朋。

发送至室内商场的服务器的步骤；

其中，所述动作事件为甩动作事件，如果所述用户终端发生的第一甩动作事件和所述用户终端绑定的穿戴设备发生的第二甩动作事件包括的甩动作方向相同，甩动作起始时间、甩动作持续时长、甩动作起始时间的差值以及甩动作持续时长的差值均在预设时长内，确定所述用户终端以及所述穿戴设备均在所述预设时长内发生同一动作事件。

说明书内容如下：

【技术领域】

本发明涉及购物对象定位领域，具体涉及一种室内环境下的定位方法。

【背景技术】

用户在超市或商场购物时，面对大量的商品，无法快速找到自己所需商品。例如，用户在商场购物时，通常想要知道自己所处的位置周边是否存在热门商品或打折商品，而商场商品种类繁多且商场区域面积较大，往往使得用户难以快速找到自己所需的商品。

【发明内容】

本发明的目的是提供能够协助用户快速地找到所需商品的一种购物对象定位方法，包括：用户终端接收用户输入的室内定位请求，所述室内定位请求包括商品标识；所述用户终端将所述室内定位请求发送至室内商场的服务器，以使所述服务器获取所述用户终端的当前位置，并使所述服务器确定所述商品标识所属的商品，以及从所述商品中确定出商品位置与所述当前位置的距离小于或等于预设距离阈值的目标商品；所述用户终端接收所述服务器发送的所述目标商品的目标位置；所述用户终端将所述目标商品的目标位置映射至所述室内商场对应的室内地图中；所述用户终端接收用户输入的室内定位请求之后，所述方法还包括：所述用户终端检测所述用户终端以及与所述用户终端绑定的穿戴设备是否均在预设时长内发生同一动作事件，若是，所述用户终端执行所述将所述室内定位请求发送至室内商场的服务器的步骤；其中，所述动作事件为甩动作事件，如果所述用户终端发生的第一甩动作事件和所述用户终端绑定的穿戴设备发生的第二甩动作事件包括的甩动作方向相同，甩动作起始时间、甩动作持续时长、甩动作起始时间的差值以及甩动作持续时长的差值均在预设时长内，确定所述用户终端以及所述穿戴设备均在所述预设时长内发生同一动作事件。

通过实施本发明实施例，用户终端在接收到用户输入的携带有商品标识的室内定位请求后，将室内定位请求发送给室内商场的服务器，服务器获取用户终端在室内商场中所处的当前位置，并根据商品标识确定出其对应的商品，并从该些商品中确定出与用户终端当前位置的距离小于或等于预设距离阈值的目标商品，将该目标商品的目标位置发送给用户终端，用户终端将目标位置映射至室内商场对应的室内地图中，以使用户通过室内地图中标注的目标商品所在的目标位置快速地找到当前位置的周边存在的用户所需的商品，节省了用户的购物时间，避免了用户错过当前位置的周边存在的所需的商品。

【附图说明】

图 6-2 是本发明的室内环境下的定位方法的流程示意图；

图 6-3 是本发明的室内环境下的定位系统的架构示意图。

【具体实施方式】

如图 6-2、图 6-3 所示，该方法可以包括但不限于以下步骤。

S401，用户终端接收用户输入的室内定位请求，室内定位请求包括商品标识。

本发明实施例中，用户终端可以接收用户在室内商场对应的室内地图中通过点击方式或者通过语音方式输入，或者触发快捷键输入的室内定位请求。用户在输入该室内定位请求时，可以输入或者选择需要进行定位的商品标识，该商品标识可为用户所需购买商品的商品标识，例如：热门商品的商品标识、优惠商品的商品标识或者用户具体所需购买的某个商品的商品标识，其中，热门商品为室内商场的服务器中记录的全部商品按照商品销售量或者商品评价量由高到低进行排序时，排序为前 M 位的商品；优惠商品为室内商场的服务器中记录的全部商品各自的商品折扣率中大于或等于预设折扣率的商品。商品标识可以包括但不限于：商品名称和商品款号。用户终端可以包括但不限于：移动手机、平板电脑、个人数字助理、移动互联网设备、智能穿戴设备（如智能手表、智能手环）等各类终端设备。

S403，用户终端检测用户终端以及与用户终端绑定的穿戴设备是否均在预设时长内发生同一动作事件。

本发明实施例中，用户终端接收到用户输入的室内定位请求后，检测用户终端以及与用户终端绑定的穿戴设备是否均在预设时长内发生同一动作事件，若是，执行步骤 S405，若否，结束本流程。穿戴设备可以是与用户终端绑定的智能手表、智能手环、智能戒指等各种智能穿戴设备。

具体地，用户终端可以被用户拿在手上，并且用户拿用户终端的同一只手上还可以携带有穿戴设备，其中，穿戴设备是用户终端指定的穿戴设备，并且用户终端可以通过蓝牙、Wi-Fi 或红外线等与穿戴设备连接。

用户终端接收到用户针对室内商场输入的请求后，用户可以朝着某一个方向同时甩动用户终端和穿戴设备。相应地，当穿戴设备检测到发生甩动作时，穿戴设备可以发送包括甩动作起始时间和甩动作持续时间的甩动作事件给用户终端。相应地，用户终端在检测其触摸屏上输入的按压操作之后，可以检测该用户终端是否发生第一甩动作事件。

如果用户终端发生第一甩动作事件，该用户终端检测用户终端指定的穿戴设备是否发生第二甩动作事件，如果穿戴设备发生第二甩动作事件，判断第一甩动作事件和第二甩动作事件包括的甩动作方向是否相同，如果甩动作方向相同，该用户终端再次判断第一甩动作事件和第二甩动作事件包括的甩动作起始时间是否均位于预设时长内，以及第一甩动作事件和第二甩动作事件包括的甩动作持续时长是否均位于预设时长内。

如果第一甩动作事件和第二甩动作事件包括的甩动作起始时间均位于预设时长内，以及第一甩动作事件和第二甩动作事件包括的甩动作持续时长均位于预设时长内，该用户终端会进一步判断第一甩动作事件与第二甩动作事件包括的甩动作起始时间的差值是否小于第一预设时间阈值。

如果第一甩动作事件与第二甩动作事件包括的甩动作起始时间的差值小于第一预设时间阈值，该用户终端再次判断第一甩动作事件与第二甩动作事件包括的甩动作持续时长的差值是否小于第二预设时间阈值，如果第一甩动作事件与第二甩动作事件包括的甩动作持续时长的差值小于第二预设时间阈值，该用户终端才确定该移动终端以及穿戴设备均在预设时长内发生同一动作事件。其中，预设时长、第一预设时间阈值以及第二预设时间阈值可以由用户自主设定，也可以由用户终端的系统默认设定，本发明实施例不作具体限定。

将用户终端与穿戴设备绑定，只有在用户终端和穿戴设备在预设时长内发生同一动作事件时，用户终端才将室内定位请求发送至室内商场的服务器，既增加了对用户终端操作的安全性，又增加了用户操作的趣味性。

其中，预设时长可以为 5 秒、10 秒、15 秒等，第一预设时间阈值可以为 0.03 秒或 0.05 秒等，第二预设时间阈值也可以为 0.03 秒或 0.05 秒，第一预设时间阈值可以与第二预设时间阈值相同，也可以不同，本发明实施例不作具体限定。

S405，用户终端将室内定位请求发送至室内商场的服务器，以使服务器获取用户终端的当前位置，并使服务器确定商品标识所属的商品，以及从商品中确定出商品位置与当前位置的距离小于或等于预设距离阈值的目标商品。

S407，用户终端接收服务器发送的目标商品的目标位置。

S409，用户终端将目标商品的目标位置映射至室内商场对应的室内地图中。

其中，服务器确定出与用户终端当前位置的距离小于或等于预设距离阈值的目标商品，将该目标商品的目标位置发送给用户终端，用户终端将目标位置映射至室内商场对应的室内地图中，以使用户通过室内地图中标注的目标商品所在的目标位置快速地找到当前位置的周边存在的用户所需的商品，节省了用户的购物时间，避免了用户错过当前位置的周边存在的所需的商品，且提升了用户体验。

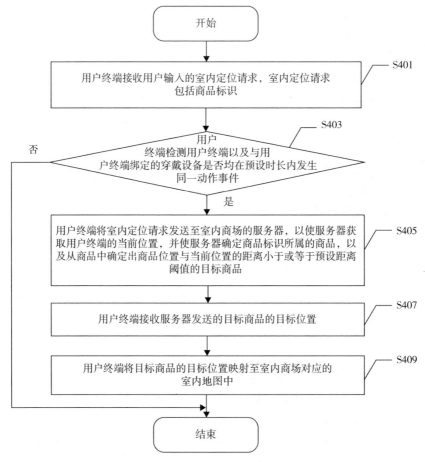

图6-2　室内环境下的定位方法的流程示意

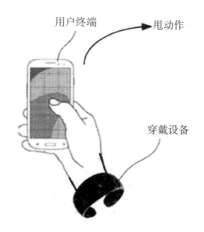

用户终端 ——▶ 甩动作

穿戴设备

图6-3 室内环境下的定位系统的架构示意

在确定发明构思的过程中，首先需要认真阅读申请文件中的说明书，特别是背景技术，帮助我们来确定申请想要解决的技术问题是什么。本案的背景技术中记载了"用户在超市或商场购物时，面对大量的商品，无法快速找到自己所需商品。例如，用户在商场购物时，通常想要知道自己所处的位置周边是否存在热门商品或打折商品，而商场商品种类繁多且商场区域面积较大，往往使得用户难以快速找到自己所需的商品"，在说明书的发明内容中记载了"节省了用户的购物时间，避免了用户错过当前位置的周边存在的所需的商品，且提升了用户体验"，在说明书的具体实施方式中记载了"将用户终端与穿戴设备绑定，只有在用户终端和穿戴设备在预设时长内发生同一动作事件时，用户终端才将室内定位请求发送至室内商场的服务器，既增加了对用户终端操作的安全性，又增加了用户操作的趣味性"。

综合考虑上述内容，可以获知本申请所属的技术领域为商业方法领域，特别是涉及一种室内环境的定位方法。

本申请声称所要解决的技术问题有两个：第一个技术问题是"如何使用户在商场购物时快速找到自己所需商品"，第二个技术问题是"如何增加对用户终端操作的安全性，又增加用户操作的趣味性"。

说明书中记载了用于解决上述两个技术问题所采用的技术方案，如下所述："用户终端将包括商品标识的室内定位请求发送至室内商场的服务器，服务器确定商品标识所属的商品，以及获取用户终端的当前位置，从商品中确定出在用户终端当前位置的预设距离范围内的目标商品，并将目标商品位置发送给用户终端，以使用户终端根据目标商品的位置通过室内地图快速地找到所需商品；用户终端检测用户终端及与其绑定的穿戴设备均在预设时长内发生同一动作事件后，再执行将所述室内定位请求发送至室内商场的服务器。"

预期取得的技术效果为：用户在商场购物时能够快速找到自己所需商品，既增加了用户终端操作的安全性，又增加了用户操作的趣味性。

结合发明声称要解决的技术问题及达到的技术效果可以确定，本发明包括两个关键技术手段：

（1）"用户终端将包括商品标识的室内定位请求发送至室内商场的服务器，服务器从商品标识所属的商品中确定出商品位置与用户终端当前位置的距离小于或等于预设距离阈值的目标商品，并将目标商品的目标位置发送给用户终端"是解决"如何使用户在商场购物时快速找到自己所需商品"这一技术问题的关键技术手段；

（2）"检测用户终端以及与用户终端绑定的穿戴设备是否均在预设时长内发生同一动作事件，若是，用户终端执行将所述室内定位请求发送至室内商场的服务器的步骤"是解决"增加了对用户终端操作的安全性和用户操作的趣味性"这一技术问题的关键技术手段。

本申请的技术思路可以概括为：发明人在解决技术问题的过程中，发现改进用户终端与服务器之间信息交互的架构，并利用检测终端与设备的交互信息的方式，从而解决技术问题并预期获得技术效果。

基于此，我们可以采用如下方式来表达本申请的发明构思：本申请为了解决如何使用户在商场购物时快速找到自己所需商品以及在此基础上如何增加对用户终端操作的安全性和用户操作的趣味性的技术问题，通过采用"用户终端将包括商品标识的室内定位请求发送至室内商场的服务器，服务器从商品标识所属的商品中确定出在用户终端当前位置的预设距离范围内的目标商品，并将目标商品的目标位置发送给用户终端"的关键技术手段，使用户快速找到当前位置周边存在的所需商品；并在此基础上，进一步通过采用"检测用户终端以及与用户终端绑定的穿戴设备是否均在预设时长内发生同一动作事件，来确定用户终端是否执行将室内定位请求发送至室内商场的服务器"的关键技术手段，以增加操作的安全性和趣味性。

通过上述案例，我们展示了确定发明构思的一种方式，需要说明的是，上述方式是较为适合上述案例情况的处理方式，该案在撰写上较为规范，所以在解读发明的技术领域、技术问题、技术方案和技术效果的时候，基本可以通过原申请文件就能够确定，无须进行其他额外的工作。对于申请文件的撰写中存在一些不规范或者不确定的内容的情况下，仅通过上述方式是不足以确定发明构思的，还可能需要通过学习型检索等方式来补充本领域技术人员的普通技术知识，基本达到本领域技术人员的水平后才能够完成发明构思的确认过程。

3. 发明构思与权利要求的保护范围

发明构思是尽可能还原发明人形成发明的过程，从主观层面确认发明人到底发明了什么，发明对现有技术的贡献是什么。权利要求是申请人请求保护的权利范围体现，在授权后是获得的专利权范围的体现，因此，权利要求的保护范围大小，是请求保护或者已经获得的专利权的大小。

发明构思不同于权利要求的保护范围，但是通常来说，发明构思是权利要求的保护范围的核心内容。在确认发明构思的过程中，说明书、权利要求书等专利申请文件应当是发明构思的主要确认依据，对于申请人在审查过程中的意见陈述、补充的证据材料、公众意见等其他证据文件，则可以作为次要的确认依据，证明的效力低于原申请文件。

在专利审查中容易产生的问题之一，就是将权利要求涉及的技术方案直接作为发明构思所依据的技术方案，或者仅将独立权利要求涉及的技术方案直接作为发明构思所依据的技术方案。在专利审查中，还容易出现的另外一类问题就是，在确定发明构思的过程中，忽视了未记载在权利要求书中但是已经记载在说明书中，特别是仅记载在说明书的具体实施方式中的进一步改进的技术方案，这些进一步改进的技术方案也进一步优化了用于解决本发明想要解决的技术问题的技术方案。

【案例6-8】

某案，申请保护的权利要求书如下：

1. 一种智能终端投影的方法，其特征在于，包括如下步骤：

步骤1：启动智能终端投影应用；

步骤2：选择虚拟现实资源；

步骤3：开始投影虚拟现实资源。

2. 如权利要求1所述智能终端投影的方法，其特征在于，所述智能终端包括一投影模块，用于投影所述虚拟现实资源。

3. 如权利要求1所述智能终端投影的方法，其特征在于，所述智能终端包括一格式转换模块，用于接收所述投影模块输出的所述虚拟现实资源，并将其转换为支持所述投影模块的虚拟现实资源。

4. 如权利要求1至3任一项所述智能终端投影的方法，其特征在于，所述虚拟现实资源为VR格式的电影或3D电影。

5. 如权利要求4所述的智能终端投影的方法，其特征在于，所述智能终端为智能手机。

6. 如权利要求4所述的智能终端投影的方法，其特征在于，所述智能终端为智能电视。

7. 如权利要求5所述的智能终端投影的方法，其特征在于，所述智能手机的操作系统为安卓系统。

8. 如权利要求5所述的智能终端投影的方法，其特征在于，所述智能手机的操作系统为IOS系统。

说明书内容如下：

【技术领域】

本发明涉及智能终端和影像处理领域，尤其涉及一种智能终端投影的方法。

【背景技术】

近年来消费者对电影的观影效果要求逐渐提高，虚拟现实技术，如VR技术、3D技术的电影即能满足消费者的需求。然而现有技术领域中，消费者需佩戴特殊的眼镜才能欣赏虚拟现实技术的电影，并且通过如手机和平板电脑这样的便携式智能终端仍旧只能对2D电影资源进行投影。

【发明内容】

为了克服上述技术缺陷，本发明的目的在于提供一种智能终端投影的方法，使得用户利用智能终端即可投影并观看虚拟现实资源，如VR格式的电影或3D电影。

本发明公开了一种智能终端投影的方法，包括如下步骤：

步骤1：启动智能终端投影应用；

步骤2：选择虚拟现实资源；

步骤3：开始投影虚拟现实资源。

优选地，所述智能终端包括一投影模块，用于投影所述虚拟现实资源；

优选地，所述智能终端包括一格式转换模块，用于接收所述投影模块输出的所述虚拟现实资源，并将其转换为支持所述投影模块的虚拟现实资源；

优选地，所述虚拟现实资源为VR格式的电影或3D电影；

优选地，所述智能终端为智能手机；

优选地，所述智能终端为智能电视；

优选地，所述智能手机的操作系统为安卓系统；

优选地，所述智能手机的操作系统为IOS系统。

采用了上述技术方案后，与现有技术相比，具有以下有益效果：

1. 用户无须佩戴特殊眼镜即可观看通过手机投影的虚拟现实资源的电影;

2. 手机可以实现虚拟现实资源的投影。

【附图说明】

图1为智能终端投影的方法的流程图。

【具体实施方式】

以下结合附图与具体实施例进一步阐述本发明的优点。

本发明提出了一种智能终端投影的方法,如图1所示,其第一优选实施例包括:

步骤1:启动智能终端投影应用。例如,使用者可操作智能终端,点击智能终端内安装的智能终端投影应用,以启动投影。

步骤2:启动智能终端投影应用后,利用投影应用搜索智能终端内存储的虚拟现实资源。搜索时,可遍历智能终端的所有文件夹,或是使用者指定的文件夹。搜索时,主要搜索格式为VR格式的电影或3D电影。

于步骤2搜索到目标文件后,将执行步骤3,利用智能终端包括的一投影模块将虚拟现实资源投影至目前屏幕上,如白墙、幕布等。

若使用者的智能终端内不具有VR格式的电影或3D电影,可利用智能终端包括的一格式转换,将智能终端内包括的影视资源转化为VR格式的电影或3D电影。例如,智能终端受使用者控制对其内的所有影视资源进行搜索并显示,使用者可点选部分或全部影视资源,选择转化影视资源的格式至可以VR格式或3D格式投射的形式,也即投影模块所支持的虚拟现实资源。

在上述任意的实施例中,智能终端可采用如智能手机、智能电视、平板电脑、可穿戴等设备。上述智能终端中,安装有安卓系统或IOS系统的设备均可适用。

应当注意的是,本发明的实施例有较佳的实施性,且并非对本发明作任何形式的限制,任何熟悉该领域的技术人员可能利用上述揭示的技术内容变更或修饰为等同的有效实施例,但凡未脱离本发明技术方案的内容,依据本发明的技术实质对以上实施例所作的任何修改或等同变化及修饰,均仍属于本发明技术方案的范围内。

本申请所属的技术领域为图像显示领域,具体涉及一种智能终端投影方法。本申请声称要解决的技术问题有两个为如何使用户利用智能终端即可投影并观看虚拟现实资源。第一个技术问题是"如何使手机和平板电脑这样的便携式智能终端对3D电影资源进行投影",第二个技术问题是"如何使消费者无须佩戴特殊的眼镜即可欣赏虚拟现实技术的电影"。

为解决上述技术问题，说明书中记载了用于解决上述两个技术问题所采用的技术方案，如下所述："步骤1：启动智能终端投影应用。例如，使用者可操作智能终端，点击智能终端内安装的智能终端投影应用，以启动投影。步骤2：启动智能终端投影应用后，利用投影应用搜索智能终端内存储的虚拟现实资源。搜索时，可遍历智能终端的所有文件夹，或是使用者指定的文件夹。搜索时，主要搜索格式为VR格式的电影或3D电影。于步骤2搜索到目标文件后，将执行步骤3，利用智能终端包括的一投影模块将虚拟现实资源投影至目前屏幕上，如白墙、幕布等。"通过说明书中记载的上述方法，可以达到用户无须佩戴特殊眼镜即可观看通过手机投影的虚拟现实资源的电影的技术效果。

因此，本申请的发明构思为：为了解决用户利用智能终端即可投影并观看虚拟现实资源的技术问题，通过启动智能终端中的投影应用并搜索智能终端中存储的虚拟现实资源，在搜索到虚拟现实资源后，利用智能终端包括的一投影模块，将虚拟现实资源投影到屏幕上，达到用户无须佩戴特殊眼镜即可观看通过手机投影的虚拟现实资源的电影的技术效果。也就是说本申请的智能终端投影方法，还依赖于智能终端的投影模块，才能执行。

将该发明构思与权利要求1的技术方案进行比较可知，权利要求1的技术方案中未提及智能设备包括的投影模块这一关键技术手段，并未能全面体现本申请的发明构思。对于这一类案件，应避免将权利要求涉及的技术方案直接作为确定发明构思的依据，而应从申请文件尤其是说明书出发整体把握发明构思，并针对发明构思进行检索和审查以提高审查效率。

预期取得的技术效果为：用户无须佩戴特殊眼镜即可观看通过手机投影的虚拟现实资源的电影。

结合发明声称要解决的技术问题及所达到的技术效果可以确定，本发明的关键技术手段为：在智能终端上设置用于投影虚拟现实资源的投影模块。

基于此，本申请的发明构思可以概括为：为了解决如何使手机和平板电脑这样的便携式智能终端对3D电影资源进行投影以及在此基础上如何使消费者无须佩戴特殊的眼镜即可欣赏虚拟现实技术的电影的技术问题，通过采用"在智能终端上设置用于投影虚拟现实资源的投影模块"的关键技术手段，以使用户无须佩戴特殊眼镜即可观看通过手机投影的虚拟现实资源的电影。

本申请权利要求1如下：

一种智能终端投影的方法，其特征在于，包括如下步骤：

步骤 1：启动智能终端投影应用；

步骤 2：选择虚拟现实资源；

步骤 3：开始投影虚拟现实资源。

通过分析权利要求保护范围可以发现，本申请权利要求所涉及的技术方案仅体现了采用智能终端进行虚拟现实资源投影这一技术手段，并不涉及解决"如何使消费者无须佩戴特殊的眼镜即可欣赏虚拟现实技术的电影"这一问题的相关技术手段，也就是说，本申请权利要求并未完整体现本申请说明书中记载的发明构思。

第三节　现有技术的证据解读

在专利审查过程中，一般使用现有技术作为证据使用的情形，主要包括《专利法》第二十二条第二款、第三款分别规定的新颖性和创造性。新颖性和创造性作为确定发明是否具备可授予专利权的实质性条件的判定依据，均是将申请人主张专利权的专利申请文件与审查员所检索到的现有技术证据文件进行技术内容的比对进而得到结论的。审查结论是否准确，一方面取决于是否正确准确把握了申请人的发明构思和关键技术手段，另一方面还取决于是否能够准确解读现有证据并合理运用。

发明构思体现了一项发明创造的核心和本质，然而明晰发明构思的目的是准确理解一项发明创造的创新之处，进而使得审查员站在本领域技术人员寻找和选择与发明构思相同或相近的现有技术，发明构思越接近的现有技术越有可能是发明创造实际的起点，以之作为起点能更为客观地评判一项发明创造相对于现有技术的智慧贡献。

一、基于发明构思确定最接近的现有技术

在专利审查中，经过检索可以获得的与本申请相关的现有技术证据可能有多个，如何在专利审查中使用最有效的现有证据开展实质性条件的审查，就需要我们合理确定最接近的现有技术并在审查中合理使用。

选择最接近的现有技术，要在理解发明构思的基础上进行，考虑从现有技术向发明的方向进行改进的可能性和可行性。当现有技术客观上要解决的技术问题与发明相同或相近时，应当从发明构思的接近程度这一角度判断其是否适合作为

最接近的现有技术，一般优先选择与发明构思一致或接近的现有技术❶❷。当现有技术本身所要解决的技术问题与发明不同，但是本领域技术人员能够意识到现有技术客观上也面临和发明相同或相近的技术问题时，这样的现有技术类似于发明的背景技术，一般也可考虑作为最接近的现有技术。下面我们仍以案例6-7为例，来说明如何基于发明构思确定最接近的现有技术。

在案例6-7中，在完成了申请文件的理解后，专利局经过检索获得了在技术上密切相关的两个现有技术，分别如下所示：

【对比文件1】通过云计算及移动设备进行购物的系统及方法

具体公开内容如下：

为解决顾客在商场采购商品的时候，不清楚所需采购商品在商场中的位置，需要花费过多的时间才能找到所需采购商品在商场中的位置的问题，对比文件1提供如下技术方案：

接收移动终端访问云服务器的请求，接收移动终端发送过来的商品条码，并根据所接收的商品条码查找商品条码所对应的商品在商场中的位置信息；通过移动设备上的全球定位系统侦测移动设备的坐标信息；根据所需采购商品在商场中的位置信息及移动设备的坐标信息，在商场的电子地图上计算出一条最短的采购路线；将商品的图片及最短的采购路线发送给移动设备，以方便用户找到所需采购商品的位置。

【对比文件2】信息交换方法及信息交换系统

具体公开内容如下：

信息交换方法，包括：同时摇晃第一电子装置以及第二电子装置；记录该第一电子装置的第一振动波形并且记录该第二电子装置的第二振动波形；图1示出，摇晃动作具有预设的时间；判断该第一振动波形与该第二振动波形是否相符；以及当该第一振动波形与该第二振动波形相符时，传送关于该第一电子装置的第一信息至该第二电子装置。

在面对上面两个相关现有技术时，如何确定最接近的现有技术呢？

最接近的现有技术是判断发明是否具有创造性的比对基础，由于审查实践中通常存在多篇与本发明关系较为密切的现有技术，此时应当遵循整体性原则，正确把握对比文件的构思，尽量选择与本发明的发明实质相同或相近，或者应当是

---

❶ 审查业务管理部，国家知识产权局学术委员会2013年专项课题研究报告《创造性评判方法比较研究》，课题负责人：汤志明。

❷ 专利审查协作河南中心，国家知识产权局学术委员会2016年专项课题研究报告《"发明构思"在创造性评判中的作用研究》，课题负责人：韩爱朋。

本发明的最佳技术起点作为最接近的现有技术。具体到本案，根据所检索到的现有技术情况，从技术领域、技术问题、技术手段和技术效果综合考量。

案例 6-7 中的发明构思如下：为了解决如何使用户在商场购物时快速找到自己所需商品以及在此基础上如何增加对用户终端操作的安全性和用户操作的趣味性的技术问题，通过采用"用户终端将包括商品标识的室内定位请求发送至室内商场的服务器，服务器从商品标识所属的商品中确定出在用户终端当前位置的预设距离范围内的目标商品，并将目标商品的目标位置发送给用户终端"的关键技术手段，使用户快速找到当前位置周边存在的所需商品；并在此基础上，进一步通过采用"检测用户终端以及与用户终端绑定的穿戴设备是否均在预设时长内发生同一动作事件，来确定用户终端是否执行将室内定位请求发送至室内商场的服务器"的关键技术手段，以增加操作的安全性和趣味性。

对比文件 1 与本申请同属室内环境下购物对象定位领域，公开了室内环境下购物对象定位方法的主体流程，仅未公开用户终端检测用户终端以及用户终端绑定的穿戴设备均在预设时长内发生同一动作事件时，将室内定位请求发送至室内商场的服务器的步骤。因此，采用对比文件 1 作为最接近的现有技术。

二、"三步法"结合启示的现有技术证据

《专利审查指南》（2010）第二部分第四章第 3.2.1.1 节指出，在创造性的判断过程中，第三个步骤是判断要求保护的发明对本领域技术人员来说是否显而易见。判断过程中，要确定的是现有技术整体上是否存在某种技术启示，并且认为存在技术启示的其中一种情形为"区别特征为另一份对比文件中披露的相关技术手段，该技术手段在该对比文件中所起的作用与该区别特征在要求保护的发明中为解决该重新确定的技术问题所起的作用相同"。上述情形在审查实践中也就是多个现有技术相结合考虑发明是否具备创造性的情况。

在该情况下，比较容易出现的一类问题情况，就是不当割裂用于解决技术问题、应作为一个关键技术手段的多个技术特征，在现有技术证据的检索和运用中，忽略考虑证据之间是否具有结合启示。

【案例 6-9】

某案，涉及一种基于大数据技术的核电厂人因风险分析监控报警系统。其请求保护的权利要求如下：

一种基于大数据技术的核电厂人因风险分析监控报警系统，其特征在于，包括：

工作人员信息收集子系统，用于实时收集全部或部分厂内工作人员的生物学信息、工作人员间的互动信息、工作人员与物项间的互动信息，以及影响工作人员的边界条件信息，包括：

个体生物学信息监控模块，用于实时收集全部或部分厂内工作人员的生物学信息，包括：心率、血压、血氧、血糖、眨眼频率、步频与步速；

个体间互动监控模块，用于实时收集全部或部分厂内工作人员间的互动信息，包括：个体相对位置、对话人次、语量、语速及诸次对话时长；

个体与物项间互动监控模块，用于实时收集全部或部分厂内人员与物项间的互动信息，包括：设施设备的使用情况及工作人员厂内路径；

边界条件监控模块，用于实时收集影响工作人员的边界条件信息，包括：环境信息、重大事件影响及薪酬变化；

大数据存储及分析子系统，用于对工作人员信息收集子系统收集的信息进行存储并形成电厂人因大数据集合，以及读入本电厂或其他电厂既往事故数据，继而并入电厂人因大数据集合，并对电厂人因大数据集合实时输入数据的异常进行分析；

人因风险报警子系统，用于向核电厂操作人员发送人因风险报警，并在需要时提供关于风险缓解措施的处置建议。

本案的说明书相关内容摘要如下：

【技术领域】

本发明涉及风险监控报警技术领域，具体涉及一种基于大数据技术的核电厂人因风险分析监控报警系统。

【背景技术】

对于高风险工业领域，如核电厂或其他复杂系统，其安全性不仅在于工艺过程或设备的可靠性，个人或群体可能的失误，即：人因风险，也不可忽视。在核电事故中，人因失误造成的比例达50%～70%，且有越来越高的趋势。由于人因风险本身固有的不确定性，很难建立统一的可靠性因果关系框架对人因风险进行预测。因此，以往的核电厂概率风险分析中几乎没有考虑人因，或者对人因考虑得很少。近几年，随着穿戴式体征参数测量装置技术和大数据储存分析及处理技术的发展，人因风险的量化分析逐渐成为可能。

【发明内容】

本发明的目的是提供一种基于穿戴式体征参数测量装置技术和大数据技术的核电厂人因风险分析监控报警系统，用以提高核电厂的运行安全性。

【附图说明】

图6-4为本发明的系统原理示意图；

图6-5为本发明的系统结构示意图；

图6-6为本发明实施方案工作流程示意图。

【具体实施方式】

如图6-4、图6-5、图6-6所示，本发明涉及的基于大数据技术的核电厂人因风险分析监控报警系统由工作人员信息收集子系统S1、大数据存储及分析子系统S2及人因风险报警子系统S3组成。

工作人员信息收集子系统S1包括个体生物学信息监控模块M11、个体间互动监控模块M12、个体与物项间互动监控模块M13、边界条件监控模块M14。

工作人员信息收集子系统S1通过个体生物学信息监控模块M11实时收集全部或部分厂内工作人员的生物学信息，如：心率、血压、血氧、血糖、眨眼频率、步频及步速等。

工作人员信息收集子系统S1通过个体间互动监控模块M12实时收集全部或部分厂内工作人员间的互动信息，如：个体相对位置、对话人次、语量、语速及诸次对话时长等。

工作人员信息收集子系统S1通过个体与物项间互动监控模块M13实时收集全部或部分厂内工作人员与物项间的互动信息，如：设施设备的使用情况及工作人员厂内路径等。

工作人员信息收集子系统S1通过边界条件监控模块M14实时收集影响工作人员的边界条件信息，如：环境信息、重大事件影响及薪酬变化等。

大数据存储及分析子系统S2包括数据存储模块M21、突变分析模块M22、相关性分析模块M23、既往事故数据存储模块M24。

大数据存储及分析子系统S2通过数据存储模块M21对来自个体生物学信息监控模块M11、个体间互动监控模块M12、个体与物项间互动监控模块M13及边界条件监控模块M14的实时监控信息进行存储并形成电厂人因大数据集合G0。

大数据存储及分析子系统S2还可以从既往事故数据存储模块M24读入本电厂或其他电厂既往事故数据，继而并入电厂人因大数据集合G0。

大数据存储及分析子系统S2通过突变分析模块M22对电厂人因大数据集合G0实时输入数据异常进行分析，包括工作人员个体、工作班组或特定群体的数据输入突变，并基于突变报警标准向人因风险报警子系统S3发送报警激活信号。

大数据存储及分析子系统S2通过相关性分析模块M23存储并运行相关算法，对电厂人因大数据集合进行处理，以便在事故后分析中揭示数据间的相关性。相关性分析模块中所采用的相关算法属于公知技术。

人因风险报警子系统S3包括报警模块M31、风险缓解措施决策支撑模块 M32。

人因风险报警子系统 S3 可以通过报警模块 M31 向核电厂操作人员发送人因风险报警，并在需要时通过风险缓解措施决策支撑模块 M32 提供关于风险缓解措施的处置建议。

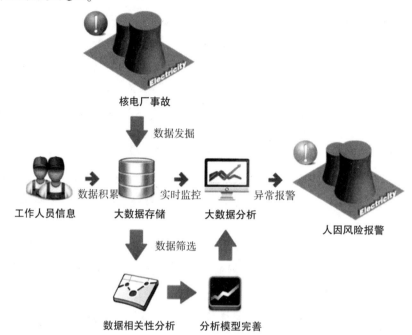

图 6-4 本发明的系统原理示意

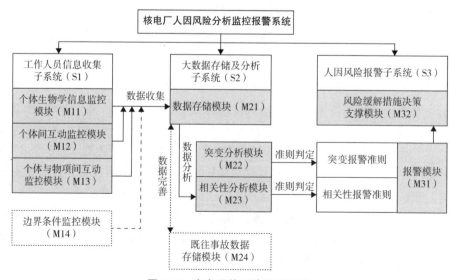

图 6-5 本发明的系统结构示意

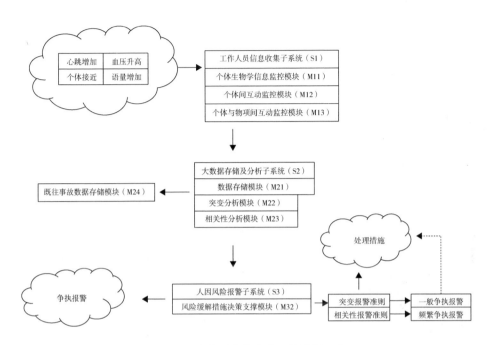

图6-6　本发明实施方案工作流程示意

通过阅读上述专利申请文件，可知该发明专利申请的技术领域涉及商业方法，其专利申请特点就是大量的技术内容和非技术内容交互描述，然而在申请方案的整体上具有技术性，其技术手段的组织方式通常根据商业模式和商业领域而确定。在专利审查时通常不能把非技术内容简单、机械地从整个方案中割裂出来单独看待。在很多情况下，商业模式和商业领域会对技术主题以及方法执行过程中各方的交互带来影响。在理解发明的时候，要重点考虑非技术内容和技术内容有密切联系的部分，以清楚判断权利要求所要求保护的技术方案客观上解决的技术问题，以及判断商业规则或应用场景对主题的构成或运行方式是否带来影响，准确解读方案的实质。

通过理解申请文件，可以确定本发明的技术领域为"风险防控领域"，本发明的商业领域为"人因风险领域"，本发明的应用场景为"核电厂"。本发明声称要解决的技术问题是：如何实现核电厂中的风险防控。解决该技术问题的技术方案包括：通过已知的"穿戴式体征参数测量装置技术"获得人因风险实时量化分析数据，和已知的"大数据分析及处理技术"实现对核电厂人因风险的实时量化分析，根据分析结果在适当的条件下进行人因风险报警，从而实现核电厂风险防控。本申请的关键技术手段是将"穿戴式体征参数测量装置技术"和"大数据分析及处理技术"两项已知技术进行组合，形成整体技术方案，组合后的两项已知技术在功能上相互支持，共同解决了核电厂中风险防控的技术问题，达到了相应的技术效果。

因此，本申请的发明构思可作如下表达：本申请涉及一种基于大数据技术的核电厂人因风险分析监控报警系统，为了实现核电厂中的风险防控，采用的关键技术手段为：通过已知技术一"穿戴式体征参数测量装置技术"获得人因风险实时量化分析数据，及已知技术二"大数据分析及处理技术"对已知技术一中已获得的人因风险实时量化分析数据实现实时量化分析，已知技术一和已知技术二之间相互关联且相互配合，起到更加准确分析风险从而保障安全的技术效果。

理解发明后，审查员在确定现有技术检索目标的时候，就应当重点围绕方案的技术内容进行检索，并兼顾商业模式和商业领域。针对技术内容进行检索时，通常可检索到采用相同或相似技术手段的现有技术；检索策略上，可优先检索申请方案的整体技术框架，了解现有技术中是否存在包含各项已知技术组合的技术框架，若技术组合中的部分技术之间联系不够紧密，或者站位本领域技术人员，认为部分技术之间存在结合的可能性，则也可以分别检索出已知技术。

检索获得以下 2 篇现有技术证据：

【对比文件 1】一种核电站人因管理系统及方法

公开了如下内容：

针对现有技术目前国内尚没有针对核电站的人因工程问题的分类、管理和智能评估系统，核电对于人因问题的收集、应用停留在人因事件卡阶段的缺陷，提供一种核电站人因管理系统及方法。

该方案背景技术中记载：人因工程是将有关人的能力和限制的知识应用到电厂、系统和设备的设计，需要人因工程保证电厂、系统或设备的设计、人员任务和工作环境满足并支持操作/维修人员的感觉、知觉、认知和身体特征。人因问题广泛分布在人机界面设计、规程开发、主控室环境设计、功能分析分配、任务分析、工艺设计经验反馈、运行改造等领域。将所有的人因问题进行统筹管理，并推广到核电站主控室设计、核电站工艺系统设计，乃至整个核电站运行管理中，实现核电工程项目的安全目标。人因问题具有来源多样、分布广泛、与核电结合紧密等特点。有效地对人因问题进行管理，能够使人因工程更有效地从设计、制造、运行、维护多个方面提升电站可用性，确保人机的良好互动，减少人因工程事故，提供更加丰富的经验参考。

采用如下技术方案：构造一种核电站人因工程管理系统，其包括：

第一输入模块，用于采集输入的初始问题数据；

第一分析模块，用于对所述出事问题数据进行关键词提取；

第一计算模块：用于接收第一分析模块输出的所述关键词，并将其与预设的人因问题标准进行比较，以判断所述初始问题数据是否为核电站人因问题；

第二计算模块，用于接收第一计算模块输出的所述关键词，并计算其与预设的人因问题类别的关联度等级，以得出所述关键词对应的初始问题数据所属的核电站人因问题类别；

数据库，用于将初始问题数据存储在其所属的核电站人因问题类别所对应的特征存储模块中。

【对比文件2】在线安全运行指导方法

公开了如下内容：

为解决现有技术中过程故障诊断过程中诊断方法单一、难以及时准确判断风险状况的问题，对比文件1提供了如下技术方案：

用户通过网络与在线安全运行平台相连，实现对装置的安全运行指导，所述在线安全运行平台采集的数据进入实时数据库，经过滤波后，首先进行传感器有效性分析，然后再由异常工况识别子系统进行甄别，如发现异常，启动推理引擎，所述推理引擎包括工艺监测引擎和设备监测引擎，主要由符号有向图、主元分析、模糊逻辑、数学解析模型和专家知识库构成；专家知识库为推理引擎提供历史事故经验、设备失效知识、物性参数、常见控制器失效模式和传感器失灵模式等相关知识与规则，推理引擎得到分析结果的逻辑编码后，到专家知识库中去匹配相应的解释，然后根据推理引擎分析结果和解释进行报警管理和设备性能分析，所有的数据内容被保存到数据库中，提供给客户端模块调用，所述客户端模块负责数据显示、声光报警、报表生成、操作历史记录、监测工艺对象进行建模组态、浏览实时推理的结果、对专家知识库进行编辑以及车间日常管理工作。

根据最接近的现有技术的确定原则，由于对比文件1的发明构思整体与本申请的发明构思整体更为接近，确定将其作为最接近的现有技术。

权利要求1与对比文件1的区别特征在于：采用"大数据分析及处理技术"实现人因风险分析从而进行风险防控，进而可以确定本申请的方案实际所要解决的问题是"如何处理人因风险数据"。

虽然对比文件2公开了一种"在线安全运行指导方法"，其属于风险防控领域，公开了收集信息，存储并形成大数据集合，读入既往事故信息，并入大数据集合，并对大数据集合实时输入数据的异常进行分析，向操作人员发送人因风险报警及处置建议的技术手段。即公开了已知技术二"大数据分析及处理技术"实现风险的实时量化分析。然而，上述"在线安全运行指导方法"是用于装置安全风险防控，并非核电厂或工业部门安全人因风险防控。

在本案中，已知技术一与已知技术二之间相互影响，构成区别于现有技术的技术手段，这两种已知技术组合后能够在方法功能上相互融合，获得新的技术效果，实现核电厂中的风险防控。对比文件1仅公开了已知技术一，对比文件2仅公开了已知技术二，在评价融合多项已知技术的发明申请的创造性时，需要考查各项已知技术之间的关联性、相互配合的流程及其依赖程度以确定已知技术相互组合的难易程度，并考查技术组合后能够起到的作用、达到的效果，重点关注方案的整体性，进而判断发明的非显而易见性。

三、超长权利要求的现有技术证据

权利要求撰写的长短、技术特征的多少与申请对现有技术贡献大小无直接关系。针对超长权利要求的技术方案，还是要从技术领域、技术问题、技术方案、技术效果方面全面理解发明，准确把握发明构思，围绕关键技术手段运用证据。对于大量的技术细节，可以根据其技术关联度分组概括并进行创造性的判断，也可以参考组合发明的思路来判定申请文件的创造性。

【案例6-10】

某案，涉及一种用于吸附吡啶的颗粒吸附剂及其制备方法。该案请求保护的权利要求如下所示：

1. 一种用于吸附吡啶的颗粒吸附剂及其制备方法，其特征在于，该方法的具体步骤如下：

（1）将320.32克N-甲基-2-吡咯烷酮和434.26克4,6-二氯-5-嘧啶甲醛混合均匀，置于250mL具塞细口试剂瓶中，加入800毫升N,N-二甲基甲酰胺，在1000r/min条件下搅拌5分钟，摇匀后分成等量8份，得到混合液A1、混合液A2、混合液A3、混合液A4、混合液A5、混合液A6、混合液A7、混合液A8；

（2）将11.47g聚对苯二甲酸乙二醇酯加入混合液A1中，在1000r/min条件下搅拌5分钟，得到混合液B1；

（3）将5mL混合液B1和8.5g二甲基二硫代氨基甲酸锌加入混合液A2中，在1000r/min条件下搅拌5分钟，得到混合液B2；

（4）将5mL混合液B2和7.5g二甲基二硫代氨基甲酸锌加入混合液A3中，在1000r/min条件下搅拌5分钟，得到混合液B3；

（5）将5mL混合液B3和6.5g二甲基二硫代氨基甲酸锌加入混合液A4中，在1000r/min条件下搅拌5分钟，得到混合液B4；

（6）将5mL混合液B4和5.5g二甲基二硫代氨基甲酸锌加入混合液A5中，在1000r/min条件下搅拌5分钟，得到混合液B5；

（7）将5mL混合液B5和5.0g二甲基二硫代氨基甲酸锌加入混合液A6中，在1000r/min条件下搅拌5分钟，得到混合液B6；

（8）将5mL混合液B6和4.5g二甲基二硫代氨基甲酸锌加入混合液A7中，在1000r/min条件下搅拌5分钟，得到混合液B7；

（9）将5mL混合液B7和4.0g二甲基二硫代氨基甲酸锌加入混合液A8中，在1000r/min条件下搅拌5分钟，得到混合液B；

（10）将11.95g聚醋酸乙烯酯置于250mL具塞细口试剂瓶中，加入250mL N,N-二甲基甲酰胺，在1000r/min条件下搅拌1h，摇匀后分成等量5份，得到混合液C1、混合液C2、混合液C3、混合液C4、混合液C5；

（11）将10mL浓度为0.93mol/L的NaH_2PO_4溶液加入混合液C1中，在1000r/min条件下搅拌5分钟，得到混合液D1；

（12）将5mL混合液D1和9.5克5-甲基呋喃醛加入混合液C2中，在1000r/min条件下搅拌5分钟，得到混合液D2；

（13）将5mL混合液D2和9.0克5-甲基呋喃醛加入混合液C3中，在1000r/min条件下搅拌5分钟，得到混合液D3；

（14）将5mL混合液D3和8.5克5-甲基呋喃醛加入混合液C4中，在1000r/min条件下搅拌5分钟，得到混合液D4；

（15）将5mL混合液D4和7.5克5-甲基呋喃醛加入混合液C5中，在1000r/min条件下搅拌5分钟，得到混合液D；

（16）将16.38g过氧化甲基-乙基酮置于250mL具塞细口试剂瓶中，加入250mL氯仿，在1000r/min条件下搅拌1h，得到混合液E；

（17）将15.4克6-甲基烟酰胺加入混合液E中，在1000r/min条件下搅拌5分钟，得到混合液F；

（18）将140mL异丁酸甲酯和160mL质量分数为6.1%的聚乙二醇氯仿溶液充分混合，摇匀后分成等量3份，得到混合液G1、混合液G2、混合液G3；

（19）将28mL混合液B在1000r/min搅拌条件下滴加到混合液G1中，得到混合液H1；

（20）将 22mL 混合液 D 在 1000r/min 搅拌条件下滴加到混合液 G2 中，得到混合液 H2；

（21）将 41mL 混合液 F 在 1000r/min 搅拌条件下滴加到混合液 G3 中，得到混合液 H3；

（22）将 48mL 混合液 H1 在 1000r/min 搅拌条件下滴加到 41mL 混合液 H2 中，得到混合液 H4；

（23）将 47mL 混合液 H4 在 1000r/min 搅拌条件下滴加到 35mL 混合液 H3 中，得到混合液 H；

（24）将 42mL 混合液 H 在 1000r/min 搅拌条件下滴加到 28mL 质量分数为 6.7% 的聚乙烯醇溶液中，然后在 1000r/min 条件下搅拌 8min，得到混合液 I；

（25）将 50mL 质量分数为 0.8% 的聚乙烯醇溶液加入混合液 I 中，在 1000r/min 条件下搅拌 7~8h，然后在 6000r/min 条件下进行离心分离，然后用去离子水洗涤 3 次，冷冻干燥即可得到用于吸附吡啶的颗粒吸附剂。

该案的说明书摘录如下：

【技术领域】

本发明属于有机工业废水的处理技术领域，特别涉及一种用于吸附吡啶的颗粒吸附剂及其制备方法。

【背景技术】

运用吸附法处理含有吡啶的有机工业废水是一种很有前途的工业废水处理技术，若是将该技术进行推广应用需要开发对吡啶具有优异吸附性能的吸附剂。但是，目前还缺少针对含有吡啶的有机工业废水处理的吸附材料。

【发明内容】

本发明的目的是提供一种用于吸附吡啶的颗粒吸附剂及其制备方法。其具体步骤如下：……（省略的内容与权利要求 1 基本相同，在此不作赘述）。本发明的有益效果是：制得的用于吸附吡啶的颗粒吸附剂对有机工业废水中含有的吡啶具有吸附能力强、吸附容量高、吸附速度快等优点。

【具体实施方式】

运用本发明方法制得的用于吸附吡啶的颗粒吸附剂对含有吡啶的有机工业废水进行了吸附实验，结果表明该颗粒吸附剂能够对有机工业废水的吡啶进行有效的吸附：当有机工业废水中吡啶的初始浓度为 37.8mg/L 时，向 500mL 有机工业废水中加入 15g 颗粒吸附剂，经过 15min 后吡啶的浓度降低到 0.1mg/L。

基于上述专利申请文件记载的内容，首先需要理解发明实质，确定发明构思及发明作出贡献的技术手段。

根据说明书的记载，本发明的目的是提供一种用于吸附吡啶的颗粒吸附剂及其制备方法。说明书中还记载了运用吸附法处理含有吡啶的有机工业废水是一种很有前途的工业废水处理技术，若是将该技术进行推广应用需要开发对吡啶具有优异吸附性能的吸附剂。但是，目前还缺少针对含有吡啶的有机工业废水处理的吸附材料。基于上述内容，可以确定本发明要解决的技术问题是提供一种针对含有吡啶的有机工业废水处理的吸附材料。

接下来，我们以申请文件为基础，补充进行现有技术的学习型检索，补充本领域的普通技术知识，从而确定与发明要解决的技术问题密切相关的关键技术手段。检索发现，根据工业的常用性可以把吸附剂分为 6 大类：硅胶、氧化铝、树脂吸附剂、活性炭、沸石分子筛和碳分子筛。其中：

树脂吸附剂主要用于有机物的吸附，其为多孔性高度交联的聚合物（立体网络），具有高比表面积，吸附物靠疏水界面作用吸附有机物。

大孔吸附树脂为常用的一种树脂吸附剂：由聚合单体、交联剂、致孔剂、分散剂等经聚合反应制备而成，聚合物形成后致孔剂被除去，在树脂中留下大大小小、形状各异、互相贯通的空穴。

树脂分为热固性和热塑性，热固性树脂为交联高分子，热塑性树脂为线性高分子。热固性树脂如酚醛树脂、环氧树脂等。PET（聚对苯二甲酸乙二醇酯）和 PVAc（聚醋酸乙烯酯）本身为热塑性树脂，是线性高分子，通过交联剂、引发剂等条件控制可以形成交联 PET 和交联 PVAc。

在补充了本领域的普通技术知识后，站位本领域技术人员充分理解发明的申请文件，可以确定：根据现有技术，4,6-二氯-5-嘧啶甲醛为有色物质，可用作指纹显示中的显色剂；福美锌用作橡胶硫化促进剂、杀菌剂或杀虫剂；5-甲基呋喃醛是常用烟用香精，合成药物的中间体；磷酸二氢钠是常用缓冲剂；过氧化甲乙酮是不饱和聚酯树脂的常温固化剂、有机合成的引发剂；6-甲基烟酰胺在医药领域有应用。

因此，本案的技术方案中涉及的物质主要分为 3 类。第一类为吸附物质：PET、PVAc 为树脂，可能为主要吸附物质；第二类为溶剂和分散剂：N-甲基-2-吡咯烷酮和 N-N-二甲基甲酰胺和氯仿为溶剂，聚乙二醇和聚乙烯醇为常用分散剂，会在后续离心分离水洗步骤除去；第三类物质的效果不明：4,6-二氯-5-嘧啶甲醛、福美锌、5-甲基呋喃醛、6-甲基烟酰胺和异丁酸甲酯等组分，申请文件中未记载其作用，现有技术中记载的作用与本发明要解决的技术问题无关。

接下来，需要确定本发明要解决的技术问题是否得到解决，进而明确发明构思和关键技术手段。说明书中已经记载了"运用本发明方法制得的用于吸附吡啶的颗粒吸附剂对含有吡啶的有机工业废水进行了吸附实验，结果表明该颗粒吸附剂能够对有机工业废水的吡啶进行有效的吸附：当有机工业废水中吡啶的初始浓度为 37.8mg/L 时，向 500mL 有机工业废水中加入 15g 颗粒吸附剂，经过 15min 后吡啶的浓度降低到 0.1mg/L"。由此可知，说明书已经记载了一定的实验数据来证明所述技术效果。也就是说，基于申请文件提供的证据来看，本发明要解决的技术问题是"提供一种针对含有吡啶的有机工业废水处理的吸附材料"，经过事实认定，该技术问题也是本发明能够解决的技术问题。对本发明能解决的技术问题进行确认后，再确定解决该技术问题的关键性技术手段为"将树脂（PET、PVAc）作为吸附物质"。

总结本案确定的技术领域、技术问题、技术方案、技术效果、发明构思和关键技术手段如下：本申请属于吸附剂领域；要解决的技术问题是提供一种用于吸附吡啶的颗粒吸附剂及其制备方法；发明构思为以树脂为吸附材料加入其他多种物质用于吸附吡啶；所采用的作出贡献的技术手段为 PET 和 PVAc 聚合物为主要吸附物质；技术方案如权利要求 1 记载；所能达到的技术效果是能有效吸附工业废水中的吡啶，使工业废水中的吡啶浓度显著下降。

通过解读权利要求，可以知道权利要求 1 的步骤（1）～（9）是将 4,6-二氯-5-嘧啶甲醛和 PET 以及福美锌分散在溶剂 N-甲基-2-吡咯烷酮以及 N,N-二甲基甲酰胺中，得到混合液 B；步骤（10）～（15）是将 PVAc 与磷酸二氢钠，5-甲基呋喃醛分散在 N,N 二甲基甲酰胺中，得到混合液 D；步骤（16）～（17）是将过氧化甲乙酮与 6-甲基烟酰胺分散在氯仿中，得到混合液 F；步骤（18）～（23）是将异丁酸甲酯和聚乙二醇氯仿溶液，与 B、D、F 混合得到混合液 H；步骤（24）是将 H 与聚乙烯醇溶液混合得到混合液 I；步骤（25）是在 I 中加入聚乙烯醇溶液，然后离心分离、洗涤、冷冻干燥，得到吸附剂。

经过检索现有技术，可以获得以下 3 个技术密切相关的现有技术，它们公开的技术内容如下所示：

【对比文件 1】酚醛型吸附树脂对水体系中吡啶和 N,N-二甲基苯胺的吸附性能研究

使用某些无机吸附剂对吡啶或苯胺（作为有机污染物）进行吸附研究也有相关报道，但使用酚醛型吸附树脂在水中对吡啶和 N,N-二甲基苯胺的吸附研究尚未见报道。其摘要记载：本文研究了酚醛型树脂在水体系中吡啶和 N,N-二甲基苯胺的静态和动态吸附行为。结果表明，在水中树脂对吡啶和 N,N-二

甲基苯胺的吸附主要以疏水吸附机理进行。对比文件 1 实际公开了用树脂吸附水中吡啶污染物的构思，具体为使用酚醛型树脂对水中的吡啶进行吸附，含酯基的弱极性树脂可以通过疏水相互作用，50min 吡啶的去除率是 99.6%。

【对比文件 2】吸附分离树脂在医药工业中的应用

色谱柱是色谱技术的核心。用于色谱分析的填料大都采用颗粒度在 5~10μm 的改性硅胶，但是对于工业级的分离，改性硅胶填料的价格较高，且可应用的 pH 范围较窄，因而限制了硅胶的应用。高分子柱填料种类很多，有交联聚苯乙烯、甲基丙酸缩水甘油酯-二甲基丙烯酸乙二醇酯共聚物、乙烯苯酚-二乙烯苯共聚物、交联聚醋酸乙烯酯（PVAc）、交联聚丙烯酸酯，以及多糖类及其衍生物等。色谱分离原理是多种多样的吸附树脂对不同的物质有一定的吸附选择性，将被吸附物质和不被吸附的物质进行分离。

【对比文件 3】CN104043413A

对比文件 3 公开了一种苯酚废水改性吸附材料，包括下列重量份数的物质：丙烯酸酯 6~14 份，引发剂 5~9 份，乙醇 14~26 份，氨水 9~10 份，没食子酸 1~2 份，甲基丙烯酸月桂酯 25~30 份，甲基丙烯酸甲酯 12~16 份，纤维水族石 14~19 份，复合黏合剂 6~10 份，蔓青秸秆粉末 25~31 份，马来酸酐接枝聚丙烯 1~2 份，聚对苯二甲酸乙二醇酯（PET）6~9 份，硫酸钙 9~15 份。

根据上述内容可知，对比文件 1 已经公开了酚醛型树脂在水体系中吡啶和 N,N-二甲基苯胺的静态和动态吸附行为。结果表明，在水中树脂对吡啶和 N,N-二甲基苯胺的吸附主要以疏水吸附机理进行。可见对比文件 1 公开了采用酚醛型树脂对水中吡啶进行吸附，并且现有技术中使用无机吸附剂对作为有机污染物的吡啶进行吸附分离，故容易想到采用酚醛型树脂作为吸附剂对有机工业废水中的吡啶进行吸附分离，也就是说对比文件 1 已经基本公开了本申请的发明构思。

权利要求 1 要求保护一种用于吡啶吸附的颗粒吸附剂及其制备方法，具体包括步骤（1）~（25）。经分析，步骤（1）~（9）实质上是将 4,6-二氯-5-嘧啶甲醛和 PET 以及福美锌分散在溶剂 N-甲基-2-吡咯烷酮以及 N,N-二甲基甲酰胺中，步骤（10）~（15）实质上是将 PVAc 与磷酸二氢钠、5-甲基呋喃醛分散在 N,N 二甲基甲酰胺中，步骤（16）~（17）是将过氧化甲乙酮与 6-甲基烟酰胺分散在氯仿中，步骤（18）~（25）是将步骤（1）~（17）得到的混合物与异丁酸甲酯和聚乙二醇混合，最后与聚乙烯醇混合后离心分离得到颗粒吸附剂。由于 N-甲基-2-吡咯烷酮，N-N-二甲基甲酰胺，聚乙二醇、聚乙烯醇、氯仿等会在后续离心分离和水洗步骤除去，权利要求 1 制备得到的吸附剂实质上即为含有 PET、PVAc、4,6-二氯-5-嘧啶甲醛、福美锌、5-甲基呋喃醛、6-甲基烟酰胺、异丁酸甲酯等组分的混合物，该组合物仅仅将已知物质简单叠加组合在一起，总的技术效果是各物质组分技术效果之和。

对比文件 2 公开了交联聚醋酸乙烯酯是色谱吸附分离中的吸附树脂。

对比文件 3 公开了聚对苯二甲酸乙二醇酯可以用于对有机废水进行吸附。

对于吸附剂的其他组分，在现有技术的基础上添加一些与解决技术问题无关的非常规组分和或进行一些功效未明的处理，获得与现有技术效果相当的吸附剂，所述吸附剂未能对现有技术作出技术贡献。

对于混合物，在溶剂中分散并分步添加各组分以使混合物混合均匀，以及通过离心分离产品并冷冻干燥得到颗粒产品是本领域的常用技术手段，不会给发明带来创造性。

可见，权利要求 1 仅仅是将对比文件 1、2 和 3 组合在一起，各自以其常规的方式工作，而且总的技术效果是各组合部分效果之总和，组合后的各技术特征之间在功能上无相互作用关系，仅仅是一种简单的叠加。

基于上述分析，对于超长权利要求，在获取到已经基本公开了本案发明构思的最接近的现有技术的基础上，可以借鉴组合发明的创造性判断思路，考虑组合后的各技术特征在功能上是否彼此相互支持、组合的难易程度、现有技术中是否存在组合的启示以及组合后的技术效果等。如果要求保护的发明仅仅是将某些已知产品或方法组合或连接在一起，各自以其常规的方式工作，而且总的技术效果是各组合部分效果之总和，组合后的各技术特征之间在功能上无相互作用关系，仅仅是一种简单的叠加，则这种组合发明不具备创造性。具体到本案，则可以对于在功能上无相互作用关系的技术手段分别使用现有技术作为对比文件，进而得到发明专利申请的审查结论。

第四节　专利审查中特定情形的证据解读

在专利审查中，除了前述主张专利权的专利申请文件、判断专利申请能否给予专利权的现有技术证据，还存在大量特定情形下需要考虑的证据资料，例如涉及争议焦点的公知常识性证据、涉及补充实验数据的相关证据资料等，如何在专利审查中准确合理运用这些证据，本节将结合部分案例进行分析。

一、涉及争议焦点的公知常识性证据

专利审查中，专利局与申请人一般采用书面意见和答复的方式进行意见交互，在专利局作出的审查意见不利于申请人的时候，申请人通常会在针对审查意见通知书的答复意见中进行反驳。在明确双方争议焦点的情况下，如果专利局通过使用证据的方式对争议焦点继续提出审查意见的话，那么在后续审查中其说服力将显著高于仅通过说理方式来进行答复的情况。

【案例6-11】

某案，其权利要求1如下：

一种二氨基苯功能化石墨烯纳米材料，其特征在于，所述纳米材料具有以下结构：

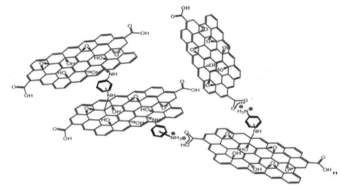

专利局在第一次审查意见通知书中使用了对比文件1进行创造性的评述，情况概要如下：

对比文件1：*Functionalization and Reduction of Graphene Oxide with p-Phenylene Diamine for Electrically Conductive and Thermally Stable Polystyrene Composites*，Ma Hui-Ling，et al.，*ACS Applied Materials & Interfaces*，第4卷，1948-1953页，2012年3月15日，公开了一种功能化的氧化石墨烯。

由于本申请权利要求1请求保护的纳米材料与对比文件1公开的纳米材料的结构式撰写形式存在差异，因此基于"权利要求1材料结构式中的氨基正离子和羧基负离子之间存在离子键"的申请事实，审查员和申请人对于"其是否使得权利要求1与对比文件1存在结构的差异"出现了争议。

在此情况下，专利局为了提高后续审查结论的说服力，通过提供公知常识性证据的方式来答复申请人，具体情况请参见下面的意见："审查员经检索获得如下书证：《有机化学》，浙江农业大学有机化学教研组，第286-287页，浙江农业大学印刷厂，公开日：1984年2月29日。由该书证的记载可知：同一个分子中的氨基和羧基通常都会相互作用（氨基接受羧基释出的质子）而成为内盐，内盐是具有正负极的双重离子，称为偶极离子。具体如图6-7所示。

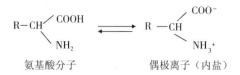

氨基酸分子　　　　　　　偶极离子（内盐）

图6-7　氨基酸分子与内盐

已有证据证明晶体状态的氨基酸是以内盐（偶极离子）形式存在的。偶极离子间的静电引力很大，所以氨基酸的熔点都较高（参见第286-287页）。"

在对比文件1公开的结构中，其同样含有氨基和羧基，氨基和羧基也会相互作用而成为内盐偶极离子，而偶极离子间在很大的静电引力作用下，则会形成权利要求1结构中所示的非共价静电作用。因此，虽然对比文件1中未明确记载在其结构中含有非共价静电作用，但并不代表这种相互作用是不存在的。因此，通过上述公知常识性的现有技术证据，已经足以确认对比文件1公开的化合物结构中的氨基和羧基也必然会形成具有静电作用的离子键，也就是说，对比文件1公开的化合物已经隐含公开了"化合物结构中氨基正离子和羧基负离子之间存在的离子键"。在提供了该公知常识性的现有技术证据的情况下，申请人随后表示认可了专利局的上述事实认定，消除了申请人的质疑意见。

由本案可以看出来，对于申请人争议的焦点，特别是涉及对比文件所公开的事实认定存在争议的时候，如果专利局不能通过给出公知常识性的现有技术证据方式进行反驳的话，那么其审查意见和审查结论存在一定的主观性和不确定性；相反，本案通过提供公知常识性的现有技术证据的方式进行对比文件公开的技术事实的确认，较容易得到申请人的认可和理解，也有助于提高专利审查标准执行一致。

【案例6-12】

某案，涉及一种消息处理方法、即时通信客户端及即时通信系统。本案通过在当前通信窗口中创建关于话题的子窗口，使得当前窗口中的用户列表中的所有用户都可以通过该子窗口发表跟第一话题有关的言论，同样可以在另一子窗口中发表跟第二话题有关的言论，即：关于同一个话题的言论集中显示在每个子窗口中，不需要用户去查找上下文一个个去分辨，提高了通信效率。

本案的权利要求如下：

一种消息处理方法，应用于一即时通信客户端，所述即时通信客户端连接于即时通信服务器，其特征在于，所述方法包括：

接收与当前通信窗口对应的第一消息，其中，所述当前通信窗口中包括一用户列表，所述用户列表中包括所述即时通信客户端对应的第一用户和 N 个第二用户，N 为大于等于 0 的整数；

当第一消息为创建话题的消息时，获得所述第一消息对应的第一话题信息；

基于所述第一话题信息，在所述当前通信窗口中创建与所述第一话题信息对应的第一子窗口，使得所述当前通信窗口中的所有用户能够在所述第一子窗口中进行通信。

专利局在第一次审查意见通知书中使用了对比文件 1（US2005149621A1）进行创造性的评述，情况概要如下：对比文件 1 公开了一种在即时消息通信中利用独立窗口显示新旧会话的多线程会话管理方法：当接收到用户输入的消息后，首先判断消息是否完整，如果消息是完整的，判断是否发起了新话题会话，如果是新话题会话，将该消息显示在一个不同于现有话题会话的另一线程会话中，并将该消息发送给接受者。当点击创建新话题按钮时，在消息窗口 700 内初始化一新话题会话，该新会话与其他话题会话区分显示。对比文件 1 还公开了一种树形的多线程话题独立显示方式，在上述方式中演示了 n 个不同子话题的显示。值得注意的是，上述独立话题可以以任何形式显示。即时通信系统包含服务器和多个客户端，客户端连接于服务器。

随后的审查过程中，申请人修改了权利要求并在独立权利要求 1 中增加技术特征"所述第一子窗口还包括一子用户列表，用于表示参与与所述第一子窗口对应的话题的用户，所述子用户列表中的用户为所述用户列表中的用户的子集"。虽然上述增加的技术特征并非本申请的关键技术手段，然而，为了使申请人更为认可专利局的审查意见，后续采用了提供足够解决该争议焦点的公知常识性的现有技术证据的方式进行处理，进一步提供了书证材料"《ASP 开发典型模块大全》，明日科技，人民邮电出版社，2009 年 4 月 30 日，第 139-140页"，并回应"在聊天窗口中设置一用户列表以实现显示在线人数、选取聊天对象等功能是即时通信领域的常用技术手段"。在后续的审查过程中，申请人接受了专利局的审查意见，对于上述技术内容未继续申辩意见。

二、涉及补充实验数据的证据

化学领域审查中，在专利局审查员提出不具备创造性的审查意见后，申请人通常会通过补交实验数据作为用于证明发明确实具有说明书所述的某种技术效果，或相对于现有技术具有更好的技术效果的证据。《专利审查指南》（2010）中规定了补交实验数据审查的一般原则："对于申请日后补交的实验数据，审查员应当予以审查。补交实验数据所证明的技术效果应当是所属技术领域的技术人员能够从专利申请公开的内容中得到的。"

目前对于补充实验数据的证据资格和证明力，已经开展了一些研究并获得研究成果❶❷，一般认为，补交实验数据应当与权利要求的保护范围相对应，其所证明的事实不应超出原申请文件记载的范围。实验数据所证实的技术效果虽然也属于申请事实，但是它与原申请文件中记载的技术方案的申请事实作用不同，地位也不完全等同，正如本书第一章中已经阐述的观点，创造性的判断是针对权利要求请求保护的技术方案而作出的，而实验数据是用来证明技术方案的非显而易见性的事实。如果申请人在申请日请求保护的是一类化合物或者生物物质，而未请求保护具体的某个化合物或生物物质，那么申请日之后提交的用于证明某个化合物或者生物物质的补充实验数据是不应当被接受的。

---

❶ 化学发明审查部，国家知识产权局学术委员会 2017 年一般课题研究报告《组合物领域审查标准研究》，课题负责人：崔军。

❷ 肖鹏. 专利申请补充实验数据在创造性审查中的认定和处理 [J]. 审查业务通讯，2014，20（9）：36-43.

第七章　以证据为核心的回案处理案例

本书第二章第一节介绍了运用证据规则的回案处理方法，即回案处理"五步法"，经过大量的审查实践验证，效果良好。本章拟对机械领域、电学领域和化学领域中比较有代表性的若干案例进行实例分析，使读者能够通过案例加深回案处理"五步法"的理解和体会。

第一节　机械领域案例解析

传统机械领域的技术发展成熟度非常高，机械领域的专利申请往往都是利用现有的机械零部件，组合在一起形成一个新的装置，实现某个新的功能或发挥某种新的作用。也就是说，机械领域的专利申请要求保护的技术方案中采用的技术手段往往在现有技术中有记载，因此准确判断这一类型申请的创造性成为审查中的一个重要问题。这就需要在解读技术手段时，不仅要考虑证据本身，还要充分考虑该技术手段在本申请和证据中的技术方案中所起的作用和效果。下面这个机械领域的案例，就充分体现了机械领域专利申请的这一特点，我们通过这个案例，来看看回案处理"五步法"如何能够帮助审查员在审查的时候充分考虑技术手段和对应的技术效果，避免将技术手段和技术效果割裂。

一、案例要点

对技术手段的解读不能停留在技术手段本身，应考虑其解决的技术问题以及起到的技术效果。审查中需牢固树立证据意识，从意见陈述中客观认定申请人争辩点，全面聚焦，避免遗漏，将证据作为判断争辩点是否成立的依据；在确认申请人争辩成立的情况下，应及时重新理解发明、调整检索思路进行补充检索，补充检索时充分考虑申请人的争辩意见，以利于后续处理中补充使用所需的证据。

二、理解发明

某发明的发明名称为一种车载应急气源装置，下面从发明所属技术领域、背景技术、发明解决的技术问题、发明的技术方案、具体实施方式以及发明效果方面，对该发明进行介绍。

【技术领域】

本发明涉及气动工具的配件领域，特别是涉及一种车载应急气源装置。

【背景技术】

随着全球经济的不断发展，汽车作为交通工具，已经走进了家家户户，拥有量快速提升，汽车给人民的生活和工作带来极大的帮助，汽车成为人民生活和工作的重要组成部分。在汽车的日常行驶使用过程中，最紧要的两件事是燃油和轮胎气压。在燃料足够的情况下，轮胎的气压最关键，轮胎漏气或被刺破的事常有发生，防不胜防。当行驶过程中遇到类似的情况，就只能补胎充气或换胎，如果是女性驾驶者往往没有足够的力气换胎，这就需要气动工具来辅助操作，如气动扳手或气动千斤顶。无论是补胎充气或换胎都需要合适的气源来完成，否则将束手无策。

【技术问题】

本发明所要解决的技术问题是提供一种车载应急气源装置，其结构简单，体积小，采用多接头的充气阀，可以随时随地地给轮胎充气或者给不同的气动工具提供足够的压缩空气，使用方便。

【技术方案】

本发明提供一种车载应急气源装置，包括储气罐和多接头充气阀，所述的储气罐的上端一侧布置有螺纹出气接口，所述的螺纹出气接口与多接头充气阀相连，所述的多接头充气阀包括充气阀本体、压力表和安全阀，所述的充气阀本体呈圆柱体形，其两端对称安装有进出气接头，所述的充气阀本体的一侧并排连接安装有压力表和安全阀，其对侧居中连接安装有气门嘴，所述的充气阀本体的下端居中布置有连接接头，安全阀可以对其两侧的进出气接头的气压进行调节。

【技术效果】

本发明所达到的技术效果为：结构简单，体积小，携带方便。采用多接头的充气阀，其任意一个接头都可以给储气罐进行充气，在使用过程中也可以给不同的气动工具提供足够的压缩空气，以方便在行驶过程中对汽车轮胎进行充气，也可以给气动扳手或气动千斤顶提供气源，使女性或高龄驾驶者能轻松地完成换胎。

【具体实施方式】

本发明的实施方式涉及一种车载应急气源装置，其结构如图 7-1、图 7-2 所示。

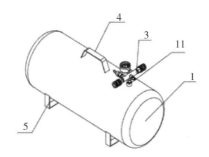

图 7-1　气动工具配件的结构

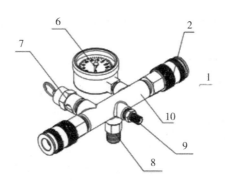

图 7-2　车载应急气源装置的结构

车载应急气源装置包括储气罐 1 和多接头充气阀 3，所述的储气罐 1 的上端一侧布置有螺纹出气接口 11，所述的螺纹出气接口 11 与多接头充气阀 3 相连，所述的多接头充气阀 3 包括充气阀本体 10、压力表 6 和安全阀 7，所述的充气阀本体 10 呈圆柱体形，其两端对称安装有进出气接头 2，所述的充气阀本体 10 的一侧并排连接安装有压力表 6 和安全阀 7，其对侧居中连接安装有气门嘴 9，所述的充气阀本体 10 的下端居中布置有连接接头 8，安全阀 7 可以对其两侧的进出气接头 2 的气压进行调节。所述的进出气接头 2 包括接头中枢 21、接头外套 23 和外螺丝帽 30，所述的外螺丝帽 30 的一端与充气阀本体 10 螺纹连接，其另一端安装有接头阀套 29，所述的接头阀套 29 与接头中枢 21 相连，所述的接头中枢 21 的外侧安装有接头外套 23，所述的接头外套 23 的内侧与接头阀套 29 之间安装有外套弹簧 24，所述的接头中枢 21 的内部安装有接头阀芯 27，所述的接头阀芯 27 与接头阀套 29 之间安装有阀芯弹簧 28，所述的接头中

185

枢 21 的外侧与外螺丝帽 30 之间均匀布置有若干个钢珠 20。所述的储气罐 1 的下端两侧对称安装有两个支脚 5，所述的储气罐 1 的上端居中位置安装有提手把 4。所述的接头中枢 21 的内部一端与接头阀芯 27 之间依次安装有接头铜环 25 和 Y 形圈 26，所述的接头中枢 21 与接头铜环 25 之间、接头阀芯 27 与接头阀套 29、接头阀套 29 与外螺丝帽 30 之间均安装有 O 型密封圈 22。当需要对车载应急气源装置充气时，先把空压机的输气头插入多接头充气阀 3 的相应接头中，打开空压机阀门，就向储气罐 1 中充气，充至设定的安全气压时，安全阀 7 打开，排出超压的气，关闭空压机阀门，取出空压机输气头，充气完成，当压力表 6 指针低于 35psi 时，建议及时补气，以免影响应急使用。对轮胎充气时，把输气管与应急气源的多接头充气阀 3 连接，然后把输气管的输气头压紧汽车轮胎的气门针，就向轮胎充气，充到轮胎规定气压时，收回气管，充气完成。为气动扳手作动力时，把多接头充气阀 3 的进出气接头 2 与气动扳手接头相连，扳手可使用，可以对汽车轮胎的固定螺钉进行拧动。对车用气动千斤顶作动力时，把气动千斤顶放到需要顶起的位置，然后将进出气接头 2 通过气管插入气动千斤顶的进气口中，打开千斤顶气阀开关，千斤顶就往上升，直到所需要的高度，关闭开关，千斤顶自动锁定，取出气管，使用完毕，打开开关，千斤顶复位。

【权利要求保护范围的分析】

本发明的权利要求书有 6 个权利要求，如下所示：

1. 一种车载应急气源装置，包括储气罐（1）和多接头充气阀（3），其特征在于，所述的储气罐（1）的上端一侧布置有螺纹出气接口（11），所述的螺纹出气接口（11）与多接头充气阀（3）相连，所述的多接头充气阀（3）包括充气阀本体（10）、压力表（6）和安全阀（7），所述的充气阀本体（10）呈圆柱体形，其两端对称安装有进出气接头（2），所述的充气阀本体（10）的一侧并排连接安装有压力表（6）和安全阀（7），其对侧居中连接安装有气门嘴（9），所述的充气阀本体（10）的下端居中布置有连接接头（8）。

2. 根据权利要求 1 所述的一种车载应急气源装置，其特征在于：所述的进出气接头（2）包括接头中枢（21）、接头外套（23）和外螺丝帽（30），所述的外螺丝帽（30）的一端与充气阀本体（10）螺纹连接，其另一端安装有接头阀套（29），所述的接头阀套（29）与接头中枢（21）相连，所述的接头中枢（21）的外侧安装有接头外套（23），所述的接头外套（23）的内侧与接头阀套（29）之间安装有外套弹簧（24），所述的接头中枢（21）的内部安装有接头阀芯（27），所述的接头阀芯（27）与接头阀套（29）之间安装有阀芯弹簧

（28），所述的接头中枢（21）的外侧与外螺丝帽（30）之间均匀布置有若干个钢珠（20）。

3. 根据权利要求1所述的一种车载应急气源装置，其特征在于：所述的储气罐（1）的下端两侧对称安装有两个支脚（5），所述的储气罐（1）的上端居中位置安装有提手把（4）。

4. 根据权利要求2所述的一种车载应急气源装置，其特征在于：所述的接头中枢（21）的内部一端与接头阀芯（27）之间依次安装有接头铜环（25）和Y形圈（26）。

5. 根据权利要求2所述的一种车载应急气源装置，其特征在于：所述的接头中枢（21）与接头铜环（25）之间、接头阀芯（27）与接头阀套（29）、接头阀套（29）与外螺丝帽（30）之间均安装有O型密封圈（22）。

6. 根据权利要求1所述的一种车载应急气源装置，其特征在于：所述的气门嘴（9）与汽车轮胎的充气口相同。

具体分析上述权利要求书，可知本发明的权利要求1为独立权利要求，权利要求2~6为从属权利要求，权利要求1~6均为产品权利要求，请求保护一种车载应急气源装置。其中：

权利要求1限定了车载应急气源装置的主要结构；

权利要求2进一步限定了权利要求1中车载应急气源装置进出气接头的具体结构；

权利要求3进一步限定了权利要求1中车载应急气源装置中储气罐的结构；

权利要求4~5分别限定了权利要求2中进出气接头中接头中枢的相关结构；

权利要求6进一步限定了权利要求1中车载应急气源装置的气门嘴结构。

三、创造性评价

在理解发明后，审查员对本申请进行了充分检索，并获得多个现有技术，可作为评述权利要求创造性的对比文件。

【对比文件】

审查员检索获得4篇相关的对比文件，具体情况如下：

对比文件1（US1452789A1）公开了一种车载应急气源装置，其用来方便地充入气体和释放压力气体，包括有储气罐1、储气罐1左端的阀3和压力表2、储气罐1上方的进充气接头5和排气安全阀4。其示意图如图7-3所示。

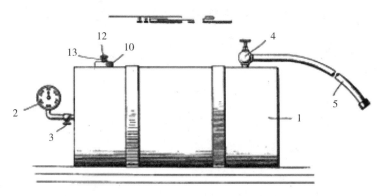

图7-3　一种车载应急气源装置示意图

对比文件2（CN201330906Y）公开了一种可以进出气的快插接头，包括有筒状滑芯77、接头外套9和卡箍软管接头8，该快插接头一端安装有阀芯座22，阀芯座22与接头中枢7相连，筒状滑芯77的外侧安装有接头外套9，接头外套9的内侧与接头阀套2之间安装有外套弹簧10，筒状滑芯77的内部安装有接头阀芯4，接头阀芯4与阀芯座22之间安装有阀芯弹簧6，筒状滑芯77的外侧与卡箍软管接头8之间均匀布置有若干个钢珠13。外套9具有自锁功能，从而提高了整体快速接头的安全性能。其示意图如图7-4所示。

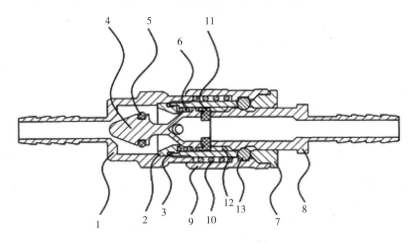

图7-4　一种可以进出气的快速插头示意图

对比文件3（CN202812593U）公开了一种方便控制的两段式快速接头，其中包括有一呈套筒状的本体1，其两端各形成一开口11、12，其中一端开口11接设于一进气构件7对应供给气体的一侧，而该本体1另一端开口12可供外接工具接头，借以使用高压气体驱动工具。其中该进气构件7包括有一固接于该本体 1 的进气本体 71，及一设于该本体 1 及该进气本体 71 内的阀门组 72，而该阀门组 72 包括有一气门环 721、一阀塞 722、一顶推环 723 及一顶推弹簧 724。该气门环 721 固设于该本体 1 与该进气本体 71 之间，该阀塞 722 穿设于该气门环 721 中，阀塞 722 邻近进气本体 71 一端设有一 O 形环 7221，O 形环 7221 可抵于该气门环 721，供启闭该气门环 721，而阀塞 722 另一端抵于该本体 1 内壁而具有数个导孔 7222，并在该气门环 721 与阀塞 722 之间抵设该顶推弹簧 74，且该顶推环 723 可抵于该本体 1 的容置孔 14，供该顶推环 723 受压移动而抵顶该阀塞 722 时，可开启该气门环 721 使空气经该导孔 7222 流通。其示意图如图 7-5 所示。

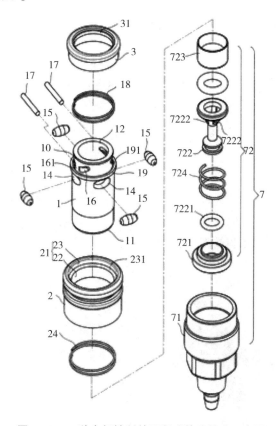

图 7-5 一种方便控制的两段式快速接头示意图

【第一次审查意见通知书】

经过对申请文件的理解，本发明是车载应急气源装置这一技术领域，其面临女性等体弱者在更换轮胎时，在采用气动工具来辅助操作时需要合适的气源的技术问题，本发明为了解决这一问题，所采用的关键技术手段是通过在储气罐上设置多接头充气阀，使得任意一个接头既可以对储气罐充气，也可以为气动工具提供足够的压缩空气，从而解决了为轮胎充气以及为气动工具提供气源的技术问题。

检索后，审查员发出了第一次审查意见通知书，并指出权利要求 1~6 不具备《专利法》第二十二条第三款规定的创造性。通知书中引用了对比文件 1~3，其审查意见摘录如下：

1. 权利要求 1 所要求保护的技术方案不具备《专利法》第二十二条第三款规定的创造性。权利要求 1 请求保护一种车载应急气源装置，对比文件 1（US1452789A1）公开了一种车载应急气源装置，并具体公开了"储气罐，压力表，进充气接头，安全阀"。

权利要求 1 要求保护的技术方案与对比文件 1 的区别技术特征是：采用六通结构的多接头充气阀本体；与六通连接的连接件及其相互的连接关系和结构布置；基于区别技术特征本发明实际要解决的技术问题是保证提高气罐的安全性，增加快插接头，优化气路设计，提高便利性。

采用六通结构与气罐螺纹连接是本领域的常用的技术手段，六通是水路、气路设计常用的结构件，六通的连接一般都是管螺纹设计连接，这是本领域的常规技术，六通的出口方向设计和布局是按照布置需求而定的，只要应用场合一定以后，六通出口即可根据需求设计，不需付出创造性的劳动，而且市场上很多分路结构是可以自由旋转的，比如 FESTO、SMC 等厂家的气路快插连接件。FESTO 早期产品结构如图 7-6 所示。

· Easy to insert
· Easy to release
· Up to 6 outlets
· Rotatable 360°

➡ www.festo.com/catalogue/quick star

图 7-6　FESTO 早期产品

图 7-6 是 FESTO 早期产品，注明了最多可以 6 个，且 360°自由旋转确定方向，因此这对本领域技术人员而言是常规的设计手段，不必付出创造性的劳

动；且在对比文件 1 的基础上结合本领域的常规技术得到权利要求 1 的技术方案，对于本领域技术人员而言是显而易见的，因此权利要求 1 不具备突出的实质性特点和显著的进步，不具备《专利法》第二十二条第三款规定的创造性。

2. 权利要求 2 是从属权利要求，对比文件 2（CN201330906Y）公开了一种可以进出气的快插接头，包括筒状滑芯 77、接头外套 9 和卡箍软管接头 8，该快插接头一端安装有阀芯座 22，阀芯座 22 与接头中枢 7 相连，筒状滑芯 77 的外侧安装有接头外套 9，接头外套 9 的内侧与接头阀套 2 之间安装有外套弹簧 10，筒状滑芯 77 的内部安装有接头阀芯 4，接头阀芯 4 与阀芯座 22 之间安装有阀芯弹簧 6，筒状滑芯 77 的外侧与卡箍软管接头 8 之间均匀布置有若干个钢珠 13，且作用相同，都是为了实现快插进出气，因此在面对如何实现气罐快速地进排气问题时给出了与对比文件 1 结合的启示。对比文件 2 没有公开外螺丝帽，然而这对本领域技术人员而言，接头的形式一般采用螺纹式和台阶式，根据不同的场合作出的选择，比如软管短期使用，很容易采用台阶式，螺纹一般是刚性连接件或者长期的使用选择，因此这对本领域技术人员而言是常规选择。因此在其引用的权利要求 1 不具备创造性的情况下，该从属权利要求 2 也不具备《专利法》第二十二条第三款规定的创造性。

3. 权利要求 3 是从属权利要求。对车载应急气源装置来说，取出和放置是其基本需求，一般而言这些装置有一定的重量，如果没有提手把，就会导致不方便拿取，因此这对设计人员而言是很容易想到的；气罐一般是圆柱形，在汽车启停时容易移动，产生异响，消除异响是车载工具常规的技术问题，而采用支脚也是很容易想到的，对本领域技术人员而言都是常规的技术手段。因此在其引用的权利要求 1 不具备创造性的情况下，该从属权利要求 3 也不具备《专利法》第二十二条第三款规定的创造性。

4. 权利要求 4 是从属权利要求。对比文件 3（CN202813593U）公开了接头中枢的内部一端与接头阀芯之间依次安装有顶推环 723 和密封圈，且作用相同，都是快插接头的结构优化，因此在面对优化快插进排气接头结构时给出了结合启示。对比文件 3 没有公开环的材质和密封圈的 Y 形状，然而这都是本领域的常规选择，塑料、铁和铜都是气路设计常用的材质，Y 形密封圈和 O 形密封圈都是起到密封的作用，密封圈形状是密封结构需要的常规选择，因此在其引用的权利要求 2 不具备创造性的情况下，该从属权利要求 4 也不具备《专利法》第二十二条第三款规定的创造性。

5. 权利要求 5 是从属权利要求，其附加技术特征是"所述的接头中枢（21）与接头铜环（25）之间、接头阀芯（27）与接头阀套（29）、接头阀套

（29）与外螺丝帽（30）之间均安装有O型密封圈（22）"。这些附加技术特征都是本领域的常规选择，在气路零件设计过程中，刚性连接件之间使用密封圈或者其他可以用来密封的零件（如螺纹之间的生胶带）是密封性能的常规的选择，不必付出创造性的劳动，因此在其引用的权利要求2不具备创造性的情况下，该从属权利要求5也不具备《专利法》第二十二条第三款规定的创造性。

6. 权利要求6是从属权利要求，其附加技术特征是本领域的常规选择。首先气嘴件是比较常见的零件，其次价格便宜，本领域技术人员在选择充气嘴时，很容易想到使用气嘴，因此这是本领域的常规选择，不必付出创造性的劳动。因此在其引用的权利要求1不具备创造性的情况下，该从属权利要求6也不具备《专利法》第二十二条第三款规定的创造性。

四、申请人的意见陈述

申请人针对第一次审查意见通知书提交了意见陈述书并陈述了权利要求1具有创造性的理由，没有对申请文件进行修改。

【意见陈述概述】

申请人的陈述意见如下所示：

申请人根据第一次审查意见通知书，仔细研究了审查员提出的审查意见，现将关于创造性的意见陈述如下：

对比文件1为本专利申请的最接近现有技术，本专利申请的权利要求1与对比文件1相比的区别技术特征为：所述的充气阀本体（10）呈圆柱体形，其两端对称安装有进出气接头（2），所述的充气阀本体（10）的一侧并排连接安装有压力表（6）和安全阀（7），其对侧居中连接安装有气门嘴（9）。

该区别技术特征解决的技术问题是"如何合理地布置进出气接头、压力表、安全阀和气门嘴"，本专利的权利要求1中的方案是"将进出气接头布置在充气阀本体的两端"，这样方便两端同时连接气动工具和汽车轮胎，两端连接使两个进出气接头的气压比较稳定。

区别技术特征的作用是使多接头充气阀能够与更多地以高压气体作为动力的工具相连，如修理汽车时使用的千斤顶或者气动扳手，来使得女性驾驶员也可以轻松更换汽车轮胎，因为千斤顶或者气动扳手对高压气体气压的要求很高，所以需要安全阀和压力表的配合使用才能保证安全使用。

本专利的权利要求1的方案还把压力表和安全阀并排布置在充气阀本体的一侧，压力表和安全阀是相靠近的，这样压力表能够准确地反映出安全阀泄压以后的管内压力。气门嘴是安装在充气阀本体的另一侧中间，与充气阀本体下端的连接接头靠近，方便充气的时候能快速充入储气罐中。对比文件 1、对比文件 2、对比文件 3 中的方案均没有能够应用到汽车的紧急维修中，只能作为汽车轮胎的充气气源使用，解决不了本专利申请需要解决的技术问题。

所以，本专利申请的权利要求 1 相对于对比文件 1~3 具有非显而易见性，具有突出的实质性特点和显著的进步，符合《专利法》第二十二条第三款规定的创造性。上述技术问题均没有被对比文件 1~3 的技术方案解决，故权利要求 1 相对于对比文件 1~3 具有非显而易见性，符合《专利法》第二十二条第三款的规定。

五、回案处理"五步法"的应用

根据申请人的意见陈述，我们下面采用"五步法"对申请人的意见陈述进行分析。

【列争点】

对比文件 1 为本专利申请的最接近现有技术，本专利申请的权利要求 1 与对比文件 1 相比的区别技术特征为：所述的充气阀本体（10）呈圆柱体形，其两端对称安装有进出气接头（2），所述的充气阀本体（10）的一侧并排连接安装有压力表（6）和安全阀（7）。

第一个争辩点：本申请进出气接头布置在充气阀本体的两端，方便两端同时连接气动工具和汽车轮胎，两端气压稳定；

第二个争辩点：针对技术手段进行争辩，申请人认为压力表和安全阀并排布置在充气阀本体的一侧，压力表和安全阀是相靠近的，这样压力表能够准确地反映出安全阀泄压以后的管内压力；

第三个争辩点：本申请中的气源装置采用铝合金制成，其使得气源装置结实轻便，方便移动。

申请人认为上述技术手段和技术效果均没有被对比文件 1~3 的技术方案公开，同时上述技术特征能够实现技术优势，非本领域的公知常识。

【核证据】

在仔细审阅申请人的意见陈述的基础上，对申请人和审查员分别进行了证据核实。

1. 申请人证据核实

对于第一个争辩点：应当核实这一点在权利要求中是否有记载。就本案来说，权利要求请求保护一种不锈钢-玻璃钢复合管，并且在权利要求中明确记载了"充气阀本体两端对称安装有进出气接头"。

对于第二个争辩点：申请人争辩的内容"压力表和安全阀并排布置在充气阀本体的一侧，压力表和安全阀是相靠近的"在权利要求1中有文字记载。

对于第三个争辩点："气源装置采用铝合金制成"在原申请文件的权利要求书和说明书中都没有记载，申请人争辩的理由没有证据支持。

2. 审查员证据核实

对于第一个和第二个争辩点：审查员在第一次审查意见通知书中，认为采用六通结构与气罐螺纹连接是本领域的常用的技术手段，六通是水路、气路设计常用的结构件，六通的连接一般都是管螺纹设计连接，六通的出口方向设计和布局是按照布置需求而定的，只要应用场合确定以后，六通出口即可根据需求设计。另外，审查员在第一次审查意见通知书中使用了 FESTO 早期的一种六通气路快插连接件作为公知常识举证，其链接地址具体为 www.festo.com/catalogue/quic.star。

对于第三个争辩点："气源装置采用铝合金制成"在原权利要求书和说明书中均没有体现，因此审查员在随后的"辨是非"中不再对该争辩点进行证据衡量，也无须考虑该争辩理由是否成立。

【辨是非】

针对第一个争辩点：本申请由于具备两个进出气接口，因此显然可以同时连接多个气动工具，从而方便同时使用不同的气动工具，由此可知，申请人争辩的技术手段能够支撑该争辩理由。记载在权利要求中的技术特征"充气阀本体两端对称安装有进出气接头"，经核实，确实能够获得"同时驱动多个气动工具"的技术效果。然而，审查员在第一次审查意见通知书中使用的对比文件均未披露该技术特征，同时亦未给出其为公知常识的证据。因此，辨是非后认为申请人的第一个争辩点争辩理由成立。

针对第二个争辩点：在本申请中，虽然权利要求中记载了技术手段"充气阀本体一侧并排连接安装有压力表（6）和安全阀（7）"，但是上述技术手段与申请人争辩的理由"测压准确，压力表值准确显示安全阀所承受的气压"不相关。因为根据本领域的科学原理，同一封闭空间内的气压应该一致，即无论采用何种安装方式，只要是连接于同一个密闭空间，则压力表值就应该准确显示安全阀所承受的气压。基于上述分析，可知"测压准确，压力表值准确显示安全阀所承受的气压"的技术效果并非由权利要求中的"充气阀本体一侧并排连接安装有压力表（6）和安全阀（7）"技术手段获得，申请人所陈述的效果"测压准确，压力表值准确显示安全阀所承受的气压"没有证据支持。同时，审查员在第一次审查意见通知书中，不仅使用对比文件1作为证据公开了"压力表、安全阀"等特征，还举例示出了"FESTO早期产品"以辅助证明"六通阀门"是常见的气路快插连接件。因此，辨是非后认为申请人的第二个争辩点争辩理由不成立。

【查问题】

在经过列争点、核证据、辨是非后，可以发现审查员在第一次审查意见通知书中认为本申请对现有技术的贡献在于"气源装置具备六通阀门"，进而将其认定为本领域的常规技术手段。也就是说，审查员将本发明理解为一种具备六通阀门的气源装置。通过申请人的争辩理由和本申请文件中背景技术的内容可知，申请人认为本申请对现有技术的贡献在于以下几点：第一，"两端分别设置进出气口"以方便连接多个气动工具；第二，"并排连接压力表和安全阀"以使得测压准确；第三，气源装置采用铝合金制成，轻便结实，便于移动。综合分析上述内容，可知本申请对现有技术的贡献在于"可以同时驱动多个气动工具的气源装置"，审查员在发出第一次审查意见通知书时，对于本发明的理解产生了偏差。

由于审查员对发明的理解有误，可初步判断首次检索的检索思路存在偏差，第一次审查意见通知书中认定区别技术特征不准确，因此对于本申请实际要解决的技术问题的判断也会出现一些偏差。也就是说，查问题的结果表明，审查员在首次检索、区别技术特征的认定、本申请实际要解决的技术问题这3个方面存在一定的问题。

【再处理】

由于对发明的理解有误，需要根据申请人的意见陈述来重新理解发明，重新确定本申请的发明构思；在原对比文件不可继续使用的情况下，应进行补充检索，同时着重考虑申请人的第一个争辩点，以"具备多个进出气接头，驱动多个气动装置"为检索切入点。根据新的检索结果重新确定本案的授权前景以及对应的审查思路。

经过补充检索，审查员检索到了对比文件4（CN202528957U）。对比文件4公开了一种汽车保养、救援、多功能工具，其放置在车上，可以用作给汽车轮胎补气。气源装置包括不锈钢罐1，四通12和三通9等构成了一个多通结构，储气罐1的上端一侧布置有螺纹出气接口，所述的螺纹出气接口与多接头充气阀相连，多接头充气阀包括四通12和三通9等，压力真空表5和安全阀4，充气阀本体安装有气动快速接口6、8和10，充气阀本体的下端居中布置有连接接头3。其示意图如图7-7所示。也就是说，对比文件4公开了一种多功能的汽车工具，其采用多个进出气接头，用以驱动多个气动工具，解决了如何给不同的气动工具提供压缩空气气源的技术问题。

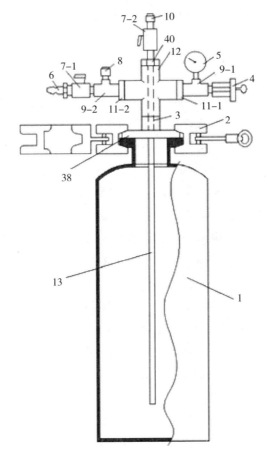

图 7-7　一种汽车保养、救援、多功能工具示意

在检索到对比文件 4 的基础上，审查员发出了第二次审查意见通知书，以对比文件 4 作为最接近的现有技术评述全部权利要求不具备创造性。在第二次审查意见通知书中，审查员还针对申请人意见陈述，明确其争辩点，并针对每个争辩点给出了针对性的答复。

六、案例小结

这个案例充分体现了传统机械领域专利申请的特点，在第一次审查意见通知书中审查员确定的区别技术手段是现有技术中常见的手段，但是由于审查员仅仅关注了技术手段本身，没有考虑该技术手段在申请文件和作为证据的对比文件 1 中的作用，导致审查员对发明的理解发生了偏差，通知书和审查意见出现了反复。从这个案例也可以看出，通过回案处理"五步法"，有助于我们准确理解本发明和对比文件，并全面考虑技术手段和技术效果，有助于审查员及时重新理解发明、充分考虑申请人争辩意见，调整检索思路进行补充检索以保证审查意见的准确性，并进一步提高审查效率。

第二节　电学领域案例解析

电学领域是发展非常迅速的技术领域，超大规模集成电路技术和计算机处理技术的快速发展，使电学领域相关发明专利申请在技术改进和技术效果方面提出了层出不穷的方案。在电学领域的案件审查中对于技术方案形成之时技术改进的高度、技术效果的优劣的正确把握尤为重要。回案处理"五步法"的使用对于电学领域的审查员如何准确认定发明构思、正确理解现有技术的改进动机、得出客观的审查结论尤为重要。下文将通过两个涉及电学领域基础技术的案例，阐述电学领域专利审查中如何利用回案处理"五步法"准确把握发明的技术事实，正确认定现有技术的技术启示，进而客观得出审查结论。

【案例一】 一种封装结构及半导体工艺

一、案例要点

针对审查员和申请人的争辩焦点，应当在正确理解发明的基础上，注意核实双方证据，对证据中的事实予以客观准确认定。对于是否具备对最接近的现有技术进行改进的动机的判断，应当从涉案申请相对于最接近的现有技术实际所要解决的技术问题出发，基于对比文件所公开的客观技术事实，结合涉案申请的申请日当时所属技术领域的技术现状，判断涉案所面临的技术问题是否是所属技术领域的技术人员所经常面临的技术问题，进而判断本领域的技术人员是否有对最接近的现有技术进行改进的动机，而不应当仅仅基于最接近的现有技术的公开内容确定其本身是否存在改进动机。对于权利要求中要求保护的数据参数，应当基于所属技术领域的技术人员的水平，综合考虑对最接近现有技术改进可能性、改进方向以及本领域技术人员的分析、推理和有限次实验的能力，并且分析相关参数所达到的技术效果是否是本领域的技术人员预期内的技术效果，进而作出审查结论。

二、理解发明

某发明的发明名称为一种半导体封装结构和封装工艺，下面从发明所属技术领域、背景技术、发明解决的技术问题、发明的技术方案、具体实施方式以及发明效果方面，对该发明进行介绍。

【技术领域】

本发明涉及半导体芯片制备过程，特别是涉及一种半导体器件的封装结构及半导体工艺。

【背景技术】

目前，在半导体的封装结构中有两种工艺。

一种工艺为利用数个电性连接元件以电性连接二基板，再在二基板之间注入封胶。此种方法的缺点为：（1）需要利用高结构强度的电性连接元件（例如铜）支撑于二基板间，将造成材料成本增加；（2）当下基板的晶粒与上基板的距离太小时，封胶难以流入或分布不均，造成空气或空隙于下基板的晶粒与上基板的空间，可能产生产品瑕疵，或封胶的机械强度大幅降低，降低封胶本身的可靠度以及封胶对晶粒或上基板的黏合强度。注入封胶的过程如图 7-8 所示。

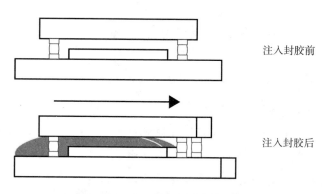

注入封胶前

注入封胶后

图 7-8　注入封胶示意

另一种工艺为：如图 7-9 所示，在下基板上形成胶材，再压合上基板形成封装结构。但利用 B 阶段（B-stage）胶材为包覆材料时，压合上基板于该包覆材料时，由于 B 阶段胶材尚未完全固化，因此下基板的晶粒与上基板的距离难以控制，若距离太大，则电性连接元件无法接触电性接点则会造成电性上的短路；若该距离太小时，在压合上基板的过程中，可能损害该晶粒，造成产品良率下降。

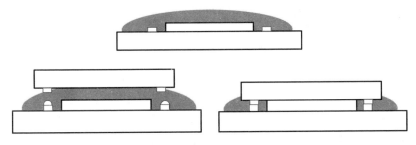

图 7-9 压合封胶示意

【技术问题】

在阅读本案说明书的背景技术后，可以总结得出：为了克服背景技术中存在的缺陷，本申请要解决的技术问题为如何控制上基板与下基板之间的距离以保障封胶均匀注入或者在良好电接触的同时不会由于压合上基板和下基板时造成晶粒的损害。

【技术方案】

本申请的封装结构的方案示意图如图 7-10 所示。

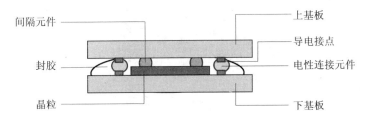

图 7-10 封装结构示意

通过在晶粒上设置至少一个间隔元件，使其可以支持第二基板（上基板）并使基板之间保持一定距离，进而节省材料、保证封胶顺利流入间隔空间；在压合第二基板（上基板）于包覆材料时避免损害晶粒，从而提高产品良率。封装结构的技术方案包括：第一基板（下基板）具有一第一表面及数个第一导电接点，其中第一导电接点露出于第一基板的第一表面。第二基板（上基板）具有一第二表面及数个第二导电接点，其中第二导电接点露出于第二基板的第二表面，第二表面是面对第一基板的第一表面。该晶粒位于第一基板及该第二基板之间，晶粒和第二基板（上基板）之间具有一间隔空间。电性连接元件位于第一基板及第二基板之间，且与第一导电接点及第二导电接点物理连结及电性连接。至少一间隔元件设置于该间隔空间，为该间隔空间内的一部分第一部分，且接触该晶粒及该第二基板。封胶包覆该第一基板的部分第一表面及该第二基板的部分第二表面，其中该封胶部分的一部分为该间隔空间内的一第二部分。

本案例还具有利用现有技术的工艺制造上述半导体封装结构的两个工艺，包括：至少一间隔元件设置于该间隔空间且接触该晶粒及该第二基板，为该间隔空间内的一部分第一部分，该封胶部分的一部分为该间隔空间内的一第二部分。

【技术效果】

该至少一间隔元件可控制晶粒与第二基板之间的距离以及间隔空间，其可以获得如下技术效果：第一，支撑上基板，节省电性连接元件的材料成本；第二，使得封胶可顺利流入间隔空间，不会产生空气或间隙，提高产品良率；第三，避免压合第二基板的过程中损害晶粒，以提高产品良率。

【具体实施方式】

说明书中具体描述了本案例半导体封装结构以及形成其半导体封装结构的两个工艺。封装结构的剖视示意图如图 7-11 所示。

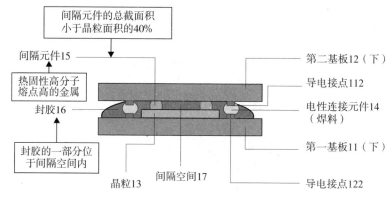

图 7-11　封装结构的剖视示意

封装结构 10 包括：一第一基板 11、一第二基板 12、一晶粒 13、数个电性连接元件 14、至少一间隔元件 15 及封胶 16。该第一基板 11 具有数个露出于该第一基板 11 的第一导电接点 112。第二基板 12 具有数个露出于该第二基板 12 的第二导电接点 122。第一导电接点 112 和第二导电接点 122 可为导电垫或导电线路。该晶粒 13 位于第一基板 11 及第二基板 12 之间，晶粒 13 和第二基板 12 之间具有一间隔空间 17。晶粒 13 与第一基板 11 电性连接。电性连接元件 14 可为焊料，位于该第一基板 11 及该第二基板 12 之间。至少一间隔元件 15 设置于该间隔空间 17 且接触晶粒 13 及第二基板 12。至少一间隔元件 15 可黏固于该晶粒 13 上或该第二基板 12 上。

间隔元件 15 为热固性高分子或熔点高于电性连接元件的金属，使该第一基板 11 与该第二基板 12 间具有一设定距离，而不需利用该等电性连接元件 14 支撑该第二基板 12，电性连接元件 14 不须使用高强度的材料，以节省材料成本。封胶 16 包覆该第一基板 11 的部分表面及第二基板 12 的部分表面，其中该封胶 16 部分的一部分为该间隔空间 17 内的一第二部分。因至少一间隔元件 15 设置于该晶粒 13 与该第二基板 12 之间，可控制该晶粒 13 与该第二基板 12 间的距离，以避免该晶粒 13 与该第二基板 12 间的距离太小，使得封胶 16 可顺利流入该间隔空间 17，故不会产生空气或空隙于该间隔空间 17，可提高产品良率。

间隔空间的高度为 10 微米至 50 微米，本发明于间隔空间 17 内同时包含间隔元件 15 及封胶 16，封胶 16 可黏合晶粒 13 及第二基板 12 的表面，因此可强化封装结构的强度，提高工艺上的良率，例如在切割成单一封装结构的工艺上，封胶 16 可吸收切割时产生的应力，因此可减少第一基板 11 与第二基板 12 之间剥离的风险。

间隔元件 15 的数量可以是 1 个或 4 个。设置 4 个间隔元件可分散工艺中对晶粒的压力，间隔元件 15 位于该晶粒 13 上表面的 4 个角落，且 4 个间隔元件 15 被封胶 16 所环绕。4 个间隔元件 15 的总截面积小于该晶粒 13 表面面积的 40%，以使得该封胶 16 可流入该间隔空间 17。设置一个间隔元件 15 时，可让封胶更容易通过间隔空间 17。设置 4 个或者 1 个的具体实施例的示意图如图 7-12 和图 7-13 所示。

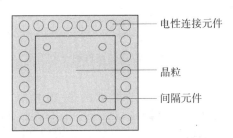

图 7-12　设置 4 个间隔元件示意

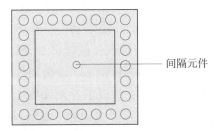

图 7-13　设置 1 个间隔元件示意

形成其半导体封装结构的一个工艺如图 7-14 所示。提供该第一基板 11，该第一基板 11 具有数个第一导电接点 112。设置该晶粒 13 于该第一基板 11 上。提供该第二基板 12，该第二基板 12 具有数个第二导电接点 122。至少一间隔元件 15 黏固设置于该晶粒 13 上；电性连接材料 141 设置于该第一基板 11 的第一导电接点 112 上。设置该第二基板 12 于该至少一间隔元件 15 及该电性连接材料 141 上，在晶粒与第二基板之间形成该间隔空间 17，该至少一间隔元件 15 为该间隔空间 17 内的部分第一部分。由于回焊过程中焊料会软化，此时该间隔元件 15 维持间隔空间 17 的高度，使得之后封胶 16 可顺利流入该间隔空间 17，故不会产生空气或空隙于该间隔空间 17，可提高产品良率。

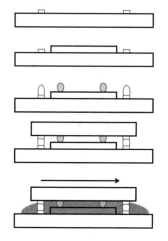

图 7-14 半导体封装结构的一个工艺

形成其半导体封装结构的另一个工艺如图 7-15 所示。提供具有数个第一导电接点 212 的一第一基板 21。设置一晶粒 22 于该第一基板 21 上。设置至少一间隔元件 23 于该晶粒 22 上。通过压合或印刷施加一包覆材料 25 于该第一基板 21 上以包覆该晶粒 22 及该第一电性连接材料 241，包覆材料 25 为 B 阶段（B-stage）胶材。压合一具有数个第二导电接点 262 及数个第二电性连接材料 242 的第二基板 26 于该包覆材料 25 上，使该第二基板 26 和晶粒 22 之间形成一间隔空间 27。进行一加热步骤，使得该包覆材料 25 固化成 C 阶段，且该第一电性连接材料 241 与该第二电性连接材料 242 经由回焊过程形成电性连接元件 24。形成数个下焊球 28 于该等第一基板下导电接点 214 上。接着，进行回焊，再进行切割，以形成数个半导体封装结构 20。因至少一间隔元件 23 设置于该晶粒 22 上，使得压合该第二基板 26 于该包覆材料 25 时，可以控制该第二基板 26 与该晶粒 22 间的距离，避免损害该晶粒 22，以提高产品良率。

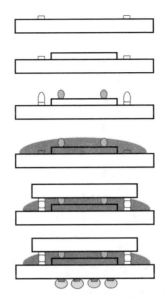

图 7-15 半导体封装结构的另一个工艺

【权利要求保护范围的分析】

本发明的权利要求书有 14 项权利要求，如下所示：

1. 一种封装结构，其特征在于，包括：一第一基板，具有一第一表面及数个第一导电接点，其中所述第一导电接点露出于该第一基板的该第一表面；一第二基板，具有一第二表面及数个第二导电接点，其中所述第二导电接点露出于该第二基板的该第二表面，该第二表面是面对该第一基板的该第一表面；一晶粒，位于该第一基板及该第二基板之间，其中该晶粒具有一第三表面，该第三表面是面对该第二基板的该第二表面，该第二表面及该第三表面之间具有一间隔空间；数个电性连接元件，位于该第一基板及该第二基板之间，且与所述第一导电接点及所述第二导电接点物理连结及电性连接；至少一间隔元件，设置于该间隔空间，为该间隔空间内的一第一部分，且接触该晶粒及该第二基板；及封胶，包覆该第一基板的部分第一表面及该第二基板的部分第二表面，其中该封胶部分的一部分为该间隔空间内的一第二部分。

2. 如权利要求 1 的封装结构，其特征在于，该至少一间隔元件黏固于该晶粒上或该第二基板上两者之一，且接触该两者之另一。

3. 如权利要求 1 的封装结构，其特征在于，该至少一间隔元件为热固性高分子或熔点高于所述电性连接元件的金属。

4. 如权利要求 1 的封装结构，其特征在于，该至少一间隔元件的总截面积小于该晶粒的该第三表面的面积的 40%。

5. 如权利要求 1 的封装结构，其特征在于，该至少一间隔元件位于该第三表面之中心位置或该第三表面的 4 个角落。

6. 如权利要求 1 的封装结构，其特征在于，所述电性连接元件为焊料。

7. 一种半导体工艺，其特征在于，包括以下步骤：（a）提供一第一基板，该第一基板具有一第一表面及数个第一导电接点，其中所述第一导电接点露出于该第一基板的该第一表面；（b）设置一晶粒于该第一基板的该第一表面，其中该晶粒具有一第三表面；（c）提供一第二基板，该第二基板具有一第二表面及数个第二导电接点，其中所述第二导电接点露出于该第二基板的该第二表面，该第二表面是面对该第一基板的该第一表面及该晶粒的第三表面；（d）设置至少一间隔元件于该晶粒及该第二基板之间，且设置数个电性连接元件于该第一基板及该第二基板之间，且所述电性连接元件与所述第一导电接点及所述第二导电接点物理连结及电性连接，其中该第二表面及该第三表面之间形成一间隔空间，该至少一间隔元件为该间隔空间内的一部分第一部分，且该至少一间隔元件接触该晶粒及该第二基板；及（e）注入封胶于该第一基板及该第二基板之间，该封胶包覆该第一基板的部分第一表面及该第二基板的部分第二表面，其中该封胶部分的一部分为该间隔空间内的一第二部分。

8. 如权利要求 7 的半导体工艺，其特征在于，步骤（d）中，该至少一间隔元件黏固设置于该晶粒的第三表面上，且接触该第二基板；设置数个电性连接材料于该第一基板的所述第一导电接点上，所述电性连接材料与所述第一导电接点接合后再与所述第二导电接点接合，利用回焊炉加热或热压合方式回焊以形成所述电性连接元件，所述电性连接材料为焊料。

9. 如权利要求 7 的半导体工艺，其特征在于，步骤（d）中，该至少一间隔元件黏固设置该第二基板的该第二表面，且接触该晶粒；设置数个电性连接材料于该第二基板的所述第二导电接点上，所述电性连接材料与所述第二导电接点接合后再与所述第一导电接点接合，利用回焊炉加热或热压合方式回焊以形成所述电性连接元件，所述电性连接材料为焊料。

10. 一种半导体工艺，其特征在于，包括以下步骤：（a）提供一第一基板，该第一基板具有一第一表面及数个第一导电接点，其中所述第一导电接点露出于该第一基板的该第一表面；（b）设置一晶粒于该第一基板的该第一表面，其中该晶粒具有一第三表面；（c）设置至少一间隔元件于该晶粒上，且形成数个电性连接材料于该第一基板上；（d）施加一包覆材料于该第一基板的该第一表面以包覆该晶粒及所述电性连接材料，其中该包覆材料为 B 阶段胶材；（e）形成数个开口于该包覆材料以显露所述电性连接材料；（f）压合一第二基板于该包覆材料上，该第二基板具有一第二表面及数个第二导电接点，其中所述第二导电接点露出于该第二基板的该第二表面，该第二基板的该第二表面黏附于该包覆材料上，其中该第二表面及该第三表面之间形成一间隔空间，该第二基板的该第二表面接触该至少一间隔元件，该至少一间隔元件为该间隔空间内的一第一部分，且该包覆材料的一部分为该间隔空间内的一第二部分；及（g）进行一加热步骤，使得该包覆材料固化成 C 阶段，且所述电性连接材料形成数个电性连接元件，所述电性连接元件与所述第一导电接点及所述第二导电接点物理连结及电性连接。

11. 如权利要求 10 的半导体工艺，其特征在于，步骤（a）中，该第一基板更具有以下表面及数个第一基板下导电接点，所述第一基板下导电接点显露于该第一基板下表面；步骤（g）之后更包括：（h）形成数个下焊球于所述第一基板下导电接点上；（i）进行回焊；及（j）进行切割，以形成数个半导体封装结构。

12. 如权利要求 10 的半导体工艺，其特征在于，步骤（c）中，该至少一间隔元件黏固设置于该晶粒的该第三表面上。

13. 如权利要求 10 的半导体工艺，其特征在于，步骤（c）中，该至少一间隔元件是分布于该晶粒的 4 个角落。

14. 如权利要求 10 的半导体工艺，其特征在于，步骤（d）是压合或印刷该包覆材料于该第一基板的该第一表面。

具体分析上述权利要求书，可知本申请共有 14 项权利要求，其中包括 3 项独立权利要求，即产品独立权利要求 1 和方法独立权利要求 7、10。权利要求 2~6、8~9 分别为从属权利要求。

权利要求 1 保护具有"至少一间隔元件设置于该间隔空间且接触该晶粒及该第二基板，为该间隔空间内的一第一部分，该封胶部分的一部分为该间隔空间内的一第二部分"的封装结构；权利要求 7 的半导体工艺是利用注胶的方式来形成封装结构，权利要求 10 的半导体工艺是用压合的方式来形成封装结构。

从属权利要求分别对间隔材料的连接关系、材料、面积、位置或电性连接元件的材料、工艺过程进行了限制。其中权利要求 4 的附加技术特征为"该至少一间隔元件的总截面积小于该晶粒的该第三表面的面积的 40%"。

三、创造性评价

【对比文件】

审查员检索获得 1 篇相关的对比文件，具体情况如下：

对比文件1（US2011084405A1）：在现有器件堆叠处理过程中，热膨胀系数不匹配造成基板的弯曲，导致出现焊接的断路或短路的问题，其弯曲故障示意图如图7-16所示。

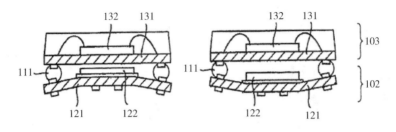

图7-16　弯曲故障示意

针对现有技术中存在的缺陷，对比文件1提供了一种半导体元件的封装结构，其包括线路板10和20，导电接点20b暴露于线路板20的上表面，导电接点10a暴露于线路板10的下表面，线路板10的下表面与线路板20的上表面面对；半导体结构22位于线路板10和线路板20之间，半导体结构22的上表面与线路板10的下表面面对且具有一定的间隔，多个焊球11位于线路板10和线路板20之间，并与导电接点10a和导电接点20a连接，热固性树脂25设置在半导体结构22与线路板10之间的间隔内并同时接触半导体结构22和线路板10，线路板10和线路板20之间可以采用填充密封胶的形成进行连接。热固性树脂25黏附在半导体结构22的5个点，并且每个热固性树脂25的面积为2.16×2.16，而半导体结构的面积为7×7。经换算，热固性树脂的总截面积占半导体结构表面的47.6%。对比文件所公开的内容如图7-17所示。

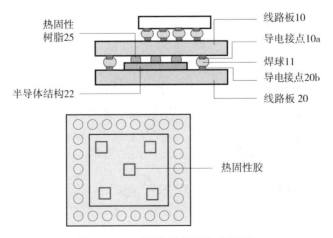

图7-17　对比文件公开内容示意

【第一次审查意见通知书】

经过对申请文件的理解，本发明属于半导体器件及其封装技术领域，面临如何控制上基板与下基板之间的距离以保障封胶均匀注入或者在良好电接触的同时不会由于压合上基板和下基板时造成晶粒的损害技术问题。本发明为了解决上述技术问题，采用的关键技术手段是在晶粒及上基板间的间隔空间设置至少一间隔元件；使一部分封胶填充在间隔空间内，从而达到"节省电性连接元件的材料成本，使封胶可顺利流入间隔空间而不产生空隙，或者在压合上基板的过程中不损害晶粒，进而提高产品的良率"的技术效果。

检索后，审查员发出了第一次审查意见通知书，并指出权利要求 1~10 不具备《专利法》第二十二条第三款规定的创造性。通知书中引用了对比文件 1，其审查意见概要如下：

权利要求 1 请求保护的技术方案与对比文件 1 公开的方案相比，其区别在于：封胶的一部分作为间隔空间的第二部分。基于上述区别，权利要求 1 的技术方案实际解决的技术问题是如何提高封装的密封效果。然而，对比文件 1 已经公开了在两个线路板之间填充密封胶以进行连接，为了提高器件的整体密封效果，并且保持两个线路板之间的相对水平，在具有热固性树脂 25 的间隔空间内也填充密封胶，这是本领域的常用技术手段。在对比文件 1 的基础上结合本领域公知常识得到权利要求 1 的方案对本领域技术人员而言是显而易见的，权利要求 1 的方案不具有突出的实质性特点和显著的进步，因而不具备创造性。

权利要求 7 请求保护的技术方案与对比文件 1 公开的方案相比，其区别在于：封胶的一部分作为间隔空间的第二部分。基于上述区别，权利要求 7 的技术方案实际解决的技术问题是如何提高封装的密封效果。然而，对比文件 1 已经公开了在两个线路板之间填充密封胶以进行连接，为了提高器件的整体密封效果，并且保持两个线路板之间的相对水平，在具有热固性树脂 25 的间隔空间内也填充密封胶，这是本领域的常用技术手段，因而不具备创造性。

权利要求 10 的技术方案与对比文件 1 公开的方案相比，其区别在于：在第一基板上施加一包覆材料以包覆该晶粒及所述电性连接材料，其中该包覆材料为 B 阶段胶材；形成数个开口于该包覆材料以显露所述电性连接材料；压合工艺后，进行加热步骤，使得包覆材料固化成 C 阶段。基于上述区别，权利要求 10 的技术方案实际要解决的技术问题是如何提高封装的密封效果。然而，采用 B 阶段胶材进行器件封装是本领域的常用技术手段，为了使两个基板进行电连接，再形成 B 阶段胶材后要进行处理以暴露第一基板的电性连接材料，并且在压合后进行胶的固化，这是本领域技术人员实现两基板之间密封的常用技术手段，因而不具备创造性。

权利要求 2、5~6 的附加技术特征已被对比文件 1 所公开，权利要求 3 的附加技术特征是本领域技术人员的常规选择，因而均不具备创造性。对于权利要求 4 的方案，对比文件 1 公开了热固性树脂 25 黏附在半导体结构 22 的 5 个点，并且每个热固性树脂 25 的面积为 2.16×2.16，而半导体结构的面积为 7×7，因此，热固性树脂 25 的总面积占半导体结构 22 面积的 47.6%。而根据器件的实际尺寸，保持间隔元件总面积小于 40% 也是本领域技术人员的常规选择，属于公知常识。因此，当其引用的权利要求 1 不具备创造性时，权利要求 4 也不具备创造性。权利要求 8、9、10、14 的附加技术特征属于本领域的常用技术手段，权利要求 11、12 的附加技术特征在对比文件 1 中公开，因而也均不具备创造性。

四、申请人的意见陈述

申请人针对第一次审查意见通知书提交了意见陈述书和修改后的权利要求书，并在意见陈述书中陈述了权利要求具有创造性的理由。

【申请文件的修改】

申请人在答复第一次审查意见通知书时，在原权利要求 1、7 和 10 中均增加了原权利要求 4 的附加技术特征"至少一间隔元件的总截面积小于该晶粒的该第三表面的面积的 40%"，删除原权利要求 4，并对修改后的权利要求序号进行了适应性调整。

修改后的权利要求书如下：

1. 一种封装结构，其特征在于，包括：一第一基板，具有一第一表面及数个第一导电接点，其中所述第一导电接点露出于该第一基板的该第一表面；一第二基板，具有一第二表面及数个第二导电接点，其中所述第二导电接点露出于该第二基板的该第二表面，该第二表面是面对该第一基板的该第一表面；一晶粒，位于该第一基板及该第二基板之间，其中该晶粒具有一第三表面，该第三表面是面对该第二基板的该第二表面，该第二表面及该第三表面之间具有一间隔空间；数个电性连接元件，位于该第一基板及该第二基板之间，且与所述第一导电接点及所述第二导电接点物理连结及电性连接；至少一间隔元件，设置于该间隔空间，为该间隔空间内的一第一部分，且接触该晶粒及该第二基板，该至少一间隔元件的总截面积小于该晶粒的该第三表面的面积的 40%；及封胶，包覆该第一基板的部分第一表面及该第二基板的部分第二表面，其中该

208

封胶的一部分为该间隔空间内的一第二部分。

2. 如权利要求1的封装结构，其特征在于，该至少一间隔元件黏固于该晶粒上或该第二基板上两者之一，且接触该两者之另一。

3. 如权利要求1的封装结构，其特征在于，该至少一间隔元件为热固性高分子或熔点高于所述电性连接元件的金属。

4. 如权利要求1的封装结构，其特征在于，该至少一间隔元件位于该第三表面之中心位置或该第三表面的4个角落。

5. 如权利要求1的封装结构，其特征在于，所述电性连接元件为焊料。

6. 一种半导体工艺，其特征在于，包括以下步骤：（a）提供一第一基板，该第一基板具有一第一表面及数个第一导电接点，其中所述第一导电接点露出于该第一基板的该第一表面；（b）设置一晶粒于该第一基板的该第一表面，其中该晶粒具有一第三表面；（c）提供一第二基板，该第二基板具有一第二表面及数个第二导电接点，其中所述第二导电接点露出于该第二基板的该第二表面，该第二表面是面对该第一基板的该第一表面及该晶粒的第三表面；（d）设置至少一间隔元件于该晶粒及该第二基板之间，且设置数个电性连接元件于该第一基板及该第二基板之间，且所述电性连接元件与所述第一导电接点及所述第二导电接点物理连结及电性连接，其中该第二表面及该第三表面之间形成一间隔空间，该至少一间隔元件为该间隔空间内的一第一部分，且该至少一间隔元件接触该晶粒及该第二基板，该至少一间隔元件的总截面积小于该晶粒的该第三表面的面积的40%；及（e）注入封胶于该第一基板及该第二基板之间，该封胶包覆该第一基板的部分第一表面及该第二基板的部分第二表面，其中该封胶的一部分为该间隔空间内的一第二部分。

7. 如权利要求6的半导体工艺，其特征在于，步骤（d）中，该至少一间隔元件黏固设置于该晶粒的第三表面上，且接触该第二基板；设置数个电性连接材料于该第一基板的所述第一导电接点上，所述电性连接材料与所述第一导电接点接合后再与所述第二导电接点接合，利用回焊炉加热或热压合方式回焊以形成所述电性连接元件，所述电性连接材料为焊料。

8. 如权利要求6的半导体工艺，其特征在于，步骤（d）中，该至少一间隔元件黏固设置该第二基板的该第二表面，且接触该晶粒；设置数个电性连接材料于该第二基板的所述第二导电接点上，所述电性连接材料与所述第二导电接点接合后再与所述第一导电接点接合，利用回焊炉加热或热压合方式回焊以形成所述电性连接元件，所述电性连接材料为焊料。

9. 一种半导体工艺，其特征在于，包括以下步骤：

（a）提供一第一基板，该第一基板具有一第一表面及数个第一导电接点，其中所述第一导电接点露出于该第一基板的该第一表面；（b）设置一晶粒于该第一基板的该第一表面，其中该晶粒具有一第三表面；（c）设置至少一间隔元件于该晶粒上，且形成数个电性连接材料于该第一基板上，该至少一间隔元件的总截面积小于该晶粒的该第三表面的面积的40%；（d）施加一包覆材料于该第一基板的该第一表面以包覆该晶粒及所述电性连接材料，其中该包覆材料为B阶段胶材；（e）形成数个开口于该包覆材料以显露所述电性连接材料；（f）压合一第二基板于该包覆材料上，该第二基板具有一第二表面及数个第二导电接点，其中所述第二导电接点露出于该第二基板的该第二表面，该第二基板的该第二表面黏附于该包覆材料上，其中该第二表面及该第三表面之间形成一间隔空间，该第二基板的该第二表面接触该至少一间隔元件，该至少一间隔元件为该间隔空间内的一第一部分，且该包覆材料的一部分为该间隔空间内的一第二部分；及（g）进行一加热步骤，使得该包覆材料固化成C阶段，且所述电性连接材料形成数个电性连接元件，所述电性连接元件与所述第一导电接点及所述第二导电接点物理连结及电性连接。

10. 如权利要求9的半导体工艺，其特征在于，步骤（a）中，该第一基板更具有一下表面及数个第一基板下导电接点，所述第一基板下导电接点显露于该第一基板下表面；步骤（g）之后更包括：（h）形成数个下焊球于所述第一基板下导电接点上；（i）进行回焊；及（j）进行切割，以形成数个半导体封装结构。

11. 如权利要求9的半导体工艺，其特征在于，步骤（c）中，该至少一间隔元件黏固设置于该晶粒的该第三表面上。

12. 如权利要求9的半导体工艺，其特征在于，步骤（c）中，该至少一间隔元件是分布于该晶粒的4个角落。

13. 如权利要求9的半导体工艺，其特征在于，步骤（d）是压合或印刷该包覆材料于该第一基板的该第一表面。

【意见陈述概述】

申请人的意见陈述如下所示：

申请人认为修改后的独立权利要求1、6、9基于以下3个理由具备创造性：第一，对比文件1并未揭示修改后权利要求1中所包含的"该至少一间隔元件的总截面积小于该晶粒的该第三表面的面积的40%"的技术特征；第二，补入特征所获的技术效果是以使得该封胶16可流入该间隔空间17；第三，对比文件1的热固性树脂25是用来改善第一层半导体装置2因材料膨胀系数及弹性模数的差异而造成的挠曲（warpage）情形。在此基础上，本领域技术人员根据对比文件 1 所得到的信息应当是"热固性树脂 25 的面积越大，越可抑制材料膨胀系数及弹性模数的差异而造成的应力，进而改善挠曲情形"。本领域技术人员可以得知，在合理范围中，热固性树脂 25 的面积越大，封胶将越难流入半导体元件 22 与线路板 10 之间的空间。所以，本领域技术人员在对比文件 1 所揭示的内容的基础上，不会产生缩小热固性树脂 25 的面积的动机。

五、回案处理"五步法"的应用

针对申请人的意见陈述以及修改后的权利要求书，下面采用"五步法"进行分析，判断申请人争辩理由是否成立，以及如何进行后续审查。

【列争点】

列争点是需要仔细阅读和准确理解意见陈述书中的内容，对申请人的意见陈述的内容进行客观分析，明确申请人的争辩理由，得出其观点/结论的逐条依据和逻辑过程。申请人的争辩理由可能与审查员的观点具有分歧，也可能不具有分歧，仅仅是申请人进行说理逻辑的基础。在聚焦争辩点时，首先需要关注相关的争辩理由是否能够体现在权利要求请求保护的方案中，是否与申请人意见陈述的结论具有专利法意义上的逻辑关系；其次，需重点关注审查员与申请人发生分歧、产生不同观点的内容，找出实际上审查员与申请人具有分歧的内容，进而明确审查员和申请人各自的事实主张，即审查员第一次审查意见通知书中的事实主张是什么，以及申请人不同意审查员意见而提出的事实主张是什么。将审查员与申请人具有分歧的内容明确为争辩点，对于审查员和申请人没有分歧的内容不必列为争辩点。注意分析争辩点时逐条分析申请人所争辩的内容，并要全面、准确，不能眉毛胡子一把抓，也不能缺项漏项。

对于申请人争辩的第一项内容，对比文件 1 并未揭示修改后权利要求 1 中所包含的"该至少一间隔元件的总截面积小于该晶粒的该第三表面的面积的 40%"。经分析可知，上述内容为原权利要求 4 的附加技术特征，申请人在答复第一次审查意见通知书时将其补入各项独立权利要求中，因此，对权利要求 1 保护的主题具有限定作用，在审查中应当予以考虑。针对该附加技术特征，原通知书的审查意见也认为对比文件 1 中并未公开上述补充的技术特征，而采用基于对比文件 1 的公开内容进行说理的方式予以评述。因此，对于此点争辩内容，审查员和申请人并不存在争议，此争辩内容不必列为争辩点。

对于申请人争辩的第二项内容，申请人认为对比文件 1 的热固性树脂 25 作用与本申请的间隔元件的作用不同，并且本领域技术人员不会产生缩小对比文件 1 的热固性树脂 25 面积的动机。审查员与申请人之间存在分歧，具体分歧集中体现在对比文件 1 给本领域的技术人员的启示以及是否具有对对比文件 1 进行改进的动机上。因此，对于此点争辩理由，审查员和申请人存在争议，应将列为争辩点。

对于申请人争辩的第三项内容，补入特征所获的技术效果是以使得该封胶 16 可流入该间隔空间 17，而根据对比文件无法获得此技术效果，而审查意见通知书认为本申请不具备显著的进步。因此对于此争辩点审查员和申请人存在争议，应将其列为争辩点。

通过上述分析，可以归纳获得申请人的两个争辩点：第一，聚焦技术效果，本申请是否获得使封胶可流入该间隔空间的技术效果；第二，聚焦对比文件的改进动机，本领域的技术人员是否具有减小对比文件 1 的热固性树脂面积的改进动机。

【核证据】

明确了争辩点后，为了针对争辩点进行客观的分析，应当首先明确审查员和申请人的各自主张是否有证据支持。专利审查中常用的证据包括但不限于：申请文件、对比文件、公知常识性证据，申请人提交的/审查员列举的用于证明/佐证事实的其他证据等。

1. 申请人证据核实

首先，需要核实争辩点所涉及的技术手段是否在权利要求中有体现。

针对第一个争辩点"是否获得使封胶可流入该间隔空间的技术效果"，这需要解决的问题是本申请权利要求的方案中限定的间隔元件的面积参数的作用和效果是否是如申请人强调的效果。

这需要从深入理解本申请的方案后才能得出结论。在前文中已经说明，现有半导体通过注入封胶形成封装结构具有缺点：需要利用高结构强度的电性连接元件（例如铜）支撑于二基板间，将造成材料成本增加；当下基板的晶粒与上基板的距离太小时，封胶难以流入或分布不均，造成空气或空隙于下基板的晶粒与上基板的空间，可能产生产品瑕疵，或封胶的机械强度大幅降低，降低封胶本身的可靠度以及封胶对晶粒或上基板的黏合强度。而通过施加包覆材料后压合上下基板的方式形成半导体封装结构的缺点是压合上基板于该包覆材料时，下基板的晶粒与上基板的距离难以控制，若距离太大，则电性连接元件无法接触电性接点则会造成电性上的短路；若该距离太小时，在压合上基板的过程中，可能损害该晶粒，造成产品良率下降。

为了克服背景技术中存在的缺陷，本申请具体要解决的技术问题为如何控制上基板与下基板之间的距离以保障封胶均匀注入或者在良好电接触的同时不会由于压合上基板和下基板时造成晶粒的损害。无论是注胶的方式（权利要求6），还是压合的方式的封装工艺（权利要求9），或者其他的封装工艺，其最终形成的半导体封装结构都可以是相同的，都可以形成如权利要求1所述的具有"至少一间隔元件的总截面积小于该晶粒的该第三表面的面积的40%"的封装结构。

权利要求1的方案中并未限定其形成封装结构的工艺条件或过程，因此其要求保护的封装结构与其封装过程并无必然联系。当其半导体封装结构使用压合包覆材料和上基板而形成封装的方式时，其包覆材料完全可以从晶粒上部均匀覆盖和填充晶粒与上基板之间的空间，因此在这种工艺下，在权利要求1的封装结构的方案中"至少一间隔元件的总截面积小于该晶粒的该第三表面的面积的40%"的技术特征所起到的作用与其封装过程没有必然关联。

通过对技术手段与效果的分析可知，间隔元件的作用是在上基板和下基板之间形成良好电接触的同时不会由于压合上基板和下基板时造成晶粒的损害，因此"至少一间隔元件的总截面积小于该晶粒的该第三表面的面积的40%"并不能必然具备使封胶可流入该间隔空间的技术效果。而上述技术效果与封装工艺相关，当权利要求1的方案使用注胶工艺形成时，其才能获得上述使封胶可流入间隔空间的技术效果，当权利要求1的方案使用压合工艺形成时，并不能获得上述技术效果。因此，上述技术效果是由封装工艺带来的，而权利要求1中没有对封装工艺进行限定，目前的技术方案不能必然具备使封胶可流入该间隔空间的技术效果。

同样的道理，权利要求9要求保护的半导体工艺也不涉及注入封胶的工艺步骤，目前的技术方案不能必然具备使封胶可流入该间隔空间的技术效果。权利要求6要求保护的半导体涉及利用注入封胶的工艺形成半导体封装结构，其能够获得申请人所述的使封胶可流入该间隔空间的技术效果，可以成为其权利要求是否具备创造性的认定基础。

针对第二个争辩点，需要解决的问题是本领域的技术人员是否具有减小对比文件1的热固性树脂面积的改进动机。申请人所争辩的特征"至少一间隔元件的总截面积小于该晶粒的该第三表面的面积的40%"已经体现在修改后的独立权利要求1、6、9中，因此在考虑对比文件的改进动机时应当予以考虑。

其次，需要核实申请人所提供的证据。

申请人在答复第一次审查意见通知书时未主动提交其他证据。申请人认为如本案说明书第19段所述，上述划线部分的技术效果包括，"4个间隔元件15

的总截面积小于该晶粒 13 的第三表面 131 的面积的 40%，以使得该封胶 16 可流入该间隔空间 17。"

可见申请人对其第一个争辩点引用了修改后的权利要求、本申请说明书作为证据以支持其观点。申请人认为修改后的权利要求 1 中包含"至少一间隔元件的总截面积小于该晶粒的该第三表面的面积的 40%"的技术特征；本申请说明书第 19 段中记载了该特征所获的技术效果；参考对比文件 1 的附图并未揭示该技术特征；对比文件 1 的摘要以及说明书的第 42~52 段可知，对比文件 1 中"热固性树脂 25 的面积越大，越可抑制材料膨胀系数及弹性模数的差异而造成的应力，进而改善挠曲情形"，本领域技术人员在对比文件 1 的所揭示的内容的基础上，不会产生缩小对比文件 1 所示的热固性树脂 25 的面积的动机。综上，申请人引用了修改后的权利要求、本申请说明书的第 19 段、对比文件 1 的摘要、说明书及其附图作为证据以支持其观点。

2. 审查员证据核实

针对第一个争辩点，在第一次审查意见通知书中并未成为案件审查的重点内容所在，故无具体证据。

针对第二个争辩点，审查员在第一次审查意见通知书中提出的事实主张为：对比文件 1 公开了热固性树脂 25 黏附在半导体结构 22 的 5 个点，并且每个热固性树脂 25 的面积为 2.16×2.16，而半导体结构的面积为 7×7，因此，热固性树脂 25 的总面积占半导体结构 22 面积的 47.6%。而根据器件的实际尺寸，保持间隔元件总面积小于 40% 也是本领域技术人员的常规选择。审查员所使用的证据为对比文件 1 相关内容。

【辨是非】

在明确申请人证据和审查员证据与其各自观点的关联性后，审查员应在分析各自证据所证明的客观事实关联性的基础上，综合整体考虑申请人证据和审查员证据，根据专利审查中相关条款的认定规则，基于申请日当时的技术现状，以本领域的技术人员的水平和能力，依据证据规则，辨析审查员的审查意见理由充分还是申请人意见陈述理由充分，进而得出结论。

（1）相关证据是否与各方观点有关联性

对于与相关争辩点具有关联的证据应当予以考虑，对于与相关争辩点不具有关联的证据，不应考虑。

对于第一个争辩点，申请人引用了修改后的权利要求、本申请说明书作为证据以支持其本申请的技术效果。申请人所主张的本申请的技术效果并未在权利要求 1、9 中体现，而在权利要求 6 中有体现，因此权利要求 1、9 与其第一个争辩点并无关联。

说明书第 19 段明确记载的是"控制该晶粒 13 与该第二基板 12 间的距离，以避免该晶粒 13 与该第二基板 12 间的距离太小，使得封胶 16 可顺利流入该间隔空间 17"的技术效果，即晶粒与基板之间距离与封胶流入的技术效果；而修改后的权利要求的特征"至少一间隔元件的总截面积小于该晶粒的该第三表面的面积的 40%"限定的是总截面积比例，因此申请人主张的说明书第 19 段内容与本申请获得技术效果不具有关联性，不应当予以考虑。而说明书附图仅仅是封装结构的图，无法根据产品结构图直接得出产品由于其制作工艺而获得该技术效果，因此申请人主张的说明书附图与本申请获得的技术效果不具有关联性，不应当予以考虑。

技术效果在第一次审查意见通知书中并未成为案件审查的重点内容所在，审查员并无具体证据，但通过阅读说明书，可以发现说明书第 21 段直接记载了"较佳地，4 个间隔元件 15 的总截面积小于该晶粒 13 的第三表面 131 的面积的 40%，以使得该封胶 16 可流入该间隔空间 17"，此段内容可在创造性评述中对权利要求的技术效果的评价中予以考虑。

对于第二个争辩点，申请人认为间隔元件在本申请中的作用与热固性树脂 25 在对比文件 1 中的作用不同，并且对于面积设置的参数选择设置的方向不同，本申请的相关内容用于证明本申请的间隔元件的设置及效果，对比文件 1 的相关内容用于证明其中热固性树脂 25 的设置及效果，因此申请人作为证据引用的相关内容均与第二个争辩点具有关联性，应当予以考虑。

审查员所使用的证据为对比文件 1。在审查员证据与其理由是否具有关联方面，审查员基于对比文件 1 的上述段落的公开内容作为对比文件 1 对热固性树脂的面积的认定依据，进一步说明是否可以对其面积进行改进，其证据与其结论及说理过程具有关联性，应当予以考虑。

（2）申请人与审查员的证据衡量

针对第一个争辩点，修改后的权利要求 1 中虽然包含"至少一间隔元件的总截面积小于该晶粒的该第三表面的面积的 40%"的技术特征，但是在前述"争辩点涉及的技术手段是否在权利要求中体现"部分的论述中，可知申请人所主张的本申请的技术效果并未在权利要求 1、9 中体现，而在权利要求 6 中有体现，因此申请人所争辩的技术效果在权利要求 1、9 的创造性评述中并无道理，而在权利要求 6 的创造性评述中有道理，应进一步考虑。另外，由于权利要求 1 的封装结构也可以通过注胶的方式形成，在考虑申请文件第 21 段所述作用的同时，也需要根据各方证据、理由、本领域的技术人员的技术水平进行综合考虑。

针对第二个争辩点，需要综合考虑申请人证据和审查员证据的效力大小，基于双方提供理由和证据以及申请日当时的技术现状，以本领域的技术人员的水平和能力，依据证据规则，分辨审查员的审查意见理由充分还是申请人意见陈述理由充分，进而得出哪一方的主张更有道理。

根据对比文件1所公开的方案可知，其针对芯片封装中由于上基板、下基板的变形而导致焊接的断路和短路的问题，而在晶粒和上基板之间设置热固性树脂以固定上基板和下基板而防止变形。对比文件1的半导体元件的封装结构中，热固性树脂25设置在半导体结构22与线路板10之间的间隔内，与半导体结构22和线路板10都接触；线路板10和线路板20之间通过热压粘接后采用填充密封胶的形式进行连接（第0041段）。热固性树脂25仅将线路板10和安装在第一层半导体器件2上的半导体元件22牢固地固定到彼此。也就是说，如果热固性树脂25设置在第一层半导体器件2的整个区域上并且第二层半导体器件3黏附到其上，则线路板10，20的压力就变得不可靠，其原因是热固性树脂25对热应力的高抗性。此外，热固性树脂25还可能侵入焊球11和焊盘10a、20b之间，从而导致焊接失败（第0043段）。由此可见，对比文件1中，热固性树脂25将线路板10和线路板20上的半导体元件22固定，线路板10和20之间在黏接后需要通过注入密封材料而使二者结合，可见在对比文件1中的热固性树脂25与密封材料并不是同一部件或材质，并且根据对比文件1说明书［0043］段记载的内容来看，对比文件1中的热固性树脂25不能完全覆盖半导体元件2的表面，因此从对比文件1公开的内容并不能得出面积越大越好的结论。

然而，对于本申请中将"至少一间隔元件的总截面积小于该晶粒的该第三表面的面积的40%"的具体限定，即使认可其在权利要求1中是为了流入封胶而设定，进而认定本申请所要解决的技术问题是如何使封胶均匀流入间隔空间，那么，这个问题能否构成对对比文件1进行改进的动机，需要结合申请日前的现有技术进行考虑，特别是该技术问题是否普遍存在。如果该问题仅是申请人发现的，则发现技术问题本身就构成了对现有技术的贡献，本领域的技术人员在对比文件1的基础上显然不会意识到需要从此方面对对比文件进行改进，也就不存在对对比文件进行改进的动机。如果该问题是在申请日前领域中普遍存在的问题，并且在对比文件中也存在同样的问题，那么此问题就有可能构成对对比文件进行改进的动机，需进一步根据对比文件的方案来看是否能够对对比文件的方案进行改进。

具体到本案，在申请日前，本领域技术人员通过在上下基板间注入封胶进行封装的工艺已经是被人们所熟知的封装工艺，封胶不均匀将导致产品瑕疵进而影响产品良率也属于本领域的技术人员的普遍技术认知。因此本申请实际所要解决的技术问题是在申请日前本领域中普遍存在的问题，此问题有可能构成对对比文件进行改进的动机。根据对比文件1说明书［0043］段记载的内容来看，对比文件1中的热固性树脂25不能完全覆盖半导体元件2的表面；并且对比文件1中已经公开线路板10和20之间在黏接后需要通过注入密封材料而使二者结合（见对比文件1说明书第［0041］段），并且根据对比文件1说明书［0043］段记载的内容来看，对比文件1中的热固性树脂25不能完全覆盖半导体元件2的表面，因此在对比文件1公开内容的基础上，本领域技术人员可以得知热固性树脂25与密封材料并非同一部件。并且为了在线路板10和20之间在黏接后需要通过注入密封材料，本领域的技术人员在保证热固性树脂的作用主要是提供机械强度和支撑以防止翘曲的基础上，必须要考虑注入密封材料而使线路板10和20接合的问题。从对比文件1公开的内容并不能得出热固性树脂的面积越大越好的结论。

在封装注入封胶的过程中，本领域技术人员当然是希望封胶能够均匀完整地填充密封体，因此面对对比文件1的方案，使得封胶流入间隔空间成为间隔空间的第二部分是本领域的常用手段。为了达到此目的，可以通过对封胶本身进行改进使其流动性更好，或者对堆叠结构进行改进，通过有特殊的结构或方法使封胶均匀，然而对比文件1并没有对封胶的流动做特殊的处理，为了尽量使得封胶填充均匀不留下空隙，本领域技术人员很容易想到间隔元件的尺寸不能太大从而影响封胶的注入。也就是说本领域技术人员有动机对间隔元件的面积尺寸进行改进，并且适当改小，以保证封胶均匀分布的密封效果。

申请人仅仅从对比文件1的方案本身所面临的技术问题出发，从其方案本身的改进出发，并未全面考虑对比文件1的技术方案的整体内容，更未考虑申请日前现有技术的整体情况，以及本领域技术人员的技术水平，进而认定本领域的技术人员没有动机对对比文件1进行改进的认定是不全面不客观的。

接下来就需要进一步考虑对比文件1的热固性树脂25的面积设置，是否会使得其无法解决其背景技术中提及的技术问题。本申请和对比文件1结构相似，明确指出需要对其半导体器件进行封装。对比文件1中热固性树脂的作用主要是提供机械强度和支撑以防止翘曲，然而并没有对其所需面积的大小进行描述。在需要对半导体器件进行封装的情况下，本领域技术人员知晓，在保障热固性树脂的面积不能过低而确保防翘曲效果的情况下，在对比文件1的发明构思下，本领域技术人员可以通过适当减少热固性树脂的面积以保证封胶的注入。本申请中的相关技术参数"面积小于40%"与对比文件1所公开的相应参数"面积为47.5%"相比，在数值上是相近的。因此当基板与晶粒材料的膨胀系数相差不大时，为了保证封胶的密封效果，本领域技术人员有动机使用"适当降低热固性树脂面积"的技术手段。

通过对本申请和对比文件的方案进行客观全面的分析，结合申请日当时的技术现状，研判对比文件1改进的可能性和可能改进的方向，可以认定审查员的审查意见更有道理，因此应当坚持原审查意见。

【查问题】

根据前述步骤的分析，经核查申请人与审查员双方的证据可知，尽管申请人的意见陈述的争辩理由并无道理，审查员应坚持原审查意见，但是也需回顾审查员在第一次审查意见通知书中所涉及的理由与证据，查找是否存在事实认定不够准确、说理不够充分的问题。在查问题阶段，审查员可以从对本申请技术方案的理解是否正确，对对比文件的理解是否正确，之前的检索是否充分，是否需要补充证据，是否需要加强说理等方面重新审视之前的审查过程中所存在的问题，并在后续的审查中予以弥补。

对本案而言，审查员对权利要求1、6的技术事实以及发明实际所要解决的技术问题的把握不准确。在第一次审查意见通知书中认定权利要求1请求保护的技术方案与对比文件1公开的方案区别在于"封胶的一部分作为间隔空间的第二部分"，并且权利要求1实际解决的技术问题是"如何提高封装的密封效果"。然而经过上述分析可知，本申请为了克服背景技术中存在的缺陷，其要解决的技术问题是如何控制上下基板之间的距离以保证封胶均匀注入，在良好电接触的同时不会因为压合上下基板而造成晶粒的损害，也就是说，当封装结构使用压合的方式形成封装结构时，其并不解决如何提高封装的密封效果的问题。

另外，在审查员的创造性审查过程中，需要明确对比文件客观公开的内容，本领域的技术人员基于何种考虑如何对最接近的现有技术进行改进，从而得到权利要求的保护方案进行充分说理，必要时提供证据予以证明。本案审查员在对原权利要求4对附加技术特征的分析推理过程中关于是否可以对对比文件1的方案进行改进，改进的动机、改进的方向、预期的效果方面说理不够充分。

【再处理】

根据上述分析可知，审查员的审查意见有道理，申请人的意见陈述不成立，但是审查员在第一次审查意见通知书的处理过程中还存在技术问题认定不准确、关键技术内容说理不够充分的问题。审查员在后续处理中，应当基于新的区别技术特征客观认定发明实际所要解决的技术问题。权利要求 1 的技术方案实际所要解决的技术问题为：如何设置间隔元件以保障封胶可均匀注入或者在良好电接触的同时不会由于压合上基板和下基板时造成晶粒的损害。权利要求 6 的技术方案实际所要解决的技术问题为：如何设置间隔元件以保障封胶可均匀注入。权利要求 9 的技术方案实际所要解决的技术问题为：如何设置间隔元件以在良好电接触的同时不会由于压合上基板和下基板时造成晶粒的损害。对于说理不够充分的问题，应当在再次审查意见通知书中进行改进，以使得申请人能够充分理解审查员的审查意见。

鉴于申请人对权利要求书进行了修改，审查中应发出第二次审查意见通知书。在第二次审查意见通知书中要重新评述本申请的创造性，全面客观认定对比文件的公开内容，重新认定本申请各权利要求实际所要解决的技术问题，针对本领域的技术人员基于申请日前的现有封装工艺中存在的问题，详细阐述可以对对比文件进行改进的理由，如何进行改进，从而得到权利要求的保护方案进行充分说理，并重点针对申请人的意见陈述进行答复。

六、案例小结

此案例从回案处理的角度说明了如何考虑申请人的意见陈述，如何对案件进行继续审查。此案例的处理过程给出如下启示：

第一，审查中要正确理解发明。正确理解发明是专利审查的基础。理解发明需要从说明书记载的背景技术及其问题、申请日现有技术的客观情况、本申请所针对的技术问题、改进方案、获得的效果、关键技术手段以及关键技术手段是否在权利要求中体现等方面客观、全面地认定。同时，理解发明并不是一次理解就能完成的工作，理解发明应贯穿在专利审查的全过程中，可以通过不断的检索不断补充对现有技术的认知，不断加深对申请的方案的理解，也可以通过申请人的各次意见陈述不断修正、完善对发明的理解。审查员作为判断主体，在理解发明时不能主观臆断，也不能被申请人所误导，要能分辨事实，要全面、客观地进行认定，这需要对本申请、现有技术进行认真、深入的分析和理解才能达到。

第二，正确把握发明所获得的技术效果。专利权授予的是权利要求中要求保护的符合《专利法》规定的授权条件的技术方案，审查中以权利要求所请求保护的技术方案作为评判申请的基础。对于申请人在意见陈述中所陈述的发明所获得的技术效果，首先要看该技术效果是不是在申请文件中有记载的技术效果，是不是请求保护的技术方案所获得的技术效果，是不是本领域的技术人员能够合理预期的技术效果。如果申请人所声称的技术效果不是申请文件中有记载的技术效果，也不是本领域的技术人员能够合理预期的技术效果，这样的技术效果将不能被接受。如果申请人所声称的技术效果的产生手段并未在权利要求中记载，这样的技术效果也是不能在评价权利要求中被接受。

第三，客观判断对比文件的改进动机。在专利的审查中应当建立证据意识，在处理回案时，要客观认定申请人的争辩点，将证据作为判断争辩点是否成立的依据，不能脱离证据进行缺乏依据的认定和审查；还应当站位本领域技术人员，客观认定本申请实际所面临的技术问题，全面客观认定对比文件的公开内容，基于本领域的技术人员的技术水平客观判断对比文件给出的技术启示和本领域技术人员对对比文件的改进的动机，而不应当仅仅基于最接近的现有技术问题及其公开内容出发，确定对比文件本身是否存在改进动机。

第四，技术参数的合理考虑。对于权利要求中要求保护的数据参数，在经过分析确定对比文件存在改进动机和改进方向后，应当基于本申请的方案客观认定相关技术参数所获得的技术效果，并且基于本领域的技术人员的水平合理认定是否经过简单的合乎逻辑的推理和有限次的实验就能得到相关的参数，并且相关参数所达到的技术效果也是本领域的技术人员预期内的技术效果。

【案例二】 一种盲人使用的触摸装置

一、案例要点

本案例重点在于通过充分理解本发明和现有技术的基础上判断创造性，即使技术手段是已知或公知的，还需要结合技术手段的具体应用来评价技术方案整体是否具备创造性。

二、理解发明

【技术领域】

某发明涉及一种显示技术领域，尤其涉及一种盲人使用的触摸装置。

【背景技术】

目前，电子产品，特别是具有显示屏的终端（如手机、电脑等），为人们所普遍使用。除了传统的语音功能外，人们还使用这些终端浏览信息、阅读文章。对于眼睛正常的人来说，通过终端进行浏览和阅读是没有问题，但是对于盲人来说则是一件很困难的事情。虽然现有技术中有供盲人阅读的盲文书籍，但是毕竟书籍有限，同时其他供盲人阅读的信息发布的速度有限，很难满足盲人们的需要。但是，现有技术中没有提供一种辅助盲人进行阅读的装置，能够满足盲人实时阅读和浏览外界的信息。

【技术问题】

提供一种盲人使用的触摸装置，使得盲人能够通过该触摸装置实时阅读外界的信息。

【技术方案】

一种盲人使用的触摸装置，包括处理单元、驱动单元和设置于同一个平面上的触摸点，所述处理单元指示所述驱动单元驱动所述触摸点在垂直于所述平面方向做伸缩运动，使触摸点在垂直方向上形成高度差。

【技术效果】

本发明提供的盲人使用的触摸装置，通过驱动设置于同一平面上的触摸点伸缩运动，使得一部分触摸点与另外一部分的触摸点在垂直方向上形成高度差，从而可以使得盲人触摸该处于不同高度的触摸点来阅读和浏览文字、图像等信息。

【具体实施方式】

本发明实施例提供了一种盲人使用的触摸装置，如图 7-18、图 7-19、图 7-20 所示，包括：处理单元 11、多个驱动单元 12 和设置于同一个平面 10 上的多个触摸点 13。

本触摸装置的触摸点和现有的显示屏的像素点概念类似，在平面上设置有多个触摸点构成触摸阵列，如 1024×768，即该触摸装置的横向上设置 1024 个触摸点，在列向上设置 768 个触摸点，用于显示图形。

处理单元 11 指示所述驱动单元 12 驱动所述平面 10 上的触摸点在垂直于平面 10 的方向做伸缩运动，使得触摸点在垂直方向形成高度差，以使得所述盲人能够触摸所述处于不同高度的触摸点。

例如通过该触摸装置显示"三"，如图 7-20 所示，示例性的，处理单元 11 分别指示第一行的第 3、4、5 个触摸点 13 和第三行的第 3、4、5 个触摸点 13、第五行的第 2、3、4、5、6 个触摸点 13 对应的驱动单元 12 驱动这些触摸点 13 向上伸出，与平面 10 上没有向上伸出的触摸点形成高度差，从而可以使得盲人能够根据这种高度差触摸到相应的图形，即文字"三"。

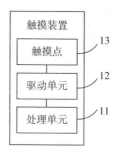

图 7-18　盲人使用的触摸装置图 1

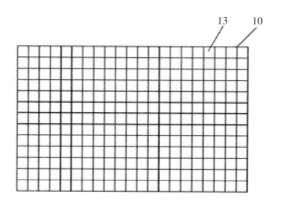

图 7-19　盲人使用的触摸装置图 2

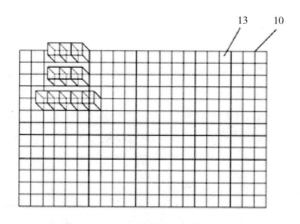

图 7-20　盲人使用的触摸装置图 3

当然，该触摸装置的处理单元 11 还可以将要显示的文字转换成相应的盲文，然后指示相应触摸点 13 的驱动单元 12 驱动相应的触摸点 12 上下移动，使得盲人根据触摸装置上的凹凸可以触摸到相应的盲文。

进一步，该触摸装置还可以提供图像信息用于盲人触摸浏览。具体的该触摸装置的处理单元 11 首先将彩色图像转换成黑白图像，示例性的对于图像中的黑色像素点，处理单元 11 可以指示该触摸点 13 的驱动单元 12 驱动相应的触摸点 13 向上伸出，对于图像中的白色像素点，处理单元 11 可以指示该触摸点 13 的驱动单元 12 相应的触摸点 13 向下伸出，当然也可以保持不动。按照所述黑白图像的不同灰度对应不同的伸出高度，指示所述驱动单元驱动相应的触摸点伸缩运动，以使得所述处于不同高度的触摸点形成所述图像。

【权利要求保护范围的分析】

本发明的权利要求书有 3 个权利要求，如下所示：

1. 一种盲人使用的触摸装置，其特征在于，包括处理单元、驱动单元和设置于同一个平面上的触摸点，所述处理单元指示所述驱动单元驱动所述触摸点在垂直于所述平面方向做伸缩运动，使触摸点在垂直方向上形成高度差。

2. 根据权利要求 1 所述的装置，其特征在于，所述处理单元将文字转换成相应的盲文，指示所述驱动单元驱动所述设置于同一平面上的所述触摸点伸缩运动，以使得所述处于不同高度的触摸点形成所述盲文的图形。

3. 根据权利要求 1 所述的装置，其特征在于，所述处理单元将图像转换为黑白图像，按照所述黑白图像的不同灰度对应不同的高度，指示所述驱动单元驱动相应的触摸点伸缩运动，以使得所述处于不同高度的触摸点形成所述图像。

具体分析上述权利要求书，可知本发明的权利要求 1 为独立权利要求，权利要求 2~3 为从属权利要求，均为产品权利要求。其中，独立权利要求 1 对盲人触摸装置的结构作了限定，并且对其中包含的处理单元进行了功能性限定，具体为处理单元指示驱动单元驱动所述触摸点在垂直于所述平面方向做伸缩运动，使触摸点在垂直方向上形成高度差，并未限定具体显示的内容。从属权利要求 2 对权利要求 1 进一步限定了触摸装置在显示文字时，首先由处理单元将文字转换为盲文，然后再指示驱动单元驱动触摸点伸缩运动形成盲文的图形。从属权利要求 3 对权利要求 1 进一步限定了触摸装置在显示图像时，首先将图像转换为黑白图像，然后按照黑白图像的不同灰度对应不同高度，指示驱动单元驱动触摸点伸缩运动形成图像。

三、创造性评价

在理解发明后，审查员对本申请进行了充分检索，并获得 1 篇现有技术，可作为评述权利要求创造性的对比文件。

【对比文件】

本申请涉及的对比文件 1 为 WO2011/107982A1，其要解决的技术问题为：提供设备，通过触摸为视觉受损的人提供讯息。其公开了一种盲人使用的触摸装置，如图 7-21 所示，控制器 110 指示激励器 112 驱动激励器 106，进而使激励器 106 驱动像素点 104 在垂直方向做伸缩运动，使像素点 104 在垂直方向上形成高度差，进而显示盲文或盲文图像，如图 7-22 所示。

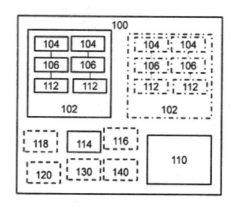

图 7-21　一种盲人使用的触摸装置结构

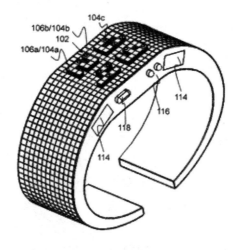

图 7-22　一种盲人使用的触摸装置示意

【第一次审查意见通知书】

经过对申请文件的理解，本发明属于触摸显示技术领域，面临盲人如何阅读触摸装置上的内容的技术问题。本发明为了解决上述技术问题，采用的关键技术手段是在触摸装置中设置可以在垂直方向上伸缩运动的触摸点，通过高度差形成盲文和图像，从而达到"盲人触摸处于不同高度的触摸点来阅读和浏览文字、图像等信息"的技术效果。

检索后，审查员发出了第一次审查意见通知书，并指出权利要求1~3不具备《专利法》第二十二条第三款规定的创造性。通知书中引用了对比文件1，其审查意见摘录如下：

1. 权利要求1请求保护一种盲人使用的触摸装置。对比文件1公开了一种盲人使用的触摸装置，并具体公开以下技术特征：包括控制器110和调制单元130（控制器和调制单元相当于处理单元）、激励器106和激励器驱动器112（激励器和激励器驱动器相当于驱动单元）、像素104（相当于触摸点），控制器110指示激励器驱动器112驱动激励器106，进而使激励器106驱动像素点104在垂直方向做伸缩运动，使像素点104在垂直方向上形成高度差，从而能够同时显示字母数字或盲文字母。由此可见，权利要求1与对比文件1的区别在于：权利要求1将触摸点设置于同一平面，而对比文件1设置于弧面上。权利要求1实际解决的技术问题是：如何布置触摸点。对于本领域技术人员来说，将用于显示的像素或触摸点设置于同一平面是本领域的技术常识，因此，在面对如何布置触摸点时，容易想到将触摸点设置于同一平面这样的设置方式，所以上述区别技术特征为本领域的常用技术手段。由此可知，在对比文件1的基础上结合本领域的常用技术手段从而获得权利要求1所要求保护的技术方案对本领域的技术人员来说是显而易见的。因此，权利要求1所要求保护的技术方案不具有突出的实质性特点和显著的进步，不具备创造性。

2. 权利要求2从属于权利要求1，其附加技术特征被对比文件1公开：激励器106驱动像素点104做伸缩运动，以使得所述处于不同高度的像素点104形成所述盲文的图形，控制器110控制整个设备100将文字显示为盲文，因此可以直接地、毫无疑义地确定控制器110能够将文字转换成相应的盲文。激励器106为微电机。因此，当其引用的权利要求不具备创造性时，权利要求2也不具备创造性。

3. 权利要求3是权利要求1的从属权利要求。对比文件1公开了：控制器110指示激励器驱动器106驱动激励器112，以驱动像素104伸缩运动，使得所述处于不同高度的像素104形成图像。对于附加技术特征中的"处理单元将图像转换为黑白图像，按照所述黑白图像的不同灰度对应不同的高度"：对于本领域技术人员来说，为了匹配不同的显示输出设备，在图像显示前对图像进行转换、处理是本领域的技术常识，并且在非彩色显示设备上显示图像时，将图像转换为黑白图像是本领域的常用技术手段，因此，在面对如何通过各像素的不同高度进行图像显示时，容易想到通过处理单元将图像转换为黑白图像，按照所述黑白图像的不同灰度对应不同的高度这样的处理方式，所以上述附加技术特征为本领域的常用技术手段。因此，当其引用的权利要求不具备创造性时，该权利要求也不具备创造性。

四、申请人的意见陈述

申请人针对第一次审查意见通知书提交了意见陈述书和修改后的权利要求书，并在意见陈述书中陈述了权利要求具有创造性的理由。

【申请文件的修改】

申请人针对第一次审查意见通知书提交了修改文件，将原始权利要求 2 和 3 并入权利要求 1 中。修改后的权利要求书如下：

1. 一种盲人使用的触摸装置，其特征在于，包括处理单元、驱动单元和设置于同一个平面上的触摸点，所述处理单元指示所述驱动单元驱动所述触摸点在垂直于所述平面方向做伸缩运动，使触摸点在垂直方向上形成高度差；所述处理单元将文字转换成相应的盲文，指示所述驱动单元驱动所述设置于同一平面上的所述触摸点伸缩运动，以使得所述处于不同高度的触摸点形成所述盲文的图形；所述处理单元将图像转换为黑白图像，按照所述黑白图像的不同灰度对应不同的高度，指示所述驱动单元驱动相应的触摸点伸缩运动，以使得所述处于不同高度的触摸点形成所述图像。

【意见陈述概述】

申请人认为修改后的权利要求 1 具有创造性，具体理由如下：

首先，由于对比文件 1（WO2011/107982A1）公开了一种盲人使用的触摸装置与本申请的技术领域相同，且公开的相同技术特征最多，因此，确定对比文件 1 为最接近的现有技术。

其次，对比文件 1 中公开了以下内容："控制器 110 指示激励器驱动器 112 驱动激励器 106，进而使激励器 106 驱动像素点 104 从初始位置向下或向下移动，或者回到初始位置，呈现盲文或盲文图像。"由此可知，对比文件 1 仅公开了：触摸装置通过驱动像素点向上或向下移动，呈现盲文或盲文图像的技术特征。触摸装置将盲文或盲文图像通过像素点的凸起呈现出来，呈现的内容与原有内容（即盲文或盲文图像）是相同的。而本申请中，是将文字或图像进行转化后通过触摸点的凸起呈现，呈现的内容与原来的内容（即文字或图像）是不同的。具体地，将文字转化成盲文，以触摸点伸缩运动形成盲文；或者，将彩色图片转化成黑白图片，不同灰度对应触摸点不同的高度，处于不同高度的触摸点形成图像。与对比文件1相比，本申请修改后的权利要求1至少存在以下区别技术特征：所述处理单元将文字转换成相应的盲文，指示所述驱动单元驱动所述设置于同一平面上的所述触摸点伸缩运动，以使得所述处于不同高度的触摸点形成所述盲文的图形；所述处理单元将图像转换为黑白图像，按照所述黑白图像的不同灰度对应不同的高度，指示所述驱动单元驱动相应的触摸点伸缩运动，以使得所述处于不同高度的触摸点形成所述图像。根据上述区别技术特征可以确定本申请实际要解决的技术问题是：如何使得盲人能够感触到平面图像上的内容。为解决上述技术问题，本申请新的权利要求1提供的技术方案，将平面图像上的文字转化成盲文，使得处于不同高度的触摸点形成所述盲文的图形；或将图像转化为黑白图像，黑白图像不同的灰度对应不同的触摸点高度，从而控制触摸点按照黑白图像的灰度对应的高度值伸缩运动，呈现出图像。而对比文件1中只公开了控制器110指示激励器驱动器112驱动激励器106，进而使激励器106驱动像素点104从初始位置向下或向下移动，或者回到初始位置，呈现盲文或盲文图像，并未涉及任何将平面图像转化为盲人可触摸到的形式，使得盲人在使用触摸装置时可以感受到平面图像上的内容。因此，对比文件1未给出利用本申请的技术手段来解决上述技术问题的任何技术启示。

此外，虽然将彩色图片转化成黑白图片是本领域的常用技术手段，但是将"彩色图片转化成黑白图片"这一技术特征应用于"将平面图像转化成盲人能感触到的形式"并非本领域的常用技术手段。同理，将文字转化成盲文，是本领域的常用技术手段，但是将"文字转化成盲文"这一技术特征应用于"将平面图像转化成盲人能感触到的形式"并非本领域的常用技术手段。也未存在相关资料证明上述区别技术特征为公知常识，所以，对比文件1、对比文件1与现有技术的结合均不能解决本发明要解决的技术问题。所以，修改后的权利要求1要求保护的技术方案是本技术人员经过创造性劳动获得的，非显而易见的，具有突出的实质性特点。

同时，本申请独立权利要求1所要求保护的技术方案大大提高了用户体验，因此具有显著的进步。由此可知，本申请独立权利要求1符合《专利法》第二十二条第三款的规定，具有创造性。

五、回案处理"五步法"的应用

申请人在答复第一次审查意见通知书时，对权利要求书进行了修改，修改后仅有一项权利要求，其包含了两个并列技术方案。下面，使用"五步法"分析申请人的意见陈述，判断双方的证据是否能够支持各自的争辩点，修改后的权利要求是否满足创造性的要求，并确定下一步的处理方式。

【列争点】

在列争点阶段，通过阅读申请人的意见陈述书，将申请人意见陈述按照技术特征、技术领域、技术问题、技术效果、结合启示、公知常识或本领域的常用技术手段进行分类，抓取相关内容如下：

技术特征（1）：本发明中将文字转化为盲文后，通过触摸点的凸起呈现，而对比文件1直接呈现原有盲文。

技术特征（2）：本发明中将彩色图片转化为黑白图片，不同灰度对应触摸点高度不同，而对比文件1并未公开。

技术启示（3）：对比文件并未涉及任何将平面图像转化为盲人可触摸到的形式，使得盲人在使用触摸装置时可以感受到平面图像上的内容。因此，对比文件1未给出利用本申请的技术手段来解决上述技术问题的任何技术启示。

公知常识（4）：虽然将彩色图片转化成黑白图片是本领域的常用技术手段，但是将"彩色图片转化成黑白图片"这一技术特征应用于"将平面图像转化成盲人能感触到的形式"并非本领域的常用技术手段。

公知常识（5）：将文字转化成盲文，是本领域的常用技术手段，但是将"文字转化成盲文"这一技术特征应用于"将平面图像转化成盲人能感触到的形式"并非本领域的常用技术手段。

技术效果（6）：本申请独立权利要求1所要求保护的技术方案大大提高了用户体验。

对上述6项内容进行分析，考虑技术特征与技术问题及效果之间的关系并进行分组。发现技术特征（1）和技术特征（2）是不同的特征，而技术启示（3）是与技术特征（2）相关的，公知常识（4）也与技术特征（2）相关，公知常识（5）与技术特征（1）相关，技术效果（6）与技术特征（1）和（2）均有关。因此将技术特征（1）、公知常识（5）、技术效果（6）分为一组，将技术特征（2）、技术启示（3）、公知常识（4）、技术效果（6）归为一组。

第一组争辩点包含的内容为："技术特征（1）：本发明中将文字转化为盲文后，通过触摸点的凸起呈现，而对比文件1直接呈现原有盲文；公知常识（5）：将文字转化成盲文，是本领域的常用技术手段，但是将'文字转化成盲文'这一技术特征应用于'将平面图像转化成盲人能感触到的形式'并非本领域的常用技术手段；技术效果（6）：本申请独立权利要求1所要求保护的技术方案大大提高了用户体验。"

第二组争辩点包含的内容为："技术特征（2）：本发明中将彩色图片转化为黑白图片，不同灰度对应触摸点高度不同，而对比文件1并未公开；技术启示（3）：对比文件并未涉及任何将平面图像转化为盲人可触摸到的形式，使得盲人在使用触摸装置时可以感受到平面图像上的内容。因此，对比文件1未给出利用本申请的技术手段来解决上述技术问题的任何技术启示；公知常识（4）：虽然将彩色图片转化成黑白图片是本领域的常用技术手段，但是将'彩色图片转化成黑白图片'这一技术特征应用于'将平面图像转化成盲人能感触到的形式'并非本领域的常用技术手段；技术效果（6）：本申请独立权利要求1所要求保护的技术方案大大提高了用户体验。"

接下来需要对这两组争辩点进行提炼，概括出该组所争辩的核心内容，核心内容包括使用的技术手段、基于该手段解决的技术问题以及达到的技术效果。经分析，第一个争辩点可描述为"将文字转化为盲文后，通过触摸点的凸起呈现，并未被对比文件1公开，也不是本领域的常用技术手段，能够解决盲人通过盲文读取正常信息的技术问题，提高了盲人使用触摸装置的体验"，第二个争辩点可描述为"将彩色图片转化为黑白图片，不同灰度对应触摸点高度不同，并未被对比文件1公开，也不是本领域的常用技术手段，能够解决盲人感知图像内容的技术问题，提高了盲人使用触摸装置的体验"。需要注意的是，上述两个争辩点分别对应修改后权利要求的两个并列技术方案。

【核证据】

列出争辩点后，审查员需要针对每个争辩点核实双方的证据和理由，并确定所涉及的证据是否能够支持争辩点。

1. 申请人证据核实

对于每一个争辩点，首先判断争辩点与申请人提出的证据之间是否存在对应关系，如不对应，那么申请人的争辩理由不成立，无须核实审查员的证据；如对应，则申请人争辩理由是成立的，还需要核实审查员的证据与争辩点是否存在对应关系。

判断争辩理由是否成立，首先，要看争辩的事实是否存在权利要求中或者是否与权利要求有关。如果权利要求中没有相应的记载或者与权利要求无关，那么这个事实就是与请求保护的权利要求无关的事实，申请人针对该争辩点的争辩理由不成立。根据证据规定，申请人应当对其举证而没有举证，那么申请人应当承担不利的后果，也就是审查员可以不予考虑，仅需在下一次的审查意见或决定中告知不予考虑的理由即可。其次，如果事实记载在权利要求中或者与权利要求有关，还需要进一步判断这些事实与争辩理由之间的关系，即争辩的事实是否足够支持申请人的争辩理由。上述判断主要通过分析事实与其技术效果之间的联系来确定，即技术手段在技术方案中是否能够解决技术问题，并达到一定的技术效果。如果事实不支持争辩理由，则该争辩理由也不成立，这样的意见也无须进一步考虑。但一般来说，事实记载在权利要求中的情况下，必然有其相应的技术效果，有时申请人争辩的理由有可能与该事实相关度不大，但审查员还应当站位本领域技术人员，客观看待这些事实实际起到的作用。

具体到本案，首先需要核实申请人的证据支持情况。我们发现两个争辩点在修改后的权利要求中均有记载，且确实能够起到申请人意见陈述中所声称"能够以盲文形式呈现文字，使得盲人能够触摸"以及"能够对应图像的不同灰度确定触摸点高度，从而实现盲人通过触摸了解图像内容"的技术效果。也就是说，申请人的争辩理由成立。

2. 审查员证据核实

审查员证据的核实，包括使用对比文件公开内容的核实，以及前次审查意见中对本申请和对比文件事实认定的核实。

对于第一个争辩点，审查员认为在对比文件1的摘要以及说明书中都已经记载了"该触摸装置可以同时显示可见的字母或可触摸的盲文"，虽然对比文件1说明书对如何将文字转化为盲文并未具体描述，但是根据其公开的"在装置中输入文字后，即可同时呈现视力正常的人的可见的文字和盲人可识别的盲文"，可知其必然包括将文字转化为盲文的步骤，也必然是由类似的处理单元完成该转化过程。基于上述分析可知，针对第一个争辩点，对比文件1已经公开了其相关内容。通过查看第一次审查意见通知书可知，审查员已经在其中表明了"对比文件1公开了控制器110控制整个设备100将文字显示为盲文，因此可以直接地、毫无疑义地确定控制器110能够将文字转换成相应的盲文"的审查意见。

对于第二个争辩点，审查员认为对比文件1没有公开"图像转化为黑白图像，按照黑白图像的不同灰度对应触摸点不同的高度"。接下来，我们核实审查意见中的内容，审查意见中认为"为了匹配不同的显示输出设备，在图像显示前对图像进行转换、处理是本领域的技术常识，并且在非彩色显示设备上显示图像时，将图像转换为黑白图像是本领域的常用技术手段，因此，在面对如何通过各像素的不同高度进行图像显示时，容易想到通过处理单元将图像转换为黑白图像，按照所述黑白图像的不同灰度对应不同的高度这样的处理方式"。

【辨是非】

申请人和审查员双方的证据核实完成后，将利用证据规则，针对每个争辩点来进行证据衡量，辨别是非。

对于第一个争辩点，双方提供的证据似乎都能支持各自的观点，这种情况下，如何考虑呢？这里我们能够看到，申请人提供的证据仅是本申请权利要求记载了"文字转化为盲文"这个技术手段，且能达到使盲人触摸到盲文的技术效果，并且认为对比文件1未公开该技术手段。但是，经过证据核实，在对比文件1的摘要以及说明书中都已经记载了"该触摸装置可以同时显示可见的字母或可触摸的盲文"，并且根据其公开的"在装置中输入文字后，即可同时呈现视力正常的人的可见的文字和盲人可识别的盲文"，可知必然包括将文字转化为盲文的步骤，必然由类似的处理单元完成该转化过程。同时，审查员在审查意见中已经指出该技术手段被对比文件1公开，在通知书中明确给出了证据所在的具体段落，且同样解决了供盲人触摸感知的技术问题，达到了盲人触摸盲文的技术效果。因此，经过证据核实，可知申请人对对比文件1的理解是有误的，针对该争辩点申请人的意见陈述没有道理。

对于第二个争辩点，对比文件1确实没有公开"彩色图片转化成黑白图片，不同灰度对应触摸点高度不同"这一技术手段，审查员认为该技术手段为本领域的常用技术手段，却没有提供相应证据。根据证据规则，审查员对自己提出的事实有责任提供证据加以举证，但审查员却没有提供证据加以证明，因此，审查员的证据不足以支持其第一次审查意见通知书中给出的理由。因此，对于第二个争辩点，审查员目前证据不足，如果该技术手段确实是本领域的常用技术手段，审查员应当提供相应证据。

因此，通过上述证据核实的结果，我们发现，对于第一个争辩点，由于对比文件1已经公开了该技术手段且能达到相应的技术效果，申请人的争辩理由得不到证据的支持，其争辩理由没有道理。对于第二个争辩点，对比文件1公开的内容不足以支持审查员的理由，审查员也没有提供相应证据，导致证据不充分，此时审查员的审查意见没有道理。

【查问题】

对于第一个争辩点，在对比文件1公开相关内容的基础上，申请人对对比文件的理解出现了偏差，这与第一次审查意见通知书中对于相应事实的描述和分析不够充分有关。在下次通知书时，需要注意这一点。

对于第二个争辩点，"彩色图片转换为黑白图片，不同灰度对应触摸点高度不同"是否为本领域中的常用技术手段，需经过进一步的检索来确定。经过进一步检索可知，在图像领域灰度是表明图像明暗的数值，即黑白图像中点的颜色深度，范围一般是 0 到 255，白色为 255，黑色为 0，故黑白图片也称灰度图像。灰度值指的是单个像素点的亮度，灰度值越大表示越亮，对于彩色图片来说，一个像素点的颜色是由 RGB 三个值来表现的，彩色图片的灰度化是指 RGB 三个值全部相等。从上述内容可以看出，在图像领域将彩色图片灰度化为黑白图像确实是本领域广泛知晓的已知手段。然而，本发明的触摸装置是为盲人使用的，由于盲人无法感知色彩和亮度，因此将"彩色图片转化为黑白图像"的技术手段用于为盲人提供信息的触摸装置中，"将彩色图像转化为黑白图像，并按照灰度值确定触摸点的高度"，并非如在图像领域中一样是常用技术手段。由于审查员在本领域的常用技术手段的认定过程中，未考虑具体应用领域，导致出现问题。

另外，我们还需要考虑在盲人触摸装置这个领域，第二个争辩点所对应的技术手段，是否存在现有技术。由于审查员在第一次审查意见发出之前理解发明的过程中，未能充分考虑到具体的应用场景为盲人使用的场景，因此，在首次检索中就会对于一些应当通过检索使用证据进行辨析的内容，误判断为本领域的常用技术手段而未能充分检索。反思本申请，审查员的首次检索报告中，在"检索记录信息"中仅使用了"盲人、盲文、触摸、高度、电极，blind，visual+，braille，display，zoom"等关键词进行检索，并未覆盖到涉及"将彩色图像转化为黑白图像，灰度值对应不同触摸点高度"技术手段的检索，首次检索是不充分的。

【再处理】

通过"查问题"这一步骤已经发现了审查员在审查时存在的问题，因此在"再处理"的环节，就应当根据查找出来的问题有针对性地采取措施。

具体到本案，对于涉及第一个争辩点的技术方案，在申请人争辩没有道理、证据支持审查员的情况下，应当继续坚持第一次审查意见，并详细分析对比文件 1 公开的内容，以帮助申请人正确理解对比文件 1；对于涉及第二个争辩点的技术方案，在申请人争辩点有道理、证据支持申请人的情况下，发现由于本领域的常用技术手段认定错误导致首次检索没有覆盖该争辩点的问题后，审查员应该针对该争辩点进行补充检索。从本申请和对比文件 1 的区别来看，本申请的技术贡献在于"通过将图像灰度对应至不同高度从而实现触摸感知"，对比文件 1 并未公开相关技术手段，审查员再处理中补充检索的重点应当放在灰度和触摸高度的对应关系上。

六、案例小结

在回案处理中，审查员在获得了申请人的意见陈述之后，需要仔细分析意见陈述的相关内容，并全面准确地提炼出意见陈述中的争辩点，针对每个争辩点核实审查过程中的证据，利用证据规则判断出针对每个争辩点双方谁的观点有道理，进而查找审查中可能出现的问题，并针对问题采取相应措施，提高回案处理的质量和效率。

对于审查员和申请人的争辩点，如果审查员在前次审查意见中认定其为本领域的常用技术手段，则需要特别注意，即使技术手段本身确实是一种常用的技术手段，但还是要将其放在整个技术方案中，考虑其与具体的应用场景、解决的技术问题和能够达到的技术效果之间的关系。

第三节　化学领域案例解析

化学领域涉及高分子、材料、生物等技术，相对于机械、电学领域具有种类繁多、更依赖证据的特点。多数情况下，化学发明能否实施往往难以预测，必须借助于实验结果加以证实才能得到确认，有些化学产品的结构尚不清楚，不得不借助于性能参数和/或制备方法来定义。针对化学领域案件特点，对以性能参数和/或制备方法特征限定的化学产品，审查过程中往往涉及产品微观结构、物化参数等表征数据，针对技术效果也会涉及实验数据（特别是补充实验数据），如何辨别审查员和申请人双方观点孰是孰非，如何核实相关证据以及如何进行回案处理，可以通过本案例予以说明。

一、案例要点

针对双方争辩焦点，应当以事实为依据，注意核实双方证据，对证据中的事实予以客观准确的认定。当发现审查员缺少确凿的证据时，应当针对争辩点进行补充检索，进而确认争辩点是否成立，是否具有授权前景以及采用何种审查思路。

在申请日以后提交实验数据，用于证明专利申请具有与对比文件不同的技术效果，该技术效果应当是本领域技术人员在申请日从专利申请文件公开的内容可以直接、毫无疑义地确认的，否则该证据不能用于证明所述技术方案具有创造性。

二、理解发明

某发明的发明名称为一种新型聚乳酸微球及其制备方法,下面从发明所属技术领域、背景技术、发明解决的技术问题、发明的技术方案、具体实施方式以及发明效果方面,对该发明进行介绍。

【技术领域】

本发明涉及可生物降解高分子材料微球及其制备方法,特别涉及聚乳酸微球及其制备方法。

【背景技术】

制备高分子微球的方法主要包括化学和物理两种方法。通过化学方法制备高分子微球是以单体为原料,通过乳液聚合、悬浮聚合、沉淀聚合、分散聚合以及种子聚合等,但是,由于无法通过边聚合边成球的方法来实现微球的制备,因此通常采用物理的方法进行制备。目前常用的物理方法有:乳化-固化法、复凝聚法、胶束成球法、喷雾干燥法以及层层自组装等方法。通过物理方法制备的微球与化学方法制备的微球相比,微球尺寸不均一、不稳定,制备工艺复杂,设备需要繁多。

【技术问题】

为了克服背景技术中存在的缺陷,本发明要解决的技术问题为如何提供一种简单方便、设备成本较低的聚乳酸微球的制备方法。

【技术方案】

在聚乳酸溶液中混入氧化石墨烯,通过控制氧化石墨烯与聚乳酸的质量比以及溶剂挥发温度制备具有微球结构的材料。

其中的关键技术手段为:借助于氧化石墨烯与聚乳酸之间的相互作用,形成由氧化石墨烯与聚乳酸共同组成的微球,通过控制氧化石墨烯与聚乳酸的质量比以及浇膜过程中溶剂挥发温度调节微球的尺寸。

【技术效果】

通过说明书提供的实施例1~4制备的聚乳酸微球扫描电镜图,能够证明实施例1~4制备的聚乳酸材料具有微球形态,且当氧化石墨烯与聚乳酸质量比为$1:250$、$1:500$,四氢呋喃溶液在40℃、30℃挥发的不同条件下得到的微球尺寸不同。实施例1~4制备的聚乳酸微球扫描电镜图如图7-23、图7-24、图7-25和图7-26所示。

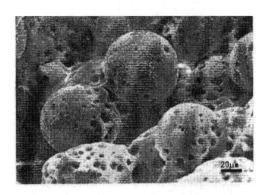

图 7-23 实施例 1 聚乳酸微球的形态

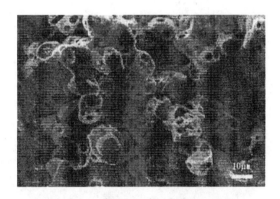

图 7-24 实施例 2 聚乳酸微球的形态

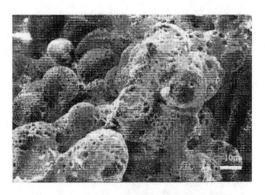

图 7-25 实施例 3 聚乳酸微球的形态

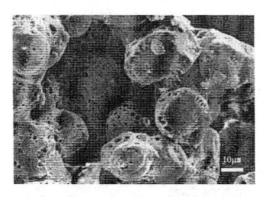

图7-26　实施例4聚乳酸微球的形态

【具体实施方式】

实施例1：首先将8mg氧化石墨烯分散于10ml四氢呋喃中，然后将2g聚乳酸溶解于20ml四氢呋喃中，将氧化石墨烯的分散液加入聚乳酸溶液中，室温下搅拌0.5小时，将混合好的聚乳酸与氧化石墨烯的四氢呋喃溶液，浇入培养皿中，室温静置24小时，使溶剂挥发，得到具有微球结构的聚乳酸薄膜，该样品形态结构由扫描电镜测定。

实施例2：首先将8mg氧化石墨烯分散于10ml四氢呋喃中，然后将2g聚乳酸溶解于20ml四氢呋喃中，将氧化石墨烯的分散液加入聚乳酸溶液中，室温下搅拌0.5小时，将混合好的聚乳酸与氧化石墨烯的四氢呋喃溶液，浇入培养皿中，40℃静置24小时，使溶剂挥发，得到具有微球结构的聚乳酸薄膜，该样品形态结构由扫描电镜测定。

实施例3：首先将4mg氧化石墨烯分散于10ml四氢呋喃中，然后将2g聚乳酸溶解于20ml四氢呋喃中，将氧化石墨烯的分散液加入聚乳酸溶液中，室温下搅拌0.5小时，将混合好的聚乳酸与氧化石墨烯的四氢呋喃溶液，浇入培养皿中，30℃静置24小时，使溶剂挥发，得到具有微球结构的聚乳酸薄膜，该样品形态结构由扫描电镜测定。

实施例4：首先将4mg氧化石墨烯分散于10ml四氢呋喃中，然后将2g聚乳酸溶解于20ml四氢呋喃，将氧化石墨烯的分散液加入聚乳酸溶液中，40℃搅拌0.5小时，将混合好的聚乳酸与氧化石墨烯的四氢呋喃溶液，浇入培养皿中，30℃静置24小时，使溶剂挥发，得到具有微球结构的聚乳酸薄膜，该样品形态结构由扫描电镜测定。

【权利要求保护范围的分析】

本发明的权利要求书有8个权利要求，如下所示：

1. 一种具有微球结构的聚乳酸材料，其特征是：该种微球由聚乳酸和氧化石墨烯组成，氧化石墨烯占聚乳酸质量分数的 0.01%～5%。

2. 一种新型的聚乳酸微球的制备方法，其特征是：通过溶液共混制备聚乳酸与氧化石墨烯的复合材料，将该复合材料的四氢呋喃溶液浇注成膜，通过溶剂挥发去除溶剂四氢呋喃，控制该过程的温度、浓度以及溶剂挥发速度制备具有微球结构的聚乳酸材料。

3. 根据权利要求 2 所述的方法，其特征是：通过溶液共混制备聚乳酸与氧化石墨烯的复合材料，方法为：搅拌条件下将氧化石墨烯的四氢呋喃分散液倒入聚乳酸溶液中，一定温度下，继续搅拌一定时间，得到聚乳酸/氧化石墨烯混合溶液。

4. 根据权利要求 3 所述的方法，其特征是：一定温度下搅拌为 30～50℃。

5. 根据权利要求 3 所述的方法，其特征是：搅拌一定时间为 0～5 小时。

6. 根据权利要求 2 所述的方法，其特征是：将复合材料的溶液浇注成膜，通过溶剂挥发去除溶剂，控制溶剂挥发速度制备具有微球结构的聚乳酸材料。方法为：将聚乳酸/氧化石墨烯混合溶液浇注于培养皿中，使其在不同的温度下挥发成膜，得到一定厚度的具有不同大小的微球结构的聚乳酸薄膜。

7. 根据权利要求 6 所述的方法，其特征是：一定厚度为 0.1～5mm。

8. 根据权利要求 7 所述的方法，其特征是：微球直径尺寸为 5～100μm。

具体分析上述权利要求书，可知本发明的权利要求 1 和 2 为独立权利要求，权利要求 3～8 为从属权利要求，其中独立权利要求 1 为产品权利要求，独立权利要求 2 及其从属权利要求 3～8 均为方法权利要求。权利要求 1 保护具有微球形貌的聚乳酸材料，并限定了聚乳酸材料的组成和比例；权利要求 2 限定了聚乳酸材料的具体制备方法，所述乳酸材料具有微球形貌的微观结构，制备方法可以归纳为 4 个主要步骤，即溶液共混制备复合材料、浇注成膜、溶剂挥发、形成微球。从属权利要求 3～8 分别对权利要求 2 所述方法中的温度、时间、膜厚度等条件进行限定。权利要求 1 限定所述聚乳酸材料由聚乳酸和氧化石墨烯组成，其中使用"由……组成"这样的措辞，因此该权利要求为封闭式权利要求，即聚乳酸材料的组成成分仅涉及聚乳酸和氧化石墨烯，不涉及其他组成。

三、创造性评价

【对比文件】

在理解发明后，审查员对本申请进行了充分检索，并获得 1 篇现有技术，可作为评述权利要求创造性的对比文件。具体情况如下：

对比文件 1 为"聚乳酸/石墨烯纳米复合材料的制备和结晶行为"，王慧珊，中国优秀硕士学位论文全文数据库（工程科技 I 辑），第 B016-271 页，其公开了一种聚乳酸/氧化石墨烯复合材料。首先，将氧化石墨烯在研钵中研磨成极细粉末，以 1mg/ml 浓度溶于 DMF，630W 功率下超声 2 小时。同时，PLLA（100mg/ml）在 45℃恒温热台上溶解于 DMF。接着将氧化石墨烯溶液与 PLLA 溶液混合，在 40℃热台下搅拌 4 小时后，超声 10 分钟，以获得氧化石墨烯的均匀分散液。最后将混合液倒入培养皿中（即浇注成膜），置于 50℃热台，于通风橱搅拌挥发。观察培养皿中混合物无可见溶液残留后，将培养皿移入 80℃恒温真空干燥箱中干燥 4 天，让残余溶剂挥发净，得到复合材料。制备氧化石墨烯含量分别为 0.5wt%、1wt% 和 2wt% 的复合材料。

【第一次审查意见通知书】

经过对申请文件的理解，本发明属于可生物降解高分子材料微球的技术领域，面临现有方法制备的微球尺寸不均一、不稳定，制备工艺复杂，设备需要繁多等技术问题，本发明为了解决上述技术问题，采用的关键技术手段是以聚乳酸和氧化石墨烯通过乳液-溶剂挥发法制备得到聚乳酸微球，从而达到尺寸均一、稳定、制备工艺简单的技术效果。

检索后，审查员发出了第一次审查意见通知书，并指出权利要求 1 不具备《专利法》第二十二条第二款规定的新颖性，权利要求 2~8 不具备《专利法》第二十二条第三款规定的创造性。通知书中引用了对比文件 1，其审查意见概要如下：

权利要求 1 请求保护聚乳酸材料，对比文件 1 公开了聚乳酸材料，由聚乳酸和氧化石墨烯组成，各组分的占比落入本申请保护的范围内，虽然未公开制备的聚乳酸材料具有微球结构，但对比文件 1 公开了相同的制备方法，该方法与本申请的制备方法几乎完全相同，均包括溶液共混步骤和浇注成膜等步骤，并且各步骤原料浓度、搅拌时间、搅拌温度、成膜温度、复合材料的配比均相同，仅溶剂不同，而本领域技术人员知晓不同溶剂不会影响最终聚乳酸微球的形成，因而本领域技术人员根据该参数无法将要求保护的聚乳酸材料与对比文件 1 公开的聚乳酸/氧化石墨烯复合材料区分开，推定该权利要求保护的聚乳酸材料与对比文件 1 的聚乳酸/氧化石墨烯复合材料相同，具有相同的微球结构。即权利要求 1 所要求保护的技术方案与对比文件 1 所公开的技术方案相同，且两者属于相同的聚乳酸领域，要解决的技术问题相同，并能产生相同的效果。因此，权利要求 1 不具备新颖性，不符合《专利法》第二十二条第二款的规定。

权利要求 2 请求保护权利要求 1 所述聚乳酸材料的制备方法，权利要求 2 与对比文件 1 公开的制备方法相比，区别在于：权利要求 2 中氧化石墨烯分散溶剂与对比文件 1 中相应溶剂不同。而对比文件 1 还公开了 DMF 和 THF 均是氧化石墨烯良好的溶剂（参见第 9 页），即给出溶剂选择和替换的教导，其作用也为本领域技术人员所预期。因此，权利要求 2 不具有突出的实质性特点和显著的进步，不符合《专利法》第二十二条第三款有关创造性的规定。

从属权利要求 3~6 进一步限定了反应条件，该附加技术特征已经被对比文件 1 公开。因此，在其引用的权利要求不具备创造性的基础上，权利要求 3~6 不符合《专利法》第二十二条第三款有关创造性的规定。从属权利要求 7~8 进一步限定成膜厚度和微球直径，由于本申请聚乳酸材料的制备方法与对比文件 1 几乎完全相同，因而本领域技术人员推定该权利要求的聚乳酸材料与对比文件 1 的聚乳酸/氧化石墨烯复合材料相同，具有相同的微球结构，即对比文件 1 中聚乳酸/氧化石墨烯复合材料的厚度和微球直径也落入权利要求 7~8 的保护范围。因此，在其引用的权利要求不具备创造性的基础上，权利要求 7~8 不符合《专利法》第二十二条第三款有关创造性的规定。

四、申请人的意见陈述

申请人针对第一次审查意见通知书提交了意见陈述书和修改后的权利要求书，并在意见陈述书中陈述了权利要求具有创造性的理由。

【申请文件的修改】

申请人在答复第一次审查意见通知书时，对申请文件进行了修改，提交的修改文件中将原权利要求 3~6 合并，形成新的权利要求 3，即修改后的权利要求 3 为限定了温度、时间等具体条件的方法权利要求，对原权利要求 7、8 的引用关系进行适应性修改，即对修改后的权利要求 3 所述方法作出进一步限定。修改后的权利要求如下：

1. 一种具有微球结构的聚乳酸材料，其特征是：该种微球由聚乳酸和氧化石墨烯组成，氧化石墨烯占聚乳酸质量分数的 0.01%~5%。

2. 一种新型的聚乳酸微球的制备方法，其特征是：通过溶液共混制备聚乳酸与氧化石墨烯的复合材料，将该复合材料的四氢呋喃溶液浇注成膜，通过溶剂挥发去除溶剂四氢呋喃，控制该过程的温度、浓度以及溶剂挥发速度制备具有微球结构的聚乳酸材料。

3. 根据权利要求 2 所述的方法，其特征是：将氧化石墨烯分散于四氢呋喃，得到一定浓度的氧化石墨烯的分散液，将聚乳酸溶于四氢呋喃，得到一定浓度的聚乳酸溶液，搅拌条件下将氧化石墨烯的分散液倒入聚乳酸溶液中，一定温度下，继续搅拌一定时间，得到聚乳酸/氧化石墨烯混合溶液，将该复合材料的溶液浇注成膜，通过溶剂挥发去除溶剂，控制该过程的温度、浓度以及溶剂挥发速度制备具有微球结构的聚乳酸材料，其中，所述一定温度下搅拌为30~50℃，搅拌一定时间为0~5小时。

4. 根据权利要求3所述的方法，其特征是：一定厚度为0.1~5mm。

5. 根据权利要求4所述的方法，其特征是：微球直径尺寸为5~100μm。

【意见陈述概述】

申请人认为修改后的权利要求具有创造性，具体理由如下：

审查意见1：权利要求1请求保护一种具有微球结构的聚乳酸材料，对比文件1公开了一种聚乳酸/氧化石墨烯复合材料……，该制备方法与权利要求1的制备方法几乎完全相同。

陈述意见1：本申请制备的这种微球需要控制制备的温度、浓度以及溶剂的挥发速度（见说明书的技术背景所述，第二页，第10~12行），其中溶剂的挥发速度是形成微球的关键，只有在适宜的挥发速度下，这种微球才可以形成。根据后续的机理研究（Zhao, L. Journal of Macromolecular Science，Part B：Physics，2011，54，45-57），这种微球的形成是氢键作用及表面张力等因素共同作用的结果，所以，控制溶剂挥发速度非常关键。选择合适的溶剂种类是控制溶剂挥发速度的一种方法。权利要求1选择的溶剂为THF，其沸点为66℃，在权利要求8（温度优选为20~50℃）的条件下，可以形成微球结构。其他低沸点的溶剂，如说明书步骤（b）所述，如二氯甲烷（沸点：39.8℃）、三氯甲烷（沸点：61.3℃），也可以形成微球结构。然而，对比文件1所述的DMF，沸点为153℃，属于高沸点的溶剂，在本申请和比对文件的制备条件下都是需要非常长的时间才能挥发完全，在这样的漫长过程中，氢键结构难以稳固地发挥作用，所以不能形成微球结构。因此，权利要求1与对比文件1的技术方案有相似之处，但是关键技术截然不同，制备得到的产品微观结构也不同。

审查意见2：权利要求2请求保护一种具有微球结构的聚乳酸材料的制备方法，对比文件1公开了相似的制备方法，DMF和THF均是氧化石墨烯的良好溶剂，其作用也为本领域技术人员所预期。

陈述意见2：根据对审查意见1的陈述，本申请采用的溶剂为低沸点的溶剂，在相应的制备条件下具有适中的挥发速度，所以可以形成微球结构。而对比文件的DMF是不具备这种条件的，所以，二者不会产生相同的效果。并且从陈述意见 1 可知，在本申请中，溶剂的种类会影响到制备条件下溶剂的挥发速度，而溶剂的挥发速度又是形成微球的关键影响因素。所以，在本技术中，溶剂的作用并不仅仅是溶解聚合物的作用，在后续的挥发过程中，它的挥发速度影响到了复合材料内部微观结构的形成，是决定微球结构形成的关键因素之一。DMF 与 THF 两种溶剂沸点的巨大差异，导致它们不同的挥发速度，所以形成的材料微观结构不同。

审查意见 3：从属权利要求 3~6 进一步限定了所述的方法，该附加技术特征已经被对比文件 1 公开。

陈述意见 3：本申请虽然与对比文件 1 的制备方法相似，但本技术最明显的特征在于选择了一种常见的复合材料的制备方法，但是通过精心控制制备的条件，制备了一种微球。如陈述意见 1~2 中的表述，两种技术的关键条件，即溶剂的挥发速度不同，关键技术截然不同，制备得到的产品微观结构也不同。并且已将权利要求 3~6 进行合并形成新的权利要求 3，本申请限定了搅拌温度、时间、溶剂四氢呋喃（挥发速度快）等具体反应条件，具体条件的组合使本申请具有良好的尺寸均一性和稳定性，对于发明创造性的判断应该从发明的整体方案来考虑，尤其是方法发明，其中某个操作步骤或条件参数的改变都会影响产品的性能。本发明通过经验总结出了本发明的配比，其制备的产品性能更佳，具有显著的有益效果。因此，搅拌温度、时间、溶剂四氢呋喃（挥发速度快）等具体反应条件组合在一起正是本发明具备创造性且产生了预想不到的技术效果的原因所在。

审查意见 4：从属权利要求 7~8 进一步限定所述的方法，本申请聚乳酸材料的制备方法与对比文件 1 的聚乳酸/石墨烯复合材料制备方法几乎完全相同。在引用的权利要求不具备创造性的基础上，权利要求 7~8 不符合《专利法》有关创造性的规定。

陈述意见 4：权利要求中限定的微球结构是对比文件 1 没有获得的结构。所以权利要求 7~8 具有创造性。

衷心希望通过本次的意见陈述，能使本专利申请尽快授权。再次感谢审查员老师的辛勤劳动！

五、回案处理"五步法"的应用

针对申请人的意见陈述，下面采用"五步法"对申请人陈述内容进行分析，判断申请人争辩理由是否成立，以及如何进行后续审查。

【列争点】

1. 对申请人意见陈述和修改文件的阅读理解

仔细阅读和准确理解意见陈述书中的内容，尤其重点关注审查员与申请人发生分歧、产生不同观点的内容，找出争辩点，进而明确审查员和申请人各自的事实主张，即审查员在第一次审查意见通知书中的事实主张是什么，以及申请人不同意审查员意见而提出的事实主张是什么。注意分析争辩点时要全面、准确，不能眉毛胡子一把抓，也不能缺项漏项。另外，查阅申请人是否提交修改文件，修改内容是否与争辩点相关。

2. 聚焦争辩点

申请人的意见陈述内容是按照权利要求 1、权利要求 2、权利要求 3~6、7~8 逐条进行答复的，这样的陈述意见形式上比较有条理，但是在针对每项权利要求的陈述意见中存在理由重复的部分，同时在针对同一权利要求的陈述意见中又夹杂着很多不同的证据和理由，可能存在陈述内容繁复和逻辑不清的缺点，使得申请人争辩点分散在不同的陈述意见中，容易出现漏项的情况，影响审查员聚焦争辩点。

对于本案来说，申请人针对产品权利要求和若干方法权利要求分别提出反对意见，然而通过仔细阅读来梳理申请人意见可以看出：申请人针对产品权利要求进行重点反驳，认为本申请和对比文件二者采用的溶剂挥发速度不同，影响了制备的聚乳酸材料微观结构不同，导致本申请保护的产品具有微球结构，而对比文件产品不具有微球结构；针对方法权利要求，一方面认为由于产品微观结构不同导致制备方法没有可比性，强调的重点还在于产品微观结构不同，如果能够解决有关产品的争论，则此处有关方法的争论即可解决；另一方面基于合并修改的权利要求 3，认为限定了搅拌温度、时间等多个反应条件的组合使得本申请制备方法具有预料不到的技术效果。

通过上述梳理过程，我们可以将争辩点聚焦到产品微观结构不同和制备方法具有预料不到的技术效果两个方面，即申请人的争辩点可以归纳为：

第一个争辩点：权利要求 1 保护的聚乳酸材料为微球结构，而对比文件制备的聚乳酸材料不具有微球结构。

第二个争辩点：权利要求 3~5 保护的制备方法限定了搅拌温度、时间等，多个反应条件的组合使得本申请制备方法具有良好尺寸均一性和稳定性。

特别需要指出的是，申请人在意见陈述中以较大篇幅论述了微球形成机理以及溶剂沸点、溶剂挥发速度与微球形成之间的关系，并提供了公开发表的论文证明上述微球形成机制，而这些内容都是为了说明对比文件 1 的制备条件不能得到微球而提供的事实依据，进而得出对比文件1的制备条件不能得到微球的结论。因此，关于溶剂挥发速度与微球形成关系的内容不宜将其直接认定为争辩点，而权利要求1保护的聚乳酸材料为微球结构，对比文件制备的聚乳酸材料不具有微球结构才是核心争辩点。

【核证据】

在仔细审阅申请人的意见陈述的基础上，审查员对申请人的意见陈述和第一次审查意见通知书进行了证据的重新核实。

1. 争辩点涉及的技术手段是否在权利要求中体现

本案第一个争辩点涉及事实认定，需要核实相关技术手段是否在权利要求中体现，而第二个争辩点涉及技术效果，技术效果相关内容体现在说明书中，不需要对权利要求进行核实。

针对权利要求1保护的聚乳酸材料为微球结构，而对比文件制备的聚乳酸材料不具有微球结构的争辩点，权利要求的主题名称中限定了"具有微球结构的聚乳酸材料"，因而申请人所争辩的技术手段在权利要求中有体现。

针对权利要求3~5保护的制备方法限定了搅拌温度、时间等多个反应条件的组合，使得本申请制备方法具有良好尺寸均一性和稳定性的争辩点，合并修改后的权利要求3限定了搅拌温度、时间等反应条件的乳化-挥发法制备工艺，申请人所争辩的技术手段在权利要求中有体现。

2. 申请人证据核实

申请人在答复第一次审查意见通知书时提供了证据1和证据2，其中证据1为申请人发表的文章，公开了由聚乳酸和氧化石墨烯通过乳液-溶剂挥发法制备得到聚乳酸微球，具体公开了制备工艺、微球性能测试结果等内容，并测试了不同组成、不同溶剂挥发速度等条件下对微球的影响，给出了不同工艺条件制备得到微球的电镜图；证据2为申请人提交的补充实验数据的证明材料，涉及本申请实施例1~4所制备微球的尺寸均一度和稳定性实验数据。

对于证据1，申请人希望通过证据1以证明溶剂挥发速度影响微球形成，溶剂四氢呋喃挥发速度快，本申请能够形成微球，而溶剂DMF挥发速度慢，对比文件1不能形成微球。然而证据1中图4展示了采用溶剂四氢呋喃在不同挥发速度条件下的微观形貌，从图中可以看出溶剂四氢呋喃在不同挥发速度条件下均形成了微球，只是微观形貌不同，如微球层的厚度、微球的直径等有所差别，因此，根据证据1不能得出申请人的结论，即申请人根据证据1得出的结论与证据1显示的事实不相符。

对于证据2，其是在申请日之后补交的数据，涉及制备得到的微球测试尺寸均一性和稳定性的实验结果，该实验数据用以证明本申请具有与对比文件不同的技术效果。根据 2017 年 4 月 1 日起施行的《专利审查指南》（2010）第二部分第十章第 3.5 节"关于补交的实验数据"规定："对于申请日之后补交的实验数据，审查员应当予以审查，补交实验数据所证明的技术效果应当是本领域的技术人员能够从专利申请公开的内容中得到的"，本案补交的实验数据所涉及的尺寸均一性和稳定性的效果在原申请说明书中并没有记载，且该效果是本领域技术人员从原始申请文件公开内容无法直接、毫无疑义确认的，不属于指南规定的"本领域的技术人员能够从专利申请公开的内容中得到的"技术效果，以其来判断发明的技术方案是否具有预料不到的技术效果将违背先申请原则。

3. 审查员证据核实

针对第一个争辩点，审查员在第一次审查意见通知书中提出的事实主张为：权利要求 1 保护一种微球结构的聚乳酸材料，对比文件 1 制备得到的应当为微球结构的聚乳酸材料，因而权利要求 1 不具备新颖性。针对其事实主张，审查员提供的证据为申请文件和对比文件 1，对比文件 1 公开了与本申请相似的制备方法，并未明确制备产品为微球结构，在对比文件 1 的基础上进一步推理得出相似方法可以得到相同结构的产品。

针对第二个争辩点，审查员在第一次审查意见通知书中提出的事实主张为：权利要求 3~6 分别保护限定搅拌温度、时间等条件的聚乳酸材料制备方法，而上述条件分别被现有技术公开，权利要求 3~6 不具备创造性。针对其事实主张，审查员提供的证据为申请文件、对比文件 1，对比文件 1 与本申请的制备方法相似，原权利要求 3~6 中限定的搅拌温度、时间已被对比文件 1 公开，其技术效果也是本领域技术人员能够预期的。

【辨是非】

1. 双方提供理由和证据分析

针对第一个争辩点：从申请人来看，其提供的证据 1 显示溶剂四氢呋喃条件下形成微球与挥发速度无关，因而挥发速度与微球形成之间不存在必然联系，仅凭证据 1 不能直接证明对比文件 1 由于溶剂 DMF 挥发慢而无法形成微球，即体现的技术手段不完全支持争辩理由，证据 1 不足以证明其事实主张。因此，对于申请人的第一个争辩点，事实存在于权利要求中，但事实与理由不完全相关，所以不能支持争辩理由。由于申请人没有提供证据能够证明与微球形成之间具有必然联系的影响条件，因此第一个争辩点是否成立尚不确定。从审查员来看，在审查意见推理过程中，主观认为溶剂四氢呋喃和溶剂 DMF 的作用相同，溶剂的作用均为溶解，且溶剂不影响微球形成，对溶剂作用和与微球结构的关系仅给出结论，对分析推理过程中涉及的事实没有证据予以支持。因此，使用溶剂 DMF 时，挥发速度与形成微球之间的关系尚不确定。审查员关于方法上的区别（溶剂不同）对产品微观结构是否会产生影响并不确定，在审查员具有不确定意见的情况下应当及时查找证据，使审查结论客观准确。

针对第二个争辩点：从申请人来看，申请人争辩多个反应条件的组合使得本申请制备的微球具有良好的尺寸均一性和稳定性，所述效果在说明书中并没有提及，申请人提供的证据 2 中，相关实验数据所证明的技术效果不属于本领域的技术人员能够从专利申请公开的内容中得到的，证据 2 不能用于认定本申请的技术效果。出于举证能力和举证便利等方面的考虑，申请人始终负有对发明技术效果的举证责任，而申请人提供的证据 2 不足以证明其事实主张时，其主张就不能成立，无法证明尺寸均一性和稳定性的效果与具体反应条件之间的关系。也就是说，对于第二个争辩点，事实存在于权利要求中，但由于事实与理由不相关，所以不能支持争辩理由，争辩点不成立。从审查员来看，对比文件 1 与本申请的制备方法非常相似，其中温度、时间等均被对比文件 1 公开，关于是否能够对溶剂进行调整，将依赖于第一个争辩点中涉及溶剂作用的确定。即使如合并修改后的权利要求 3 限定了温度、时间等多个反应条件的组合，目前的证据也不能证明条件组合使得本申请具有尺寸均一性和稳定性的技术效果。因而如果关于产品的第一个争辩点能够成立，则证据能够证明关于权利要求 3~6 不具备创造性的事实主张。

2. 双方提供理由和证据比较

针对第一个争辩点，双方的证据都不能完全支持其争辩理由。其中，溶剂的挥发速度与形成微球之间的关系为双方分析推理过程中的关键事实，而该事实因双方均缺乏证据而无法确定。此时作为提出事实存在的一方（即审查员）负有举证责任，需要通过提供证据来证明对比文件 1 公开的制备方法能够形成微球结构，因而审查员应当补充检索证据，以确定溶剂 DMF 的挥发速度与形成微球之间的关系，在此基础上对本案的授权前景进行判断，考虑下一步的处理方式。

针对第二个争辩点，申请人陈述的理由没有证据支持，申请人争辩理由不成立，审查员在第一次审查意见通知书中的主张有证据支持。在此基础上考虑争辩点涉及技术效果，对于发明的技术效果，审查员对于技术效果举证能力存在明显不足，且已提供了充分的证据论述案件不具备突出的实质性特点，即不具备创造性。该事实盖然性很高，在这样的前提下，我们应当遵循证据规则

"就专利申请而言，申请人应始终对发明技术效果负有举证责任"，如果申请人举证不力，则应当承受相应后果，即方法权利要求将无法获得授权。

【查问题】

根据"核证据""辨是非"步骤的分析，核查了申请人与审查员双方的证据，发现尽管申请人提供的证据不完全支持争辩理由，但回顾审查员的理由与证据，也存在审查意见主观、证据不充分的缺陷，在"辨是非"环节对双方证据进行衡量，进而查找出审查员自身存在的问题，审查员在第一次审查意见通知书的审查阶段对技术把握和证据方面还存在缺陷。

1. 对本发明和现有技术的把握不准确

审查员在理解发明时认为聚乳酸/氧化石墨烯微球的制备过程中，溶剂的作用为溶解，不影响微球结构，进而认定 D1 制备得到的材料应当为微球。通过补充检索，发现第一次审查意见通知书阶段对制备微球的影响因素等相关技术并不了解，实际上不同溶剂在形成微球过程中具有一定作用，只是溶剂不同方面的性能对微球影响结果不同，溶剂的溶解性影响微球形成，而溶剂挥发速度影响微球的物理化学性质，如表面是否光滑平整。可见，当我们对涉及相关技术不甚了解时，无法成为真正的本领域技术人员对发明技术方案及其解决的技术问题、达到的技术效果进行客观的判断，只有及时补充现有技术发展现状和本领域普通知识，才能作出准确的审查结论。

2. 审查员的证据不充分

创造性审查过程中，审查员都会提供对比文件进行评述，但是在对比文件的基础上进行分析推理时，推理过程往往容易主观臆断，缺少证据予以支持。推理过程一般包括推理的前提和结论，前提是以事实为基础的，在没有证据支持的情况下得出的前提很可能不可靠，进而结论也不可靠。本案审查员在分析推理过程中关于溶剂的作用以及溶剂对形成微球的影响等判断缺少证据支持，据此得出关于溶剂不影响微球结构的前提不可靠，导致关于 D1 制备材料为微球的结论不可靠。因此，第一次审查意见通知书中关于溶剂的溶解性质影响微球形成的审查意见具有主观性，缺少相关证据。

【再处理】

1. 审查思路

针对微观结构的争辩点，结合申请人的意见陈述来进一步理解发明，申请人认为对比文件 1 无法形成聚乳酸微球产品，而审查员的主观审查意见也存在缺陷，缺少确凿的证据，此时应当针对申请人的争辩点进行补充检索，以溶剂对微球的影响为检索切入点，明确了解现有技术中，溶剂性质与微球形成之间的关系，进而确认争辩点是否成立，本案是否具有授权前景以及采用何种审查思路。

具体而言，如果溶剂溶解性的确对微球的形成与否具有决定性作用，且对比文件1中的溶剂无法使聚乳酸形成微球结构，那么尽管申请人的争辩证据存在瑕疵，但其结论仍是成立的，第一次审查意见通知书中使用的对比文件不再适合评述本案创造性，需要进一步进行补充检索更换合适的对比文件；如果溶剂溶解性与微球形成与否无关，或者尽管两者之间存在相关性，但对比文件1的溶剂DMF同样能够使聚乳酸形成微球结构，那么申请人的争辩点则不成立，可在第二次审查意见通知书中将检索获得的相关理由和证据告知申请人。针对技术效果的争辩点，原申请文件中未记载，本领域技术人员根据原申请文件公开的信息以及现有技术不能预期的技术效果不属于申请公开的内容，不能用于证明所述技术方案具有创造性，此时应当坚持不具备创造性的审查意见。

2. 具体处理过程

（1）补充检索

通过补充检索现有技术和本领域普通技术知识，在材料领域教科书和工具书上发现：材料领域一般可以利用生物降解高分子物质制备微球，生物降解高分子物质主要包括聚乳酸、PVA、PLGA等，氧化石墨烯作为成核剂，高分子物质与成核剂之间产生价键相互作用（《纳米材料的制备方法及应用》，2010），这与本申请采用聚乳酸与氧化石墨烯作为制备微球的原理相一致；对于溶剂在微球形成过程中具有的作用，经过检索可知溶剂的溶解性影响微球表面的相分离，从而影响微球的形成，溶解性良好的溶剂能够形成微球，溶剂从微球中去除的速度影响微球的物理化学性质，如表面是否光滑平整，是否能够结晶等（《药物新剂型》，2003）；另外，仔细阅读对比文件1的内容发现，溶剂DMF对氧化石墨烯的溶解性比溶剂四氢呋喃更优，在高极性的有机溶剂DMF中可以获得长时间稳定分散的氧化石墨溶液，但在极性较低的溶剂四氢呋喃中则会发生絮凝和团聚。

根据补充检索的证据，审查员对本申请和现有技术的理解更加深入，利用生物降解高分子物质制备微球时，溶剂对形成微球的过程起到了一定的作用，然而溶剂不同方面的性能对微球影响结果不同，即溶剂的溶解性影响微球形成，而溶剂挥发速度影响微球的物理化学性质。在此基础上结合对比文件1中有关溶剂四氢呋喃和DMF溶解性的内容，可以对对比文件1采用溶剂DMF制备材料是否为微球进行判断。

（2）第二次审查意见通知书撰写

经过补充检索，有充分的证据表明溶解性与微球形成之间的相关性，溶解性良好的溶剂能够形成微球，而对比文件 1 中的溶剂 DMF 溶解性优于本申请的溶剂四氢呋喃，本领域技术人员能够明确预期对比文件 1 的制备方法同样能够获得聚乳酸微球。也就是说，申请人的争辩点不成立，且由于发出第一次审查意见通知书时认定溶解性与微球形成之间并无关系的主观意见与目前补充检索获得的证据，即本领域的普通技术知识相反，在第一次审查意见通知书中审查意见存在缺陷，所以应当在坚持审查结论的同时对其进行纠正，并针对申请人的意见陈述，将争辩点不成立的理由和证据告知申请人。

第二次审查意见通知书应针对修改的权利要求进行评述，并重点针对申请人的意见陈述进行回复。审查意见思路为：针对合并修改后的权利要求 3，评述该权利要求不具备创造性，重点阐述该权利要求中限定的温度、时间等条件已经被对比文件 1 公开，且上述条件的组合所带来的技术效果是本领域技术人员能够预期的。

针对申请人的意见陈述，首先将申请人的争辩点及相关证据进行概括，然后分别针对第一个争辩点和第二个争辩点，将争辩点不成立的相关理由和证据告知申请人。

针对第一个争辩点，从两方面来阐述：一方面详细剖析申请人提供的证据 1 只能证明溶剂的挥发速度与微球形貌相关，与微球形成无关，因为溶剂四氢呋喃在挥发速度慢的条件下仍然可以形成微球；另一方面提出补充检索获得证据，即参见工具书《药物新剂型》可明确本领域技术人员知晓溶剂的溶解性影响微球形成，而溶剂挥发速度只影响微球的物理化学性质。由于对比文件 1 公开了溶剂 DMF 溶解性优于溶剂四氢呋喃，在此基础上，可以判断对比文件 1 在溶剂 DMF 条件下能够形成微球。因此，对比文件 1 制备的材料可以推定为微球结构，申请人的争辩点不成立。

针对第二个争辩点，分析申请人提供的证据 2（补交的实验数据）涉及尺寸均一性和稳定性效果，所述效果在原申请说明书中并没有记载，且该效果是本领域技术人员从原始申请文件公开内容无法直接、毫无疑义确认的，不属于指南规定的"本领域的技术人员能够从专利申请公开的内容中得到的"技术效果。因此，补交数据不能作为认定本申请具备创造性的依据，申请人的争辩点不成立。

六、案例小结

在处理申请人针对第一次审查意见通知书的意见陈述时，审查员通过补充检索进一步站位本领域技术人员，发现了第一次审查意见通知书中存在的主观性不符合本领域的普遍认知，导致案件审查存在问题，需要进一步检索证据来帮助我们进行判断。分析出现问题的根本原因可知，审查中经常缺乏证据意识，一方面不能以证据为核心，衡量申请人和审查员双方观点是否成立，另一方面在回案处理中也容易忽略对原有证据证明力的分析，不能及时根据申请人的意见陈述补充相关证据。

由问题的反思提醒我们应当充分建立证据意识，从意见陈述书中客观认定申请人的争辩点，全面聚焦，避免遗漏，将证据作为判断争辩点是否成立的依据；在证据不足以证明审查员主张的情况下，应当及时补充检索相关知识和现有技术，补充检索时应充分考虑申请人的争辩点。

化学领域有时涉及用于证明请求保护的技术方案相对于现有技术具有预料不到的技术效果的补充实验数据，其所证明的技术效果应当是所属技术领域的技术人员能够从专利申请公开的内容中得到的。如果补交的实验数据所证明的效果是本领域技术人员从原始申请文件公开内容无法直接、毫无疑义确认的，则不属于本领域的技术人员能够从专利申请公开的内容中得到的技术效果。

第八章 以证据为核心的审查全流程案例

根据本书第二章中有关回案处理"五步法"的分析以及第七章分领域案例解析，读者已经能够初步感受到在回案处理中充分建立证据意识、使用证据分析、进行证据衡量等方面的重要性。本章拟对机械领域、电学领域和化学领域的若干实际审查案例的审查全流程进行分析，使读者通过全流程案例的处理过程，充分理解如何以证据为核心来提高专利审查质量和审查效率。

第一节 机械领域案例解析

一、案例要点

专利申请具备新颖性与创造性是获得授权的基本条件。在审查环节，审查员应站位本领域技术人员，全面充分理解本申请技术方案和现有技术状况，强化证据意识，充分检索，对证据公开事实进行准确认定，并对申请人修改方向和答复意见作出准确判断，明晰争辩焦点，从而获得客观准确的审查结论。申请人应对申请的保护范围和对比文件公开的事实进行准确认定，有的放矢，注重策略，提高意见答复的针对性，满足授权条件。只有审查与答复意见两环节都客观准确，才能节省审查程序，获得客观准确的结论。

就本专利申请而言，因审查员证据意识不足，通知书效能不高；申请人答复审查意见时，未能客观认定公开事实，答复意见针对性不强，答复效能不高等因素，该申请最终走向驳回和复审程序，延长了审查程序。

二、理解发明

某发明的发明名称为一种具有防止高压击穿结构的电磁阀，下面从发明所属技术领域、背景技术、发明解决的技术问题、发明的技术方案、具体实施方式以及发明效果方面，对该发明进行介绍。

【技术领域】

本发明属于电磁阀领域，涉及一种具有防止高压击穿结构的电磁阀。

【背景技术】

目前，电磁阀由电磁线圈、静铁芯、压缩弹簧、活动铁芯、阀体等组成。线圈作为电磁阀重要的组成部分，其质量的好坏会直接影响到整个电磁阀的使用寿命。现在电磁阀的线圈在制作完成后需要经过注塑处理，而绕好漆包线的线圈在注塑时，外部绕的漆包线很容易发生变形，漆包线变形后极易于支架或者支架侧板发生接触；一旦接触，线圈便会被高压击穿而报废，这也是现有线圈结构在生产过程中报废率高的主要原因之一。高报废率大大增加了生产成本，降低了企业利润。

【技术问题】

本发明所要解决的技术问题是针对现有技术的现状，提供一种结构巧妙、合理，装配方便，使用寿命长的具有防止高压击穿结构的电磁阀。

【技术方案】

本发明提供了一种具有防止高压击穿结构的电磁阀，其通过在线圈骨架与线圈支架组件之间设置有第一挡板和第二挡块，从而有效地将线圈骨架上的漆包线和线圈支架组件隔开，从而有效避免了在注塑过程中电磁阀线圈被高压击穿，也提高了电磁阀的使用寿命；另外，本发明阀体组件的阀壳体内设置有第一阀口和第二阀口，第一阀口与动铁芯的下端相配合，第二阀口与橡皮堵头相配合，而橡皮堵头与动铁芯通过顶杆相联动，从而保证第一阀口和第二阀口保持一开一闭的状态，结构简单、巧妙，装配方便。另外，线圈支架组件由呈匚字形结构的线圈支架和支架侧板组成，支架侧板上下两端分别设置有卡块，线圈支架上设置有与所述卡块相适配的卡槽，卡块与对应的卡槽相配合。通过卡块和卡槽的设置使支架侧板与线圈支架的装配更加方便、牢固。

【技术效果】

本发明通过在线圈骨架与线圈支架组件之间设置有第一挡板和第二挡块，从而有效地将线圈骨架上的漆包线和线圈支架组件隔开，从而有效避免了在注塑过程中电磁阀线圈被高压击穿，也提高了电磁阀的使用寿命。

【具体实施方式】

一种具有防止高压击穿结构的电磁阀，包括线圈组件和阀体组件，其中，线圈组件包括用于缠绕漆包线的线圈骨架、线圈支架组件以及包塑外壳，线圈骨架的上端并列固定有用于接电的插针，线圈骨架装配于线圈支架组件上，线圈骨架与线圈支架组件之间设置有第一挡板和第二挡块，线圈骨架的中心上部设置有定铁芯，其中心下部设置有动铁芯，定铁芯和动铁芯之间设置有弹簧；阀体组件包括阀壳体、底盖以及手动开关，阀壳体上设置有进气口、排气口以及出气口，进气口与阀壳体内的第一阀口相通，排气口与阀壳体内的第二阀口相通，出气口与阀壳体内的空腔相通，动铁芯的下端与所述第一阀口相配合，阀壳体内设置有与第二阀口相配合的橡皮堵头，该橡皮堵头与底盖之间设置有底座弹簧，橡皮堵头与动铁芯之间通过顶杆联动，如图 8-1、图 8-2 所示。

本发明通过第一挡板和第二挡块的设置，有效地将线圈骨架上的漆包线与线圈支架组件隔开，从而有效避免了在注塑过程中电磁阀线圈被高压击穿。

实施例中，如图 8-3 所示，线圈支架组件由线圈支架和支架侧板组成，线圈支架呈匚字形结构，支架侧板装配于所述线圈支架匚字形结构的开口端。支架侧板上下两端分别设置有卡块，线圈支架上设置有与所述卡块相适配的卡槽，卡块与对应的卡槽相配合。卡块和卡槽的设置使支架侧板与线圈支架的装配变得更加方便、牢固，提高了装配的效率。线圈支架上竖向开设有第一挡板安装孔，第一挡板上设置有与第一挡板安装孔相适配的第一凸块；支架侧板上竖向开设有第二挡板安装孔，第二挡块上设置有与第二挡板安装孔相适配的第二凸块。顶杆的下端与所述橡皮堵头相固定，顶杆的上端与动铁芯的下端相抵配合。动铁芯的下端设置有固定座，该固定座上设置有橡胶件，橡胶件的下端面与所述第一阀口相配合。手动开关设置于阀壳体的侧壁上，手动开关与所述阀壳体的内壁之间设置有手动开关弹簧，手动开关的外周与阀壳体的内壁之间设置有手动开关 O 型圈。底盖上开设有 O 型圈槽，该 O 型圈槽内设置有底座 O 型圈，底座 O 型圈的外周与阀壳体的内壁密封配合。插针与电路板电连接，该电路板上设置有电插脚，电插脚外设置有保护外壳。包塑外壳的外壁上设置有保护壳卡钩，保护外壳与该保护壳卡钩相配合。保护外壳的设置能够避免电插脚受到损伤，从而提高其使用寿命；另外，通过设置保护壳卡钩使保护外壳与包塑外壳的装配变得方便。

线圈组件的装配过程如下：先将第一挡板通过第一凸块与线圈支架上的第一挡板安装孔的配合装配到线圈支架上，再将第二挡块通过第二凸块与支架侧板上的第二挡板安装孔的配合装配到支架侧板上，然后将已绕有漆包线的线圈骨架装配到线圈支架上，接着将支架侧板和第二挡块一同装配到线圈支架上；接着注塑处理形成包塑外壳，将电路板与插针连接后装配上保护外壳，完成线圈组件的装配。

工作原理：如图 8-4 所示，在断电的情况下，动铁芯处于下降状态，其下端堵住第一阀口，即动铁芯下端的橡胶件堵住第一阀口，这时第一阀口关闭；同时，动铁芯的下降通过顶杆将橡皮堵头克服底座弹簧的弹力向下顶，使橡皮堵头的上端面与第二阀口脱离，从而使第二阀口打开。如图 8-1 所示，在通电的情况下，定铁芯与线圈构成电磁铁产生电磁力，动铁芯克服弹簧的弹力向上运动，从而使动铁芯的下端面与第一阀口脱离，从而使第一阀口打开；同时，动铁芯的上移使顶杆失去阻力，在底座弹簧的作用下，推动橡皮堵头以及顶杆一起向上运动，直到橡皮堵头的上端面与第二阀口相抵，从而使第二阀口关闭。在第一阀口打开，第二阀口关闭时，压缩空气从进气口进入阀壳体内，然后通过第一阀口进入空腔内，最后从出气口流出；而当压缩空气进入空腔后，打开第二阀口，关闭第一阀口，压缩空气则会通过第二阀口从排气口流出。顶杆的设置能够保证第一阀口打开时，第二阀口关闭，而第一阀口关闭时，第二阀口打开。在电磁线圈部分失效的情况下，可以通过手动开关控制阀口的开闭，当用手将手动开关向阀壳体内按时，手动开关克服手动开关弹簧阻力向内运动，并通过其内侧与动铁芯相抵配合将动铁芯顶起，从而使第一阀口打开；当手松开手动开关时，手动开关在手动开关弹簧弹力作用下复位，动铁芯下降，第一阀口关闭。

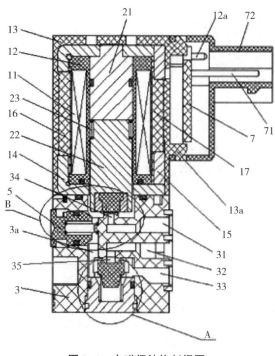

图 8-1 电磁阀结构剖视图

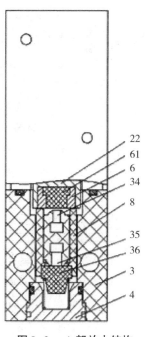

图 8-2 A 部放大结构

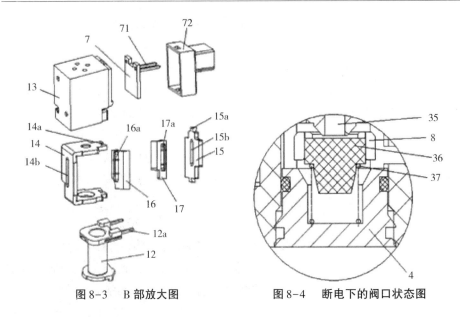

图 8-3　B 部放大图　　　图 8-4　断电下的阀口状态图

【权利要求保护范围的分析】

本发明的权利要求书有 10 个权利要求，如下所示：

1. 一种具有防止高压击穿结构的电磁阀，包括线圈组件和阀体组件，其特征是：所述的线圈组件包括用于缠绕漆包线的线圈骨架、线圈支架组件以及包塑外壳，所述的线圈骨架的上端并列固定有用于接电的插针，所述的线圈骨架装配于线圈支架组件上，所述的线圈骨架与线圈支架组件之间设置有第一挡板和第二挡块，所述的线圈骨架的中心上部设置有定铁芯，其中心下部设置有动铁芯，所述的定铁芯和动铁芯之间设置有弹簧；所述的阀体组件包括阀壳体、底盖以及手动开关，所述的阀壳体上设置有进气口、排气口以及出气口，所述的进气口与阀壳体内的第一阀口相通，所述的排气口与阀壳体内的第二阀口相通，所述的出气口与阀壳体内的空腔相通，所述的动铁芯的下端与所述第一阀口相配合，所述的阀壳体内设置有与第二阀口相配合的橡皮堵头，该橡皮堵头与底盖之间设置有底座弹簧，所述的橡皮堵头与动铁芯之间通过顶杆联动。

2. 根据权利要求 1 所述的一种具有防止高压击穿结构的电磁阀，其特征是：所述的线圈支架组件由线圈支架和支架侧板组成，所述的线圈支架呈匚字形结构，所述的支架侧板装配于所述线圈支架匚字形结构的开口端。

3. 根据权利要求 2 所述的一种具有防止高压击穿结构的电磁阀，其特征是：所述的支架侧板上下两端分别设置有卡块，所述的线圈支架上设置有与所述卡块相适配的卡槽，所述的卡块与对应的卡槽相配合。

4. 根据权利要求 3 所述的一种具有防止高压击穿结构的电磁阀，其特征是：所述的线圈支架上竖向开设有第一挡板安装孔，所述的第一挡板上设置有与第一挡板安装孔相适配的第一凸块；所述的支架侧板上竖向开设有第二挡板安装孔，所述的第二挡块上设置有与第二挡板安装孔相适配的第二凸块。

5. 根据权利要求 4 所述的一种具有防止高压击穿结构的电磁阀，其特征是：所述的顶杆的下端与所述橡皮堵头相固定，所述的顶杆的上端与动铁芯的下端相抵配合。

6. 根据权利要求 5 所述的一种具有防止高压击穿结构的电磁阀，其特征是：所述的动铁芯的下端设置有固定座，该固定座上设置有橡胶件，所述的橡胶件的下端面与所述第一阀口相配合。

7. 根据权利要求 6 所述的一种具有防止高压击穿结构的电磁阀，其特征是：所述的手动开关设置于阀壳体的侧壁上，所述的手动开关与所述阀壳体的内壁之间设置有手动开关弹簧，所述的手动开关的外周与阀壳体的内壁之间设置有手动开关 O 型圈。

8. 根据权利要求 7 所述的一种具有防止高压击穿结构的电磁阀，其特征是：所述的底盖上开设有 O 型圈槽，该 O 型圈槽内设置有底座 O 型圈，所述的底座 O 型圈的外周与阀壳体的内壁密封配合。

9. 根据权利要求 5 所述的一种具有防止高压击穿结构的电磁阀，其特征是：所述的插针与电路板电连接，该电路板上设置有电插脚，所述的电插脚外设置有保护外壳。

10. 根据权利要求 6 所述的一种具有防止高压击穿结构的电磁阀，其特征是：所述的包塑外壳的外壁上设置有保护壳卡钩，所述的保护外壳与该保护壳卡钩相配合。

具体分析上述权利要求书，可知本发明的权利要求 1 为产品独立权利要求，权利要求 2~10 为从属权利要求。权利要求 1 请求保护一种具有防止高压击穿结构的电磁阀，包括线圈组件和阀体组件，线圈组件包括线圈骨架、线圈支架组件以及包塑外壳，线圈骨架与线圈支架组件之间设置有第一挡板和第二挡块；阀体组件包括阀壳体、底盖以及手动开关，阀壳体内设置有第一阀口和第二阀口，第一阀口与动铁芯的下端相配合，第二阀口与橡皮堵头相配合，橡皮堵头与动铁芯通过顶杆相连动。权利 2~10 分别对其引用的权利要求作了进一步限定，其附加技术特征分别对线圈支架组件的结构和安装、线圈支架组件和第一挡板和第二挡块的连接结构、顶杆与橡皮堵头的连接关系、顶杆与动铁芯的连接关系、动铁芯与固定座之间的位置关系、固定座的具体结构、手动开关的位置和结构、底盖的结构、电路板与保护外壳的设置、保护外壳和包塑外壳的连接结构等作了进一步限定。

三、创造性评价

【对比文件】

在充分理解技术方案、做好充分准备的基础上，要选择检索要素、构建检索式、选择数据库进行检索。在检索过程中，注意通过浏览检索结果动态调整检索策略，直到决定中止检索。另外，产品权利要求通常包括多个结构特征，倘若基本检索要素（体现发明构思）的中英文翻译存在差异，且难以表达，在外文库中并不能很好地获得对比文件，相应地，可以考虑逆向检索，即将其他英文表达相对单一且必要的技术特征作为检索要素同分类号相结合以获得对比文件。

就本申请而言，本申请的电磁阀是通过电磁控制使阀门开闭，即通过电磁铁驱动动铁芯的上下移动进而使第一阀口和第二阀口分别打开从而实现气体不同流向，属于多通阀领域。具体到检索，由于基本检索要素"挡板、挡块"采用英文难以表达且不统一，相应地，将权利要求书中的"线圈""coil""winding""磁铁""magnet""弹簧""spring""进口""inlet""出口""outlet"同分类号 F16K31/06 相"与"在外文全文库中进行检索，通过浏览，检索到 X 类对比文件 1。另外，考虑到 CPC 分类更准更细，查找 CPC 分类号，其 CPC 分类为：

.. F16K31/06，使用磁铁

... F16K31/0603，多通阀的

.... F16K31/0624，提升阀的

通过检索式：VEN：F16K31/0624/CPC，浏览结果同样获得对比文件 1，其可作为评述权利要求创造性的对比文件。具体情况如下：

对比文件 1 为 EP0574735A1，其公开了一种微型电磁阀，具体公开了以下技术特征，其包括阀套组件 10 和电磁装置 16，阀套组件 10 上设置有进口 12、第一出口 14、第二出口 13，电磁装置 16 安装在阀套组件上并用于驱动阀体 15，其中结合图 8-5 可知电磁装置 16 上的线圈 31 缠绕在支架 44 上并被套筒 9 所包围，并且从图 8-5 和图 8-6 可以直接地、毫无疑义地确定在支架 44 与套筒 9 之间设置有第一挡板和第二挡块，阀套组件 10 上设置有阀口 11 和第二阀口，如图 8-5 所示。阀口 11 与阀体 15 下端上设置的橡皮堵头 20 相配合，第二阀口与另一堵头相配合，另一堵头与阀体 15 通过顶杆联动，如图 8-6 所示。即当电磁装置 16 断电时，阀体 15 打开阀口 11；当电磁装置 16 通电时阀口 11 断开，通过这种方式控制进、出口与阀口 11 连通。

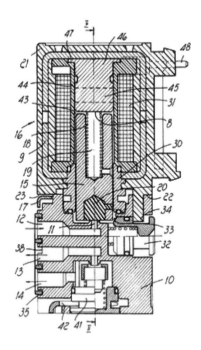

图 8-5 阀套组件剖面图

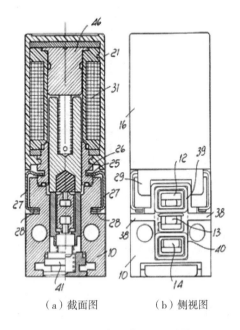

（a）截面图 （b）侧视图

图 8-6 Ⅱ-Ⅱ 方向截面图及侧视图

【第一次审查意见通知书】

第一次审查意见通知书中，指出权利要求1~10不具备《专利法》第二十二条第三款规定的创造性。通知书中引用了对比文件1，其审查意见摘录如下：

1. 权利要求1请求保护一种具有防止高压击穿结构的电磁阀，对比文件1（EP0574735A1）公开了一种微型电磁阀16，该电磁阀16具有挡板，可以防止高压击穿，其包括线圈组件和阀体组件，线圈组件包括用于缠绕线圈31的线圈骨架44、线圈支架组件9以及包塑外壳21，线圈骨架44的上端并列固定有用于接电的插针48，线圈骨架44装配于线圈支架组件9上，线圈骨架44与线圈支架组件9之间设置有第一挡板和第二挡块，线圈骨架44的中心上部设置有定铁芯46，其中心下部设置有动铁芯15，定铁芯46和动铁芯15之间设置有弹簧18；阀体组件包括阀壳体10、底盖41以及手动开关32，阀壳体10上设置有进气口12、第二出气口13以及第一出气口14，进气口12与阀壳体10内的第一阀口11相通，第二出气口13与阀壳体10内的第二阀口相通，第一出气口14与阀壳体10内的空腔相通，动铁芯15的下端与第一阀口11相配合，阀壳体10内设置有与第二阀口相配合的堵头，堵头与底盖41之间设置有底座弹簧，堵头与动铁芯15之间通过顶杆联动。

权利要求1所要求保护的技术方案与对比文件1所公开的技术内容相比，其区别在于：本申请中与第二阀口相配合的堵头为橡皮堵头，基于该区别技术特征可以确定本申请实际所要解决的技术问题是如何保证密封更紧密。

关于区别技术特征，橡皮堵头为本领域常见的堵头，为了保证关闭阀口时充分压紧，选用橡皮堵头是本领域技术人员能够想到的。由此可知，在对比文件1的基础上结合本领域的常规技术手段以获得权利要求1所要求保护的技术方案，对于所属领域技术人员来说是显而易见的，因此，权利要求1所要求保护的技术方案不具备突出的实质性特点和显著的进步，不符合《专利法》第二十二条第三款有关创造性的规定。

2. 权利要求2是对权利要求1的进一步限定，为了保证将线圈骨架装配于线圈支架组件上，本领域技术人员能够根据装配的需要设置具体的线圈支架与支架侧板的结构，而不需要付出创造性的劳动。因此，当其所引用的权利要求1不具备创造性时，该从属权利要求也不具备《专利法》第二十二条第三款规定的创造性。

3. 权利要求3是对权利要求2的进一步限定，为了保证线圈支架与支架侧板装配方便，采用卡槽与卡块相配合的结构是本领域技术人员作出的常规选择。因此，当其所引用的权利要求2不具备创造性时，该从属权利要求也不具备《专利法》第二十二条第三款规定的创造性。

4. 权利要求 4 是对权利要求 3 的进一步限定，为了将挡板与线圈支架组件装配稳固，采用安装孔与凸块相配合的结构也是本领域的常规设置。因此，当其所引用的权利要求 3 不具备创造性时，该从属权利要求也不具备《专利法》第二十二条第三款规定的创造性。

5. 权利要求 5 是对权利要求 4 的进一步限定，对比文件 1 还公开了：顶杆的下端与堵头相固定，顶杆的上端与动铁芯 15 的下端相抵配合。由此可见，其附加技术特征的部分技术特征已被对比文件 1 所公开。因此，当其所引用的权利要求 4 不具备创造性时，该从属权利要求也不具备《专利法》第二十二条第三款规定的创造性。

6. 权利要求 6 是对权利要求 5 的进一步限定，对比文件 1 还公开了：动铁芯的下端设置有橡胶件 20，橡胶件 20 的下端面与第一阀口 11 相配合。由此可见，其附加技术特征的部分技术特征已被对比文件 1 所公开，至于剩余技术特征"固定座设置在动铁芯的下端，橡胶件上设置在固定座上"为本领域技术人员根据实际需要作出的常规选择。因此，当其所引用的权利要求 5 不具备创造性时，该从属权利要求也不具备《专利法》第二十二条第三款规定的创造性。

7. 权利要求 7 是对权利要求 6 的进一步限定，对比文件 1 还公开了：手动开关 32 设置于阀壳体 10 的侧壁上，手动开关 32 与阀壳体 10 的内壁之间设置有手动开关弹簧，手动开关 32 的外周与阀壳体 10 的内壁之间设置有手动开关 O 型圈。由此可见，其附加技术特征已被对比文件 1 所公开。因此，当其所引用的权利要求 6 不具备创造性时，该从属权利要求也不具备《专利法》第二十二条第三款规定的创造性。

8. 权利要求 8 是对权利要求 7 的进一步限定，对比文件 1 还公开了：底盖 41 上开设有 O 型圈槽，该 O 型圈槽内设置有底座 O 型圈，底座 O 型圈的外周与阀壳体 10 的内壁密封配合。由此可见，其附加技术特征已被对比文件 1 所公开。因此，当其所引用的权利要求 7 不具备创造性时，该从属权利要求也不具备《专利法》第二十二条第三款规定的创造性。

9. 权利要求 9 是权利要求 5 的进一步限定，为了保证供电，设置电路板以及电插脚的方式是本领域技术人员作出的常规选择；为了避免电插脚受到损坏，设置保护外壳属于本领域的常规技术手段。因此，当其所引用的权利要求 5 不具备创造性时，该从属权利要求也不具备《专利法》第二十二条第三款规定的创造性。

10. 权利要求 10 是权利要求 6 的进一步限定，对比文件 1 还公开了以下技术特征：包塑外壳 21 的外壁上设置有保护壳卡钩。由此可见，其附加技术特征的一部分已被对比文件 1 所公开，至于剩余部分技术特征"保护外壳与该保护壳卡钩相配合"也是本领域技术人员根据实际需要作出的常规设置。因此，当其所引用的权利要求 6 不具备创造性时，该从属权利要求也不具备《专利法》第二十二条第三款规定的创造性。

四、申请人的意见陈述

申请人针对第一次审查意见通知书提交了意见陈述书和修改后的权利要求书，并在意见陈述书中陈述了权利要求具有创造性的理由。

【申请文件的修改】

申请人将原权利要求 2~6 的附加技术特征补入权利要求 1 中，形成新的独立权利要求 1，缩小了独立权利要求的保护范围，并适应性修改了原权利要求 7~10 的编号和引用关系。新提交的独立权利要求 1 如下：

一种具有防止高压击穿结构的电磁阀，包括线圈组件和阀体组件，其特征是：所述的线圈组件包括用于缠绕漆包线的线圈骨架、线圈支架组件以及包塑外壳，所述的线圈骨架的上端并列固定有用于接电的插针，所述的线圈骨架装配于线圈支架组件上，所述的线圈骨架与线圈支架组件之间设置有第一挡板和第二挡块，所述的线圈骨架的中心上部设置有定铁芯，其中心下部设置有动铁芯，所述的定铁芯和动铁芯之间设置有弹簧；所述的阀体组件包括阀壳体、底盖以及手动开关，所述的阀壳体上设置有进气口、排气口以及出气口，所述的进气口与阀壳体内的第一阀口相通，所述的排气口与阀壳体内的第二阀口相通，所述的出气口与阀壳体内的空腔相通，所述的动铁芯的下端与所述第一阀口相配合，所述的阀壳体内设置有与第二阀口相配合的橡皮堵头，该橡皮堵头与底盖之间设置有底座弹簧，所述的橡皮堵头与动铁芯之间通过顶杆联动；所述的线圈支架组件由线圈支架和支架侧板组成，所述的线圈支架呈匚字形结构，所述的支架侧板装配于所述线圈支架匚字形结构的开口端；所述的支架侧板上下两端分别设置有卡块，所述的线圈支架上设置有与所述卡块相适配的卡槽，所述的卡块与对应的卡槽相配合；所述的线圈支架上竖向开设有第一挡板安装孔，所述的第一挡板上设置有与第一挡板安装孔相适配的第一凸块；所述的支架侧板上竖向开设有第二挡板安装孔，所述的第二挡块上设置有与第二挡板安装孔相适配的第二凸块；所述的顶杆的下端与所述橡皮堵头相固定，所述的顶杆的上端与动铁芯的下端相抵配合；所述的动铁芯的下端设置有固定座，该固定座上设置有橡胶件，所述的橡胶件的下端面与所述第一阀口相配合。

【意见陈述概述】

申请人认为本申请的目的在于提供结构巧妙、合理，装配方便，使用寿命长的一种具有防止高压击穿结构的电磁阀，其与对比文件 1 的目的不同。本申请具有防止高压击穿结构的电磁阀，其通过在线圈骨架与线圈支架组件之间设置有第一挡板和第二挡块，从而有效地将线圈骨架上的漆包线和线圈支架组件隔开，从而有效避免了在注塑过程中电磁阀线圈被高压击穿，也提高了电磁阀的使用寿命；而本发明阀体组件的阀壳体内设置有第一阀口和第二阀口，第一阀口与动铁芯的下端相配合，第二阀口与橡皮堵头相配合，而橡皮堵头与动铁芯通过顶杆相联动，从而保证第一阀口和第二阀口保持一开一闭的状态，结构简单、巧妙，装配方便。其次，线圈支架组件由呈匚字形结构的线圈支架和支架侧板组成，支架侧板上下两端分别设置有卡块，线圈支架上设置有与所述卡块相适配的卡槽，卡块与对应的卡槽相配合。通过卡块和卡槽的设置使支架侧板与线圈支架的装配更加方便、牢固。综上所述，申请人认为，修改后的权利要求缩小了保护范围，克服了原有的技术缺陷，并取得了明显的技术效果，因而具有《专利法》规定的新颖性和创造性。

五、回案处理"五步法"的应用

针对申请人的意见陈述，下面采用回案处理"五步法"对陈述内容进行分析，判断申请人争辩理由是否成立，以及如何进行后续审查。

【列争点】

通过对申请人意见陈述以及修改后权利要求的理解，我们梳理出 3 个争辩点，具体如下：

第一个争辩点：本申请通过在线圈骨架与线圈支架组件设置有第一挡板和第二挡块，将线圈骨架上的漆包线与线圈支架组件隔开，避免在注塑过程中电磁阀线圈被高压击穿。

第二个争辩点：本申请的阀壳体内设置第一阀口和第二阀口，第一阀口与动铁芯的下端相配合，第二阀口与橡皮堵头相配合，而橡皮堵头与动铁芯通过顶杆相联动，从而保证第一阀口和第二阀口保持一开一闭的状态。

第三个争辩点：线圈支架组件由呈匚字形结构的线圈支架和支架侧板组成，支架侧板上下两端分别设置有卡块，线圈支架上设置有与所述卡块相适配的卡槽，卡块与对应的卡槽相配合，通过卡块和卡槽的设置使支架侧板与线圈支架的装配更加方便、牢固。

【核证据】

在仔细审阅申请人的意见陈述的基础上，审查员对申请人的意见陈述和第一次审查意见通知书进行了证据的核实。

1. 申请人证据核实

本申请请求保护一种结构巧妙、合理，装配方便，使用寿命长的一种具有防止高压击穿结构的电磁阀，而对声称要解决的技术问题作出贡献的技术特征"在线圈骨架与线圈支架组件之间设置有第一挡板和第二挡块"已体现在权利要求1中。技术特征"阀壳体内设置第一阀口和第二阀口，第一阀口与动铁芯的下端相配合，第二阀口与橡皮堵头相配合，而橡皮堵头与动铁芯通过顶杆相联动"，以及技术特征"线圈支架组件由呈匚字形结构的线圈支架和支架侧板组成，支架侧板上下两端分别设置有卡块，线圈支架上设置有与所述卡块相适配的卡槽，卡块与对应的卡槽相配合"也体现在权利要求中。因此，申请人的3个争辩点均在修改后的权利要求1中有体现，可以支持其争辩的理由。

2. 审查员证据核实

对比文件1公开了第一挡板和第二挡块，同样可以避免在注塑过程中电磁阀线圈被高压击穿。对比文件1还公开了阀壳体内设置第一阀口和第二阀口，第一阀口与动铁芯的下端相配合，第二阀口与堵头相配合，而堵头与动铁芯通过顶杆相联动。将堵头设置成橡皮堵头属于本领域的常规设置，至于匚字形结构的线圈支架及卡块和卡槽的配合结构审查员认为其属于本领域的常规手段。因此，第一个争辩点已经被对比文件1公开，第二个争辩点的部分特征已经被对比文件1公开，然而第二个争辩点的部分技术特征以及第三个争辩点，审查员认为其属于本领域的常规手段，并且未提供相应的证据。

【辨是非】

对于第一个争辩点，通过双方提供的证据和争辩理由来看，对比文件1公开了"在线圈骨架与线圈支架组件之间设置有第一挡板和第二挡块"，同样可以避免在注塑过程中电磁阀线圈被高压击穿。因此，证据衡量的结果支持审查员。

对于第二个争辩点，对比文件1公开了阀壳体内设置第一阀口和第二阀口，第一阀口与动铁芯的下端相配合，第二阀口与堵头相配合的技术方案，而在此基础上，设置堵头与动铁芯通过顶杆相联动，将堵头设置成橡皮堵头对于本领域的技术人员来说属于本领域的常规设置，并不需付出创造性的劳动。因此，证据衡量的结果支持审查员。

对于第三个争辩点，对比文件1并没有公开技术特征"线圈支架组件由呈匚字形结构的线圈支架和支架侧板组成，支架侧板上下两端分别设置有卡块，线圈支架上设置有与所述卡块相适配的卡槽，卡块与对应的卡槽相配合"。审查员将线圈支架组件的具体结构以及该结构与两个挡板通过凸块与孔这种可拆卸式连接的方式简单认定为本领域的常规设置并不严谨，说服力不强。

【查问题】

经过辩是非可知，审查员在第一次审查意见通知书的处理过程中存在一定的问题，主要问题是认定的部分事实缺乏证据支持。具体来说，对于第三个争辩点相关技术特征的评述，对于原权利要求4的评述，都是简单认定属于本领域的常规手段，并且仅通过说理进行处理，而未提供证据支持，使得申请人在答复审查意见通知书时，因对公知常识不认可而将其补入独立权利要求1，并形成了第三个争辩点。

在查问题环节中，除了查找审查过程中的问题外，在申请人本身认识出现偏差的情况下，通常也会涉及对申请人答复审查意见时存在的问题进行分析。经分析，申请人问题在于以下几个方面：首先，未根据现有技术的状况及时改变争辩意见。审查员提供对比文件1后，现有技术水平已经和本申请的背景技术明显不同，而申请人还停留在本申请背景技术的水平上，未根据审查员提供的对比文件1客观认定本申请的内容，例如：如果第一个和第二个争辩点确实被对比文件1所公开，继续对这两点进行争辩并不会达到预期效果。其次，申请人的意见答复针对性不强。对比文件1没有公开第三个争辩点，并且原权利要求4的附加技术特征也没有被对比文件1所公开，其和第三个争辩点的技术特征具有协同作用的关系，起到了简化安装程序方便安装的技术效果。这部分审查员未提供证据支持，申请人应着重从这两方面进行重点争辩，提高争辩的针对性。最后，申请人的意见答复策略有待提高。申请人在答复意见时，并没有在区别技术特征、技术问题和技术效果上下功夫，而是在独立权利要求中加入已经被现有技术所公开的技术特征，试图通过缩小权利要求的保护范围来达到授权的目的，意见答复的方式无助于改变原审查意见。

【再处理】

在"再处理"步骤中，本节既展示了符合回案处理"五步法"的处理建议，同时也展示了未按照回案处理"五步法"处理的实际处理方式，供读者对比分析。

处理建议：经分析，审查员将"线圈支架组件的具体结构及该结构与两个挡板之间采用凸块和孔的可拆卸式连接"认定为常规设置并不严谨，存在瑕疵。审查员此时应该针对该部分内容进行补充检索，提供证据，发出审查意见通知书。

实际处理：审查员认为不需引用新的证据，未进行补充检索，坚持采用公知常识进行评述，并对申请人的意见陈述进行回应，发出审查意见通知书。

六、创造性再次评价

审查员发出的第二次审查意见通知书摘录如下：

权利要求 1 请求保护一种具有防止高压击穿结构的电磁阀，对比文件 1（EP0574735A1）为最接近的现有技术，其公开了一种微型电磁阀，该电磁阀具有挡板，可以防止高压击穿。其包括：线圈组件和阀体组件，线圈组件包括用于缠绕线圈 31 的线圈骨架 44、线圈支架组件 9 以及包塑外壳 21，线圈骨架 44 的上端并列固定有用于接电的插针 48，线圈骨架 44 装配于线圈支架组件 9 上，线圈骨架 44 与线圈支架组件 9 之间设置有第 1 挡板和第 2 挡板，线圈骨架 44 的中心上部设置有定铁芯 46，其中心下部设置有动铁芯 15，定铁芯 46 和动铁芯 15 之间设置有弹簧 18；阀体组件包括阀壳体 10、底盖 41 以及手动开关 32，阀壳体 10 上设置有进气口 12、第二出气口 13 以及第一出气口 14，进气口 12 与阀壳体 10 内的第一阀口 11 相通，第二出气口 13 与阀壳体 10 内的第二阀口相通，第一出气口 14 与阀壳体 10 内的空腔相通，动铁芯 15 的下端与第一阀口 11 相配合，阀壳体 10 内设置有与第二阀口相配合的堵头，堵头与底盖 41 之间设置有底座弹簧，堵头与动铁芯 15 之间通过顶杆联动；顶杆的下端与堵头相固定，顶杆的上端与动铁芯 15 的下端相抵配合；动铁芯 15 的下端设置有橡胶件 20，橡胶件 20 的下端面与第一阀口 11 相配合。

权利要求 1 所要求保护的技术方案与对比文件 1 所公开的技术内容相比，其区别在于：线圈支架组件由线圈支架和支架侧板组成，线圈支架呈匚字形结构，支架侧板装配于线圈支架匚字形结构的开口端；支架侧板上下两端分别设置有卡块，线圈支架上设置有与卡块相适配的卡槽，卡块与对应的卡槽相配合；线圈支架上竖向开设有第一挡板安装孔，第一挡板上设置有与第一挡板安装孔相适配的第一凸块；支架侧板上竖向开设有第二挡板安装孔，第二挡块上设置有与第二挡板安装孔相适配的第二凸块；本申请在动铁芯的下端设置固定座，橡胶件上设置在固定座上，本申请中的堵头为橡皮堵头，本申请中的线圈为漆包线。基于该区别技术特征可以确定本申请实际所要解决的技术问题是如何装配简单以及如何密封更紧密。

关于区别技术特征，对于本领域技术人员来说，匚字形结构或 U 形结构均为常见的线圈支架结构，具体地，将线圈支架组件设置成线圈支架和支架侧板组成以及支架侧板装配于线圈支架的匚字形结构的开口端属于本领域的常规设置；同时卡扣连接属于比较常见的可拆卸连接，为了便于线圈支架与支架侧板组装，本领域技术人员能够想到在支架侧板的上下两端设置卡块并与设置在线圈支架的卡槽相配合，而不需要付出创造性的劳动；同时为了将挡板与线圈支架组件装配稳固，在线圈支架以及支架挡板分别设置挡板安装孔以及在第一挡板和第二挡块分别设置凸块，并将凸块与安装孔相卡合属于本领域的常规技术手段；为了保证橡胶件连接稳固，在动铁芯的下端设置固定座并将橡胶件设置在固定座上属于本领域的常规技术手段；橡皮堵头为本领域常见的堵头，为了保证关闭阀口时充分压紧，选用橡皮堵头是本领域技术人员能够想到的；至于采用漆包线作为线圈也属于本领域的常规选择。由此可知，在对比文件 1 的基础上结合本领域的公知常识以获得权利要求 1 所要求保护的技术方案，对于所属领域技术人员来说是显而易见的，因此，权利要求 1 所要求保护的技术方案不具备突出的实质性特点和显著的进步，不符合《专利法》第二十二条第三款有关创造性的规定。

关于权利要求 2~5 的评述请参见第一次审查意见通知书权利要求 7~10 的评述。

七、申请人的再次意见陈述

申请人针对第二次审查意见通知书提交了意见陈述书和修改后的权利要求书，并在意见陈述书中陈述了权利要求具有创造性的理由。

【申请文件的修改】

申请人在答复第二次审查意见通知书时将从属权利要求 2~5 的附加技术特征补入权利要求 1 中，并且将说明书第【0033】段至【0034】段关于工作原理的内容补入独立权利要求 1 中，进一步缩小了权利要求保护范围，形成新的独立权利要求 1。

修改后的独立权利要求 1 如下：

1. 一种具有防止高压击穿结构的电磁阀，包括线圈组件和阀体组件，其特征是：所述的线圈组件包括用于缠绕漆包线的线圈骨架、线圈支架组件以及包塑外壳，所述的线圈骨架的上端并列固定有用于接电的插针，所述的线圈骨架装配于线圈支架组件上，所述的线圈骨架与线圈支架组件之间设置有第一挡板和第二挡块，所述的线圈骨架的中心上部设置有定铁芯，其中心下部设置有动铁芯，所述的定铁芯和动铁芯之间设置有弹簧；所述的阀体组件包括阀壳体、底盖以及手动开关，所述的阀壳体上设置有进气口、排气口以及出气口，所述的进气口与阀壳体内的第一阀口相通，所述的排气口与阀壳体内的第二阀口相通，所述的出气口与阀壳体内的空腔相通，所述的动铁芯的下端与所述第一阀口相配合，所述的阀壳体内设置有与第二阀口相配合的橡皮堵头，该橡皮堵头与底盖之间设置有底座弹簧，所述的橡皮堵头与动铁芯之间通过顶杆联动；所述的线圈支架组件由线圈支架和支架侧板组成，所述的线圈支架呈匚字形结构，所述的支架侧板装配于所述线圈支架匚字形结构的开口端；所述的支架侧板上下两端分别设置有卡块，所述的线圈支架上设置有与所述卡块相适配的卡槽，所述的卡块与对应的卡槽相配合；所述的线圈支架上竖向开设有第一挡板安装孔，所述的第一挡板上设置有与第一挡板安装孔相适配的第一凸块；所述的支架侧板上竖向开设有第二挡板安装孔，所述的第二挡块上设置有与第二挡板安装孔相适配的第二凸块；所述的顶杆的下端与所述橡皮堵头相固定，所述的顶杆的上端与动铁芯的下端相抵配合；所述的动铁芯的下端设置有固定座，该固定座上设置有橡胶件，所述的橡胶件的下端面与所述第一阀口相配合；所述的手动开关设置于阀壳体的侧壁上，所述的手动开关与所述阀壳体的内壁之间设置有手动开关弹簧，所述的手动开关的外周与阀壳体的内壁之间设置有手动开关O型圈；所述的底盖上开设有O型圈槽，该O型圈槽内设置有底座O型圈，所述的底座O型圈的外周与阀壳体的内壁密封配合；所述的插针与电路板电连接，该电路板上设置有电插脚，所述的电插脚外设置有保护外壳；所述的包塑外壳的外壁上设置有保护壳卡钩，所述的保护外壳与该保护壳卡钩相配合；具有防止高压击穿结构的电磁阀在断电的情况下，动铁芯处于下降状态，其下端堵住第一阀口，即动铁芯下端的橡胶件堵住第一阀口，这时第一阀口关闭；同时，动铁芯的下降通过顶杆将橡皮堵头克服底座弹簧的弹力向下顶，使橡皮堵头的上端面与第二阀口脱离，从而使第二阀口打开；具有防止高压击穿结构的电磁阀在通电的情况下，定铁芯与线圈构成电磁铁产生电磁力，动铁芯克服弹簧的弹力向上运动，从而使动铁芯的下端面与第一阀口脱离，从而使第一阀口打开；同时，动铁芯的上移使顶杆失去阻力，在底座弹簧的作用下，推动橡皮堵头以及顶杆一起向上运动，直到橡皮堵头的上端面与第二阀口相抵，从而使第二阀口关闭。

【意见陈述概述】

申请人认为本申请的目的在于提供结构巧妙、合理，装配方便，使用寿命长的一种具有防止高压击穿结构的电磁阀，其与对比文件1的目的不同。通过在线圈骨架与线圈支架组件之间设置有第一挡板和第二挡块，从而有效地将线圈骨架上的漆包线和线圈支架组件隔开，从而有效避免了在注塑过程中电磁阀线圈被高压击穿，也提高了电磁阀的使用寿命；另外，本发明阀体组件的阀壳体内设置有第一阀口和第二阀口，第一阀口与动铁芯的下端相配合，第二阀口与橡皮堵头相配合，而橡皮堵头与动铁芯通过顶杆相联动，从而保证第一阀口和第二阀口保持一开一闭的状态，结构简单、巧妙，装配方便。另外，本申请公开了手动开关和底座"O"型圈的相关设置，插针与电路板电连接形式以及电磁阀在断电或通电的情况下动铁芯的作动过程。

八、回案处理"五步法"的再次应用

针对申请人的再次意见陈述，下面采用回案处理"五步法"对陈述内容再次进行分析，判断申请人争辩理由是否成立，以及如何进行后续审查。

【列争点】

通过对申请人意见陈述以及修改后权利要求的理解，我们梳理出 4 个争辩点，具体如下：

第一个争辩点：本申请通过在线圈骨架与线圈支架组件设置有第一挡板和第二挡块，将线圈骨架上的漆包线与线圈支架组件隔开，避免在注塑过程中电磁阀线圈被高压击穿。

第二个争辩点：本申请的阀壳体内设置第一阀口和第二阀口，第一阀口与动铁芯的下端相配合，第二阀口与橡皮堵头相配合，而橡皮堵头与动铁芯通过顶杆相联动，从而保证第一阀口和第二阀口保持一开一闭的状态。

第三个争辩点：手动开关和底座"O"型圈的相关设置，插针与电路板电连接形式。

第四个争辩点：电磁阀在断电或通电的情况下动铁芯的作动过程。

【核证据】

在仔细审阅申请人的意见陈述的基础上，对审查员和申请人双方的证据进行核实。

1. 申请人证据核实

申请人所述的第一～四个争辩点相关的技术特征均体现在修改后的权利要求 1 中，可以支持其争辩理由。

2. 审查员的证据核实

第一个和第二个争辩点与申请人针对第一次审查意见通知书的陈述意见的争辩点相同，已经在上文中进行了证据核实，此处不再赘述。对于第三个争辩点，对比文件 1 公开了手动开关和底座"O"型圈的相关设置，而将"插针与电路板电连接形式"被审查员认定为本领域的常规设置，但是并未提供相应的证据。关于第四个争辩点，对比文件 1 已经公开了微型电磁阀在断电或通电的情况下动铁芯的作动过程。

【辨是非】

对于第一个和第二个争辩点的辨是非过程，与申请人答复第一次审查意见通知书时的争辩点相同，在此不作赘述。对于第三个争辩点，对比文件1公开了手动开关和底座"O"型圈的相关设置，而将"插针与电路板电连接形式"是本领域众所周知的事实，不需要提供证据。因此，审查员争辩理由成立。对于第四个争辩点，由于相应的技术特征已经被对比文件1所公开，因此证据衡量的结果支持审查员。

【查问题】

通过以上分析可知，申请人和审查员的问题与第一次审查意见通知书时候存在的问题相同。审查员仍未认识到在本案的处理过程中缺乏证据支撑，没有对于申请人提出质疑的公知常识性内容进行补充检索，没有在第二次审查意见通知书中引入新的证据来提高申请人对于创造性审查意见的认同度。申请人在答复审查意见时，并没有针对现有技术状况及时调整争辩意见；并没有提高争辩的针对性；也未就"线圈支架组件的具体结构以及该结构与两个挡板之间通过凸块和孔这种可拆卸式连接方式"方面进行重点理由陈述。

【再处理】

在"再处理"步骤中，本节同样既展示了符合回案处理"五步法"的处理建议，同时也展示了未按照回案处理"五步法"处理的实际处理方式，供读者对比分析。

处理建议：经分析，审查员将"线圈支架组件的具体结构及该结构与两个挡板之间采用凸块和孔的可拆卸式连接"认定为常规设置并不严谨，存在瑕疵。审查员此时还应该针对该部分内容进行补充检索，提供证据，提高通知书效能，发出审查意见通知书。

实际处理：审查员认为不需引用新的证据，坚持采用现有技术结合公知常识的方式进行创造性评述，对申请人的意见陈述通过说理进行回应，发出驳回决定。

九、驳回决定

【驳回决定】

审查员实际处理过程中，驳回决定的驳回理由部分摘录如下：

权利要求1请求保护一种具有防止高压击穿结构的电磁阀，对比文件1（EP0574735A1）为最接近的现有技术，其公开了一种微型电磁阀，该电磁阀具有挡板，可以防止高压击穿，其包括：线圈组件和阀体组件，线圈组件包括用于缠绕线圈 31 的线圈骨架 44、线圈支架组件 9 以及包塑外壳 21，线圈骨架 44 的上端并列固定有用于接电的插针 48，线圈骨架 44 装配于线圈支架组件 9 上，线圈骨架 44 与线圈支架组件 9 之间设置有第 1 挡板和第 2 挡板，线圈骨架 44 的中心上部设置有定铁芯 46，其中心下部设置有动铁芯 15，定铁芯 46 和动铁芯 15 之间设置有弹簧 18；阀体组件包括阀壳体 10、底盖 41 以及手动开关 32，阀壳体 10 上设置有进气口 12、第二出气口 13 以及第一出气口 14，进气口 12 与阀壳体 10 内的第一阀口 11 相通，第二出气口 13 与阀壳体 10 内的第二阀口相通，第一出气口 14 与阀壳体 10 内的空腔相通，动铁芯 15 的下端与第一阀口 11 相配合，阀壳体 10 内设置有与第二阀口相配合的堵头，堵头与底盖 41 之间设置有底座弹簧，堵头与动铁芯 15 之间通过顶杆联动；顶杆的下端与堵头相固定，顶杆的上端与动铁芯 15 的下端相抵配合；动铁芯 15 的下端设置有橡胶件 20，橡胶件 20 的下端面与第一阀口 11 相配合；手动开关 32 设置于阀壳体 10 的侧壁上，手动开关 32 与阀壳体 10 的内壁之间设置有手动开关弹簧，手动开关 32 的外周与阀壳体 10 的内壁之间设置有手动开关 O 型圈；底盖 41 上开设有 O 型圈槽，该 O 型圈槽内设置有底座 O 型圈，底座 O 型圈的外周与阀壳体 10 的内壁密封配合；包塑外壳 21 的外壁上设置有保护壳卡钩；微型电磁阀在断电的情况下，动铁芯 15 处于下降状态，其下端堵住第一阀口 11，即动铁芯 15 下端的橡胶件堵住第一阀口 11，这时第一阀口 11 关闭；同时，动铁芯 15 的下降通过顶杆将堵头克服底座弹簧的弹力向下顶，使堵头的上端面与第二阀口脱离，从而使第二阀口打开；微型电磁阀在通电的情况下，定铁芯 46 与线圈构成电磁铁产生电磁力，动铁芯 15 克服弹簧 18 的弹力向上运动，从而使动铁芯 15 的下端面与第一阀口 11 脱离，从而使第一阀口 11 打开；同时，动铁芯 15 的上移使顶杆失去阻力，在底座弹簧的作用下，推动堵头以及顶杆一起向上运动，直到堵头的上端面与第二阀口相抵，从而使第二阀口关闭。

权利要求 1 所要求保护的技术方案与对比文件 1 所公开的技术内容相比，其区别在于：线圈支架组件由线圈支架和支架侧板组成，线圈支架呈匚字形结构，支架侧板装配于线圈支架匚字形结构的开口端；支架侧板上下两端分别设置有卡块，线圈支架上设置有与卡块相适配的卡槽，卡块与对应的卡槽相配合；线圈支架上竖向开有第一挡板安装孔，第一挡板上设置有与第一挡板安装孔相适配的第一凸块；支架侧板上竖向开设有第二挡板安装孔，第二挡块上设置有与第二挡板安装孔相适配的第二凸块；本申请在动铁芯的下端设置固定座，橡胶件上设置在固定座上，本申请中的堵头为橡皮堵头，本申请中的线圈为漆包线，插针与电路板电连接，该电路板上设置有电插脚，电插脚外设置有保护外壳，保护外壳与该保护壳卡钩相配合。基于该区别技术特征可以确定本申请实际所要解决的技术问题是如何便于装配。

关于区别技术特征，对于本领域技术人员来说，匚字形结构或 U 形结构均为常见的线圈支架结构，具体地，将线圈支架组件设置成线圈支架和支架侧板组成以及支架侧板装配于线圈支架的匚字形结构的开口端属于本领域的常规设置；同时卡扣连接属于比较常见的可拆卸连接方式，为了便于线圈支架与支架侧板组装，本领域技术人员能够想到在支架侧板的上下两端设置卡块并与设置在线圈支架的卡槽相配合，而不需要付出创造性的劳动；同时为了将挡板与线圈支架组件装配稳固，在线圈支架以及支架挡板上分别设置挡板安装孔以及在第一挡板和第二挡块上分别设置凸块，并将凸块与安装孔相卡合属于本领域的常规技术手段；为了保证橡胶件连接稳固，在动铁芯的下端设置固定座并将橡胶件设置在固定座上属于本领域的常规技术手段；橡皮堵头为本领域常见的堵头，为了保证关闭阀口时充分压紧，选用橡皮堵头是本领域技术人员能够想到的；至于采用漆包线作为线圈也属于本领域的常规选择；为了保证供电，设置电路板以及电插脚的方式是本领域技术人员作出的常规选择；为了避免电插脚损坏，设置保护外壳属于本领域的常规技术手段；至于保护外壳与该保护壳卡钩相配合也是本领域技术人员根据实际需要作出的常规设置。由此可知，在对比文件 1 的基础上结合本领域的公知常识以获得权利要求 1 所要求保护的技术方案，对于所属领域技术人员来说是显而易见的，因此，权利要求 1 所要求保护的技术方案不具备突出的实质性特点和显著的进步，不符合《专利法》第二十二条第三款有关创造性的规定。

十、案例小结

通过本案，我们可以看出，审查员与申请人在处理上都存在一定的不足，导致程序不节约，程序延长，浪费审查资源。为了避免类似的情况再次出现，建议审查员和申请人在如下方面进行改进：

对于审查员：首先，要树立证据意识，在详细阅读说明书和权利要求书，完整地理解申请技术方案的基础上，站位本领域技术人员，合理详细地确定其所属领域，并且充分利用检索工具和检索手段进行全面检索，快速准确地获得相关对比文件，提供证据支持。其次，要兼顾程序节约原则，对申请人的修改进行合理预期，提高通知书效能。不仅需要关注申请人的争辩点及争辩理由，还需要根据申请人的争辩理由及修改内容进一步重新理解本发明，对本发明以及对比文件公开的事实再次确认。最后，对于证据使用存在缺陷的情况，应及时调整补救，通过补充检索的手段获得新的现有技术证据或者公知常识性证据，通过新证据的引入来提高申请人对审查意见的认同度，进而提高审查质量和通知书效能。

对于申请人：首先，应根据审查员提供的对比文件及时调整争辩意见，客观认定本申请和对比文件的事实。其次，应提高意见答复的针对性，针对对比文件未公开的技术特征进行重点争辩理由。最后，要注重意见答复策略，关于新颖性和创造性问题，应在区别技术特征、技术问题、技术效果上下功夫，不能通过盲目加入现有技术的技术特征缩小权利要求保护范围，以期获得授权。

第二节　电学领域案例解析

一、案例要点

在专利审查中，审查员提高证据意识，通知书的效能才能发挥到最大。在理解本发明及对比文件时，应该通过检索提高理解发明创造实质的能力。要准确把握发明，应将技术领域、技术问题、技术方案和技术效果作为一个整体深入理解，不能局限于技术方案的字面理解。理解发明时，应关注权利要求书请求保护的技术方案与说明书中记载的技术方案的差异，在检索时有的放失，全面检索，不仅检索权利要求书的技术方案，还要对说明书中涉及的关键技术手段进行深入检索，加强证据意识，遵守证据规则，全面审查，提高审查效率。

二、理解发明

某发明的发明名称为一种在消费电子设备上启动应用程序的方法及电子设备，下面从发明所属技术领域、背景技术、发明解决的技术问题、发明的技术方案、发明效果以及具体实施方式方面，对该发明进行介绍。

【技术领域】

本发明涉及一种电子设备，尤其涉及能够执行驻留在其存储器上的一个或多个应用程序的消费电子设备。

【背景技术】

几乎所有电子设备都具备在保持空闲时并且达到预定时间后自动将它们自己锁定的功能，然而解锁设备通常需要用户按压触摸屏上显示的或者包含在设备壳体上的按钮或其他控制装置。有时候用户被提示输入密码或 PIN，但这并不是必需的。一旦解锁，呈现给用户的通常是包括一个或多个图标的"桌面"或"主屏"，每个图标代表一个应用程序。为了启动或访问相应的应用程序，用户只需选择对应的图标。然而，解锁该电子设备、查找特定应用、之后启动应用程序的过程比较麻烦且费时，尤其是当用户的设备上安装有许多不同应用程序时，造成用户体验不佳的问题。

【技术问题】

为了克服背景技术中存在的缺陷，本申请要解决的技术问题为如何快速方便地在电子设备上启动某一个应用程序的方法。

【技术方案】

本发明提供了一种设备和方法，当设备被解锁时，利用指示设备的当前方向的方向信息自动执行设备的存储器中驻留的预定义应用程序。在一个实施例中，在消费电子设备上启动应用程序的方法包括在消费电子设备的存储器中存储多个应用程序，以及响应于设备从锁定状态转变为解锁状态，执行根据消费电子设备的方向选择的应用程序。当设备被解锁时，利用指示设备的当前方向的方向信息自动执行设备的存储器中驻留的预定义应用程序。方案中的关键技术手段包括：在电子设备中采用方向传感器来接收电子设备的方向信号，将每个方向信号与某个应用程序相关联，通过电子设备的方向来选择执行对应方向上的应用程序，借助电子设备中锁定控制装置上显示的图形指示符，用于识别在当前方向上响应于将消费电子设备转变为解锁状态时将执行哪个选择的应用程序，即启动某一个方向上相关联的应用程序的"快捷方式"。

【技术效果】

用户不需要首先解锁设备然后导航传统菜单系统或者以其他方式搜索期望的应用程序以启动该应用程序。相反，本发明直接基于所确定的方向以及响应于检测设备何时从锁定状态转变到解锁状态来自动执行所述应用程序；基于设备的方向，本发明配置设备的锁定控件以在实现解锁该设备的原有功能以外，还起到用户执行应用程序的"快捷方式"的作用。启动应用程序快速、方便、用户体验好。

【具体实施方式】

在本发明的一个实施例中，存储在存储器中的一个或多个应用程序与设备唯一的、预定义的方向相关联。该设备检测用户何时解锁设备并确定其当前方向。根据当前方向，设备启动对应应用程序。用户不需要导航传统菜单系统或者以其他方式搜索该程序，而是本发明直接执行该应用程序。根据设备的方向，本发明配置该锁定控制装置，以在实现解锁该设备的预期功能以外，还充当到达用户指定的应用程序的"快捷方式"。

本发明的一个实施例配置的消费电子设备 10 的组成部件框图如图 8-7 所示。从图 8-7 可以看到，设备 10 包括控制器 12、用户接口 14、方向传感器 16、集成相机电路 18、通信接口 20，以及存储器 22。存储器 22 中存储有一个或多个在设备 10 上执行的应用程序 24，以及将一个或多个应用程序 24 映射到设备 10 的特定方向的数据库或其他结构。

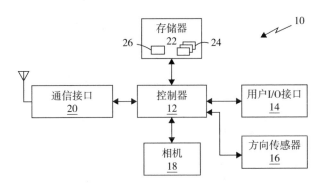

图8-7　消费电子设备的组成部件框图

根据本发明的实施例，用户接口 4 包括锁定控制装置。用户可以手动将设备 10 置于"锁定"状态。设备 10 在空闲预定义时间后自动将自己置于锁定状态。在"锁定"状态下，用户被禁止使用设备 10 的全部功能而只能使用非常有限的功能集合。为了使用设备 10，用户必须启动该锁定控制装置以将设备 10 置于"解锁"状态。该锁定控制装置可以为触敏显示器上显示的触敏滑动锁，或者位于设备 10 的壳体上的按钮或其他控制装置。

方向传感器 16 集成在设备 10 的内部。传感器 16 可以包括现有技术中已知的能够检测设备 10 的方向传感器，并向控制器 12 提供该方向的指示。方向传感器 16 可以周期性地向控制器 12 提供方向信号，或者仅仅响应于某一预定事件的发生而向控制器 12 提供信号。在设备 10 中使用的方向传感器 16 包括但不限于，陀螺仪和加速计。

本发明的实施例透视图如图 8-8 所示。在图中可以看到用户接口 14 的一些组件。设备 10 的用户接口包括扬声器 28，用来输出信息以及接受用户输入的触敏显示器 30，以及促进用户与设备 10 交互的一组控制装置 32。图 8-8 示出了设备 10 处于不同方向的"智能电话"。此外，在图 8-8 每个图中，设备 10 显示为"锁定"状态。也就是说，设备 10 处于用户无法访问设备 10 的功能的状态。这包括应用程序 24 和设备 10 的通信功能。为了访问程序 24 和其他功能，用户必须首先将设备 10 置于"解锁"状态。在解锁状态，用户可以自由访问应用程序 24 和设备 10 的其他功能。

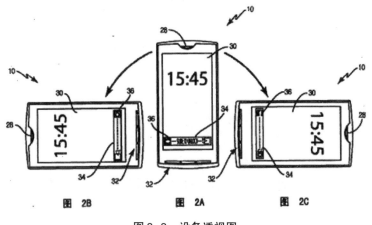

图 8-8　设备透视图

为了促进设备 10 转变到解锁状态，触敏显示器 30 包括锁定控制装置，在本实施例中，其为滑动锁定控件 34。一般情况，无论设备何时进入锁定状态都会显示滑动锁定控件 34。为了解锁设备 10，用户简单地根据箭头的方向从滑动锁定控件 34 的一端向另一端触摸并滑动虚拟按钮控件 36。

在传统设备中，启动滑动锁定控件 34 解锁设备，将简单地使一个或多个"主屏"或"桌面"屏中的第一个呈现给用户。为了在这些传统设备上启动期望的程序，用户在解锁设备 10 后必须首先在多个主屏中的一个上搜索并定位期望的应用程序 24。在许多情况下，显示器 30 上的图标并未按逻辑排列，这使得定位到常用程序比较困难和麻烦。一旦找到，用户必须通过触摸相关联的图形指示符来启动期望的应用程序。解锁设备的整个过程，查找特定应用程序和启动应用程序，可能是麻烦且耗时的，尤其是当用户的设备安装有许多不同的应用程序时。因此，本发明提供了一种方法，其无须用户执行附加步骤来从解锁设备到启动应用程序。

本发明允许用户将不同应用程序 24 映射或关联到设备 10 的对应不同方向。也就是说，一个应用程序 24 与一个方向相关联。应用程序 24 和设备 10 的方向之间相关联然后被存储在设备 10 的存储器 20 中。之后，无论用户何时解锁设备 10，控制器都将启动与该方向关联的应用程序。为了帮助用户确定对于设备 10 的给定方向将启动哪个应用，控制器 12 可以在滑动按钮控件 36 上放置识别针对该特定方向的应用程序 24 的图形表示例如图标。

例如，以"垂直"方向查看图 8-8 中的"图 2A"，其中在按钮控件 36 上显示"箭头"。在该方向，当用户滑动按钮控件 36 到滑动锁定控件 34 的另一端时，可编程控制器 12 将使触敏显示器 30 以竖向模式显示第一主屏。为了一旦设备 10 被解锁就访问应用程序 24 之一，用户可以在不同的屏幕之中搜索并定位该程序的图标。

图 8-8 左图中示出了设备 10 已经被用户旋转大约 90°到第一"水平"方向。在该第一方向，当用户移动按钮控件 36 时可编程控制器 12 将直接启动驻留在存储器 20 中的相机应用。

图 8-8 右图则示出了设备 10 已经被用户向相反的第二方向旋转大约 90°至第二"水平"方向。在该第二方向，可编程控制器 12 被配置为当用户沿箭头方向滑动按钮控件 36 时直接启动驻留在存储器 20 中时"FACEBOOK"应用。通过根据设备 10 的方向"直接"启动相机应用或 FACEBOOK 应用，本发明消除了用户搜索并手动执行这些应用程序的烦琐的需要。

用户可以如何将不同应用程序 24 与设备 10 的对应方向相关联如图 8-9 所示，设备 10 在存储器 20 中存储表 40。表 40 的第一列识别特定应用程序 24，而第二列详述了与程序 24 相关联的特定方向。其他信息也可以根据需要或期望而存储在表 40 中，例如程序员 12 启动程序所需要的应用 ID。

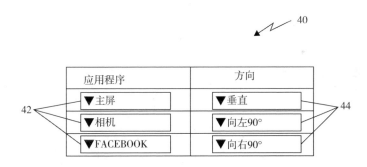

图 8-9　程序与设备对应方向关联图

根据本发明的一个实施例设备 10 如何根据设备 10 的方向直接启动所选择的应用程序 24 的方法，其流程图如图 8-10 所示。方法 50 开始于用户将一个或多个应用程序 24 映射到对应的方向指示符，并在存储器 20 中存储所述关联（框 52）。从上文可以看出，用户可以通过在表 40 中管理数据和信息来实现这一点。一旦映射，可编程控制器 12 等待检测设备 10 的方向的改变（框 54）。

举例来说，设备 10 中的方向传感器 16 可以产生并输出指示设备 10 的方向的方向信号。方向传感器检测和产生此类方向信号的方式为本领域所熟知。但是，可以充分说明的是，方向传感器 16 将产生并输出一个或多个信号，所述一个或多个信号向可编程控制器 12 指示设备 10 是否为垂直方向，并且如果不是，设备 10 现在所处的是哪个水平方向（即，向左 90°或向右 90°）。

一旦控制器 12 确定了设备 10 的方向，控制器 12 就确定哪个应用程序 24 与所检测的方向关联（框 56）。例如，在一个实施例中，可编程控制器 12 将比较从方向传感器 16 接收到的方向信号和表 40 中存储的方向信息。在确定匹配时，控制器 12 将更改滑动锁定按钮控件 34 的视觉外观以显示识别与检测到的设备 10 的方向关联的应用程序 24 的图标或其他图形指示符（框 58）。

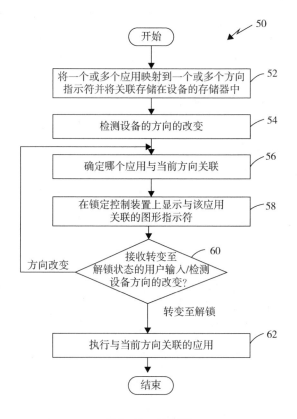

图 8-10　流程图

可编程控制器 12 将直接启动与设备 10 的当前方向关联的应用程序 24。因此，假设设备当前处于锁定状态，可编程控制器 12 将等待将设备 10 转变为解锁状态的用户输入（框 60）。在接收到这样的用户输入时，控制器 12 将直接简单地执行与设备 10 的当前方向关联的应用程序 24，而不要求用户执行进一步的导航或浏览来搜索相关联的应用程序 24（框 62）。在没有这样的用户输入的情况下，可编程控制器 12 等待检测设备 10 的方向改变。

【权利要求保护范围的分析】

本发明的权利要求书有9个权利要求，如下所示：

1. 一种在消费电子设备上启动应用程序的方法，该方法包括：在消费电子设备的存储器中存储多个应用程序；响应于检测到设备从锁定状态转变为解锁状态，基于消费电子设备的方向执行所选择的应用程序。

2. 如权利要求1所述的方法，进一步包括从与消费电子设备关联的方向传感器接收指示消费电子设备的方向的方向信号。

3. 如权利要求1所述的方法，进一步包括接收将消费电子设备从锁定状态转变为解锁状态的用户输入。

4. 如权利要求3所述的方法，其中接收将消费电子设备转变为解锁状态的用户输入包括检测用户已启动消费电子设备上的锁定控制装置。

5. 如权利要求1所述的方法，进一步包括：将一个或多个应用程序各自的标识符与消费电子设备的对应方向指示符关联；并且将所述关联存储在消费电子设备的存储器中。

6. 如权利要求5所述的方法，其中执行所选择的应用程序包括：将消费电子设备置于解锁状态；确定设备的方向；将设备的方向与存储器中存储的方向指示符进行比较；以及执行与确定的设备的方向匹配的方向指示符所对应的应用程序。

7. 如权利要求1所述的方法，进一步包括在消费电子设备上显示的锁定控制装置上显示图形指示符，以识别在当前方向上响应于将消费电子设备转变为解锁状态将执行哪个选择的应用程序。

8. 如权利要求7所述的方法，进一步包括响应于检测到消费电子设备的方向改变，将图形指示符从识别第一选择的应用程序的第一图形指示符改变为识别第二选择的应用程序的第二图形指示符。

9. 一种消费电子设备，包括：被配置为存储要由消费电子设备执行的多个应用程序的存储器；以及被配置为检测消费电子设备从锁定状态转变为解锁状态以及响应于所述检测而基于消费电子设备的方向执行所选择的应用程序的可编程控制器。

具体分析上述权利要求书，可知本发明包括两项独立权利要求1和9，其中独立权利要求1为方法权利要求，独立权利要求9为产品权利要求，权利要求2~8为从属权利要求。独立权利要求1请求保护在电子设备上，响应于检测到设备从锁定状态转变为解锁状态，基于消费电子设备的方向执行所选择的应用程序的一种方法。独立权利要求9为与方法权利要求1相对应的产品权利要求，电子设备有检测消费电子设备从锁定状态转变为解锁状态以及响应于所述检测而基于消费电子设备的方向执行所选择的应用程序的可编程控制器。从属权利要求 2~8 分别对独立权利要求 1 的方向信号产生设备、用户输入锁定控件、每个应用程序各自的标识符与消费电子设备的对应方向指示符关联、指示当前方向进入应用程序的"快捷方式"等作了进一步限定。

三、创造性评价

【对比文件】

在理解发明后，审查员对本申请进行了充分检索，并获得 3 篇现有技术，可作为评述权利要求创造性的对比文件。具体情况如下：

对比文件 1 为 US2009225026A1，其公开了一种在电子设备上基于电子设备感测方向以选择一应用程序启动的装置和方法，具体结构和操作流程如图 8-11、图 8-12 所示。电子设备包括连接各种组件进行通信并进行控制的逻辑控制电路、显示设备、方向传感器、用户输入组件、存储器；感测电子设备的方向采用方向传感器来实现，电子设备的应用程序存储在存储器中，逻辑控制电路是整个电子设备的核心控制组件；当电子设备 100 如图 8-12 中所示的方向旋转时，逻辑控制电路可基于方向传感器感测电子设备 100 的方向而选择执行存储器中多个应用程序中的一个应用程序；电子设备的每个方向与存储在存储器中的各个应用程序相关联，使用者不必在显示装置上手动触控屏幕选择执行应用程序。

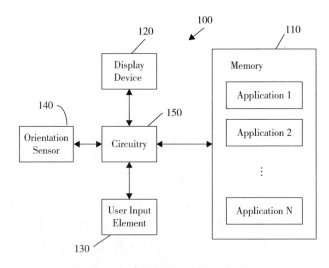

图8-11　电子设备选择程序的装置

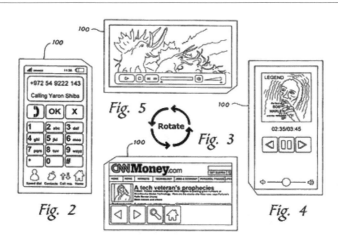

图 8-12　电子设备选择程序的装置

对比文件 2 为 CN101697181A，其背景技术中提到，"在移动电话和个人数字助理（PDA）之类的便携设备上，越来越普遍地使用触摸屏作为显示器和用户输入设备。如果在便携设备上使用触摸屏，伴随而来的一个问题是：无意地接触触摸屏会导致无意中激活或停用某些功能。因此，一旦满足预定锁定条件，例如进入主动呼叫，经过预定空闲时间或是用户手动锁定，那么便携设备、此类设备的触摸屏和/或运行在此类设备上的应用可被锁定。"基于上述背景技术，对比文件 2 公开了一种通过在解锁图像上执行姿态来进行解锁的设备，具体描述了该设备可以通过在触摸屏显示器上执行的手势而被锁定。如果与显示器的接触与用于解锁设备的预定手势相对应，所述设备被解锁。所述设备显示一个或多个针对其执行解锁手势以解锁设备的解锁图像。针对解锁图像来执行预定手势的过程可以包括：将解锁图像移动到预定位置和/或沿着预定路径移动解锁图像。所述设备还可以在触摸屏上显示所述预定手势的可视提示，以便向用户提醒所述手势。具体操作流程如图 8-13、图 8-14、图 8-15、图 8-16 所示。

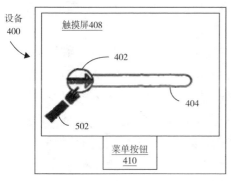

图 8-13　手势解锁流程

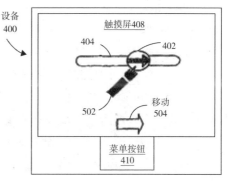

图 8-14　手势解锁流程

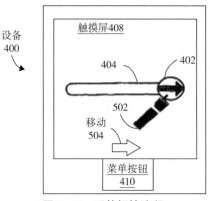
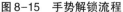
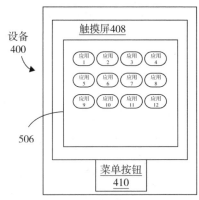

图 8-15　手势解锁流程　　　　　图 8-16　手势解锁流程

对比文件 3 为 CN101644987A，其公开了一种移动终端及菜单选择的方法。该方法包括：按下进入显示菜单的启动按键，画面显示菜单选项；旋转该移动终端，侦测上边缘一个侦测点的加速度 A，侦测下边缘一侦测点的加速度 A1，该两个侦测点的连线作为 Y 轴，移动终端的正面作为 XOY 平面，旋转中心在移动终端上；根据该 A 和 A1、加速度持续时间及该旋转中心距离该上边缘侦测点的长度计算出该移动终端的旋转角度 θ；控制该移动终端的菜单选项逆着旋转方向旋转角度 θ；当需要的菜单选项被框选时放开该启动按键以触发该选项，当需要的菜单选项还未被框选时则返回旋转该移动终端的步骤。本发明使用户无须使用方向键或滚轮，便可直觉地通过旋转移动终端由屏幕直接框选菜单上的选项。

【第一次审查意见通知书】

经过对申请文件的理解，本发明属于电子设备技术领域，面临在电子设备上启动应用程序的过程比较麻烦且费时的技术问题。本发明为了解决上述技术问题，采用的关键技术手段是当设备被解锁时，利用指示设备的当前方向的方向信息自动执行设备的存储器中驻留的预定义应用程序，从而达到在电子设备上快速方便地启动某一个应用程序的技术效果。

审查员在充分理解和分析对比文件 1~3 的基础上，依据技术领域是否与本发明的技术领域相同或相近、所要解决的技术问题、技术效果或者用途最接近和/或是否公开了发明的技术特征最多，确定了对比文件 1 为最接近的现有技术。然后，审查员通过分析权利要求 1 与对比文件 1 的区别技术特征，并根据区别特征使该发明所能达到的技术效果来确定本发明实际解决的技术问题为"如何更好地防止电子设备误操作及节省能源耗损"。基于上述分析可知，审查员所认定的最接近的现有技术不同于申请人在说明书中所描述的现有技术，并且对比文件1已经解决了申请人在说明书背景技术部分认定的"查找特定应用之后启动该应用程序的过程比较麻烦且费时"的技术问题。因此，"快速方便地在电子设备上启动某一个应用程序"不能作为本发明实际要解决的技术问题。最后，还应当判断要求保护的发明对本领域技术人员而言是否显而易见，即从对比文件1和发明实际解决的技术问题出发，判断要求保护的发明对本领域技术人员来说是否显而易见。通过分析对比文件2所披露的技术内容可知其给出了将区别特征应用到对比文件1中以解决实际技术问题的启示，这种启示会使得本领域的技术人员在面对所述技术问题时，有动机改进对比文件1中给出的技术方案并获得要求保护的发明。

在上述分析的基础上，审查员发出了第一次审查意见通知书，并指出权利要求1~9不具备《专利法》第二十二条第三款规定的创造性。通知书中引用了对比文件1~3，其审查意见概要如下：

权利要求1请求保护一种在消费电子设备上启动应用程序的方法，对比文件1（US2009225026A1）公开了一种基于感测方向以选择应用程序的电子装置和使用方法，并具体公开了以下内容：该电子装置的使用方法如下：电子装置100包括显示设备120，方向传感器140，用户输入元件130，存储多个应用程序的存储器110，以及连接各种组件进行通信的电路150；当电子设备100如图2-4中所示的方向旋转时，电路150可基于方向感测器140感测的方向而选择执行存储器110中多个应用程序中的一个应用程序，各个方向与存储在存储器110中的各个应用程序相关联，使用者不必在显示装置120上手动触控屏幕选择执行应用程序。

由此可见，权利要求1与对比文件1的区别特征在于：响应于检测设备从锁定状态转变为解锁状态。基于上述区别特征可以确定，权利要求1实际解决的技术问题是：如何更好地防止电子装置误操作及节省能源耗损。

对比文件2（CN101697181A）公开了一种通过解锁图像上执行姿态来解锁的设备及方法，并具体公开如下内容：设备400处于用户界面锁定状态时，在触敏显示器408上的第一预定位置显示解锁图像，用于检测触敏显示器的接触；当响应于检测到用户的接触时，用户在触敏显示器408上移动解锁图像；如果用户将解锁图像从触敏显示器408的第一预定位置移动到预定解锁区域，则设备400转换到用户界面解锁状态。由此可知，所公开的内容在对比文件2中的作用与上述区别特征在权利要求1中的作用相同，都是将设备从锁定状态转变为解锁状态后对设备再进行操作，防止设备误操作及节省能耗的作用，即对比文件2给出了相应的技术启示。因此，在对比文件1的基础上，结合对比文件 2 进而得到权利要求的技术方案对于本领域技术人员而言是显而易见的，权利要求 1 不具有突出的实质性特点和显著的进步，不符合《专利法》第二十二条第三款有关创造性的规定。

从属权利要求 2~7 的附加技术特征均被对比文件 1 或对比文件 2 公开。因此，当其引用的权利要求不具备创造性时，该权利要求也不符合《专利法》第二十二条第三款规定的创造性。

权利要求 8 对权利要求 1 作了进一步的限定，对比文件 3（CN101644987A）公开了一种移动终端及其菜单选择的方法，并具体公开了以下内容：(a) 按下进入显示菜单的启动按键，移动终端显示菜单选项；(b) 旋转该移动终端；(c) 根据上边缘侦测点和下边缘侦测点的加速度计算出旋转角度 θ；(d) 控制菜单选项逆着旋转方向旋转角度 θ；(e) 如图 4-7，当使用者需要的菜单选项已经被框选时则放开启动按键，以触发该框选的菜单选项，当使用者需要的菜单选项还未被框选时则返回到步骤 b。由此，所公开的内容在对比文件 3 中的作用与上述附加技术特征在权利要求 8 中的作用相同，都是通过改变设备的方向，使设备的图形指示符从一个应用程序切换到另一个应用程序，即对比文件 3 给出了相应的技术启示。因此，在对比文件 1 的基础上，结合对比文件 2 及对比文件 3 进而得到权利要求的技术方案对于本领域技术人员而言是显而易见的，权利要求 8 不具有突出的实质性特点和显著的进步，不符合《专利法》第二十二条第三款有关创造性的规定。

权利要求 9 请求保护一种消费电子设备，其是实现权利要求 1 的一种在消费电子上启动应用程序的设备，两组权利要求技术特征完全对应，基于同样的理由，进而得到权利要求 9 的技术方案对于本领域技术人员而言是显而易见的，因此，权利要求 9 不具有突出的实质性特点和显著的进步，不符合《专利法》第二十二条第三款有关创造性的规定。

四、申请人的意见陈述

申请人针对第一次审查意见通知书提交了意见陈述书和修改后的权利要求书，并在意见陈述书中陈述了权利要求具有创造性的理由。

【申请文件的修改】

申请人对权利要求书进行了修改，将原说明书所记载的如下内容"在接收到电子设备从锁定状态转变到解锁状态的输入之前，首先确定电子设备的方向"加入权利要求 1 中。修改后的权利要求书如下：

1. 一种在消费电子设备上启动应用程序的方法，该方法包括：在消费电子设备的存储器中存储多个应用程序；确定所述消费电子设备的方向；接收将所述消费电子设备从锁定状态转变到解锁状态的输入；以及响应于检测到所述消费电子设备从所述锁定状态转变为所述解锁状态，响应于所述设备从所述锁定状态转变为所述解锁状态执行基于所确定的所述消费电子设备的方向所选择的应用程序。

2. 如权利要求 1 所述的方法，进一步包括从与消费电子设备关联的方向传感器接收指示消费电子设备的方向的方向信号。

3. 如权利要求 1 所述的方法，进一步包括接收将消费电子设备从锁定状态转变为解锁状态的用户输入。

4. 如权利要求 3 所述的方法，其中接收将消费电子设备转变为解锁状态的用户输入包括检测用户已启动消费电子设备上的锁定控制装置。

5. 如权利要求 1 所述的方法，进一步包括：将一个或多个应用程序各自的标识符与消费电子设备的对应方向指示符关联；并且将所述关联存储在消费电子设备的存储器中。

6. 如权利要求 5 所述的方法，其中执行所选择的应用程序包括：将消费电子设备置于解锁状态；确定设备的方向；将设备的方向与存储器中存储的方向指示符进行比较；以及执行与确定的设备的方向匹配的方向指示符所对应的应用程序。

7. 如权利要求 1 所述的方法，进一步包括在消费电子设备上显示的锁定控制装置上显示图形指示符，以识别在当前方向上响应于将消费电子设备转变为解锁状态将执行哪个选择的应用程序。

8. 如权利要求 7 所述的方法，进一步包括响应于检测到消费电子设备的方向改变，将图形指示符从识别第一选择的应用程序的第一图形指示符改变为识别第二选择的应用程序的第二图形指示符。

9. 一种消费电子设备，包括：被配置为存储要由消费电子设备执行的多个应用程序的存储器；以及被配置为检测消费电子设备从锁定状态转变为解锁状态以及响应于所述检测而基于消费电子设备的方向执行所选择的应用程序的可编程控制器。

【意见陈述概述】

申请人认为对比文件 1 公开了通过旋转所述电子设备特定的角度来选择特定的应用。例如，通过逆时针旋转电子设备另一 90°导致电路 150 选择数字音频播放器应用程序（见对比文件 1 第［0017］段）。此外，对比文件 1 的目的在于，使得用户能够不必看显示装置 120 来选择应用程序以导航菜单。另外，在对比文件2中解锁所述设备的过程需要用户在触摸显示器400上将解锁图像从第一预定位置移动到预定的解锁区域。因此，需要用户观看该装置的显示器以便完成解锁的过程，这与对比文件1使得用户能够不必看显示装置120来选择应用程序以导航菜单目的是正好相反的。因此，在对比文件1的公开内容的基础上，本领域技术人员不会修改对比文件1的方案来响应于用户将解锁图像从第一预定位置移动到预定的解锁区域基于所述设备的方向选择应用程序。这就是说，审查员所提出的对比文件1和对比文件2的结合将不能实现对比文件1的原有目的，因此这样的结合是不适当的。对比文件1和对比文件2两者均没有教导或建议将执行基于消费电子设备的方向所选择的应用程序与检测到设备从锁定状态转变为解锁状态相关联；本发明直接基于所确定的方向以及响应于检测设备何时从锁定状态转变到解锁状态来自动执行所述应用程序。因此，基于设备的方向，本发明配置设备的锁定控件以在实现解锁该设备的原有功能以外，还起到到达用户指定的应用程序的"快捷方式"的作用。

五、回案处理"五步法"的应用

针对申请人修改后的权利要求书和意见陈述书，下面采用"五步法"对申请人陈述内容进行分析，判断申请人争辩理由是否成立，以及如何进行后续审查。

【列争点】

申请人针对方法权利要求进行重点反驳，尽管申请人大篇幅论述了对比文件1及对比文件2与本发明的区别和差异，但是通过仔细阅读可以发现，申请人主要强调本发明中解锁与执行方向应用程序与对比文件1不同，对比文件1和对比文件2不具有结合动机。另外，本发明配置设备的锁定控件以在实现解锁该设备的原有功能以外，还起到到达用户指定的应用程序的"快捷方式"的作用。

因此，可以将争辩点聚焦到对比文件1与对比文件2的结合启示以及解锁在本发明中所起的作用上，即申请人的争辩点可以归纳为：第一个争辩点：对比文件1与对比文件2没有结合启示。第二个争辩点：解锁控件不但起到原有的解锁功能，还起到到达用户指定的应用程序的"快捷方式"的作用。

【核证据】

在仔细审阅申请人的意见陈述的基础上，审查员对申请人的意见陈述和第一次审查意见通知书进行了证据的核实。

1. 申请人证据核实

对于第一个争辩点，申请人认为对比文件1与对比文件2没有结合启示，具体体现在执行基于消费电子设备的方向所选择的应用程序与检测到设备从锁定状态转变为解锁状态相关联。而权利要求 1 中记载了"响应于检测到设备从锁定状态转变为解锁状态，基于消费电子设备的方向执行所选择的应用程序"。此外，本申请的说明书第［0004］段还记载了"在一个实施例中，在消费电子设备上启动应用程序的方法包括在消费电子设备的存储器中存储多个应用程序，以及响应于设备从锁定状态转变为解锁状态，执行根据消费电子设备的方向选择的应用程序"。因此，申请人的证据支持其争辩点，第一个争辩点涉及的技术手段在权利要求 1 和说明书中均有体现。

对于第二个争辩点，申请人认为解锁控件不但起到了原有的解锁功能，还起到了到达用户指定的应用程序的"快捷方式"的作用。经核实，在权利要求 7 的附加技术特征中记载了"进一步包括在消费电子设备上显示的锁定控制装置上显示图形指示符，以识别在当前方向上响应于将消费电子设备转变为解锁状态将执行哪个选择的应用程序"，说明书第［0046］段还记载了"本发明允许用户将不同应用程序 24 映射或关联到设备 10 的对应不同方向。也就是说，一个应用程序 24 与一个方向相关联。应用程序 24 和设备 10 的方向之间相关联，然后被存储在设备 10 的存储器 20 中。无论用户何时解锁设备 10，控制器都将启动与该方向关联的应用程序。为了帮助用户确定对于设备 10 的给定方向将启动哪个应用，控制器 12 可以在滑动按钮控件 36 上放置识别针对该特定方向的应用程序 24 的图形表示例如图标"。因此第二个争辩点涉及的技术手段已经在权利要求 7 和说明书中均有体现，申请人的证据支持其争辩点。

2. 审查员证据核实

对于第一个争辩点，审查员提供的证据为申请文件和对比文件 1 和 2。对比文件 1 公开了与本申请相同的基于设备的方向来选择应用程序启动的方法，但并未明确本申请中的解锁装置，但是只有电子设备处于激活状态下才能执行其上的应用程序，因此对比文件 1 隐含公开了执行基于方向选择的应用程序是设备在解锁状态下才能够实现的，对比文件 1 只是没有公开具体的解锁过程。然而，对比文件 2 公开了在电子设备上的具体解锁过程。在本领域给电子设备设置锁定的功能，主要是防止电子设备的误操作以及节省电子设备能源消耗的问题，然而这个技术问题在对比文件 2 中已有相应技术启示。经过分析可知，审查员在整个评述过程中采用对比文件 1 和 2 作为证据进行事实主张，证据充分。

对于第二个争辩点，审查员提供的证据为申请文件和对比文件 1 和 2。对比文件 2 公开了一种在电子设备上的具体解锁过程，其说明书及说明书附图记载了"从第一用户界面状态转换到第二用户界面状态的同时，在图7A中，设备700是锁定的，并且它接收到一个来话呼叫，该设备700在触摸屏714上向用户显示一个提示706，将这个来话呼叫告知用户，该设备也显示出解锁图像702和通道704，由此用户可以解锁设备700，以便接受或拒绝该来话呼叫；在图7D中，用户通过将解锁图像拖曳到通道704的右端并释放完成解锁动作；设备700转换到解锁状态，并且可以接受或拒绝来话呼叫"。经过分析可知，审查员在整个评述过程中采用对比文件2作为证据进行事实主张，证据充分。

【辨是非】

申请人和审查员双方的证据核实完成后，将利用证据规则，针对每个争辩点来进行证据衡量，辨别是非。

对于第一个争辩点，申请人认为对于"执行基于消费电子设备的方向所选择的应用程序与检测到设备从锁定状态转变为解锁状态相关联"，对比文件1与对比文件2没有结合启示。审查员认为对比文件1公开了与本申请相同的基于设备的方向来选择应用程序启动的方法，只是没有公开具体的解锁过程。权利要求1实际要解决的技术问题是"如何更好地防止电子装置误操作及节省能源耗损"。对比文件2公开了一种在电子设备上的具体解锁过程，并且其披露的技术手段在该对比文件中所起的作用与区别特征在该权利要求中为解决重新确定技术问题所起的作用相同。因此判定给出了技术启示。衡量申请人和审查员的证据情况，可以判定对于第一个争辩点，支持审查员的意见。

对于第二个争辩点，申请人认为解锁控件不但起到原有的解锁功能，还起到到达用户指定的应用程序的快捷方式的作用，并且上述内容记载在修改后的权利要求中。审查员认为对比文件2说明书及附图已经公开了上述争辩内容，并且其技术实质就是"解锁控件不但起到原有的解锁功能，还起到到达用户指定的应用程序的快捷方式的作用"。衡量申请人和审查员的证据情况，可以判定对于第二个争辩点，支持审查员的意见。

【查问题】

根据前面的分析可知，在第一次审查意见通知书及其意见答复过程中，审查员和申请人均存在一定的问题，具体如下：

审查员在第一次审查意见通知书中对于技术启示的说理过于简单，缺少具体的分析推理过程，在通知书中引用的对比文件2的内容不够全面准确，导致申请人认为修改后的权利要求相对于对比文件1和2具备创造性。

申请人在修改权利要求书并进行意见陈述的过程中，未能根据争辩点对权利要求书进行合理的修改，导致争辩点所涉及的某些关键技术手段未体现在权利要求中，从而不能使修改后的权利要求与现有技术相区别。

【再处理】

再处理阶段中，审查员结合申请人的意见陈述进一步深入理解发明后，发出第二次审查意见通知书，其坚持使用对比文件1~2评述权利要求不具备创造性，并针对申请人的意见陈述进行了答复回复。

在针对性答复过程中，首先将申请人的争辩点及相关证据进行概括，其次从"剖析申请人争辩的具体原因"和"逐条回复申请人的争辩点"两个方面来进行说理。另外，在第二次审查意见通知书中，审查员加强了关于技术启示的说理，全面引用对比文件1和2的相关技术内容。

六、创造性再次评价

审查员发出的第二次审查意见通知书，对于权利要求的创造性意见与第一次审查意见相同，在此不作赘述。

七、申请人的再次意见陈述

申请人针对第二次审查意见通知书提交了意见陈述书和修改后的权利要求书，并在意见陈述书中陈述了权利要求具有创造性的理由。

【申请文件的修改】

申请人在答复第二次审查意见通知书时将原说明书中的技术手段"在确定电子设备的方向之前，限定电子设备是处于锁定状态"加入独立权利要求1中。修改后的权利要求如下：

1. 一种在消费电子设备上启动应用程序的方法，该方法包括：在消费电子设备的存储器中存储多个应用程序；当所述消费电子设备处于锁定状态时，确定所述消费电子设备的方向；检测将所述消费电子设备从锁定状态转变到解锁状态的输入；以及

一旦检测到所述消费电子设备从所述锁定状态转变为所述解锁状态的输入，就响应于所述设备从所述锁定状态转变为所述解锁状态执行基于所确定的所述消费电子设备的方向所选择的应用程序。

【意见陈述概述】

申请人认为"锁定状态转变为解锁状态"中的"转变"这个动作与"执行基于所确定的消费电子设备的方向所选择的应用程序"之间具有关联关系，即"从锁定状态转变为解锁状态"中的"转变"的发生会立即引起"执行基于所确定的消费电子设备的方向所选择的应用程序"的发生。在此，强调的是

前者动作"转变"和后者动作"执行……应用程序"之间存在的因果关系；强调了从所述锁定状态转变为所述解锁状态的发生与执行应用程序的时间关联性。因此本发明技术效果出乎意料，在现有技术中作出了贡献。对比文件 1 和对比文件 2 两者均没有教导或建议将执行基于消费电子设备的方向所选择的应用程序与检测到设备从锁定状态转变为解锁状态相关联；本发明直接基于所确定的方向以及响应于检测设备何时从锁定状态转变到解锁状态来自动执行所述应用程序。因此，基于设备的方向，本发明配置设备的锁定控件以在实现解锁该设备的原有功能以外，还起到到达用户指定的应用程序的"快捷方式"的作用。

八、回案处理"五步法"的再次应用

针对申请人再次修改后的权利要求书和意见陈述书，下面采用"五步法"对申请人陈述内容进行分析，判断申请人争辩理由是否成立，以及如何进行后续审查。

【列争点】

通过仔细阅读意见陈述书可以发现，申请人此次重点强调了本发明中解锁与执行方向应用程序两者之间存在先后因果关系，申请人的争辩点可以归纳如下：

第一个争辩点：从锁定状态到解锁状态与执行方向选择的应用程序之间存在先后因果关系。

第二个争辩点：解锁控件不但起到原有的解锁功能，还起到到达用户指定的应用程序的"快捷方式"的作用。由于第二个争辩点与前次意见陈述中的争辩点及争辩理由相同，在此不作赘述，在随后的核证据、辨是非、查问题和再处理过程中也不再重复进行分析。

【核证据】

此处重点核实第一个争辩点及其所涉及的申请人证据和审查员证据情况。

1. 申请人证据核实

对于第一个争辩点，从锁定状态到解锁状态与执行方向选择的应用程序之间存在先后因果关系，其与权利要求 1 中所记载的"响应于检测到所述消费电子设备从所述锁定状态转变为所述解锁状态，响应于所述设备从所述锁定状态转变为所述解锁状态执行基于所确定的所述消费电子设备的方向所选择的应用程序"相对应，即第一个争辩点涉及的技术手段已经体现在权利要求 1 中。另外，该争辩点也体现在了原申请文件的说明书第 ［0004］ 段中。

对于第二个争辩点，如前分析的结果申请人得到了证据支持。

2. 审查员证据核实

对于第一个争辩点，审查员提供的证据为申请文件、对比文件 1 和 2。对比文件 1 公开了与本申请相同的基于设备的方向来选择应用程序启动的方法，只是没有公开具体的解锁过程以及解锁与执行方向选择应用程序之间的关系。然而，对比文件 2 公开了一种在电子设备上的具体解锁过程，在本领域，给电子设备设置锁定的功能，主要是防止电子设备的误操作以及节省电子设备能源消耗的问题，然而这个技术问题在对比文件 2 中第［0006］段已有相应技术启示。在整个评述过程中，采用对比文件 1 和 2 公开的内容进行事实主张。

对于第二个争辩点，如前分析的结果审查员得到了证据支持。

【辨是非】

此处重点对于第一个争辩点进行辨是非，通过对双方证据综合分析，进行证据衡量，辨别是非。

对于第一个争辩点，申请人认为"从锁定状态到解锁状态与执行方向选择的应用程序之间存在先后因果关系"。然而经过证据衡量，发现"执行基于消费电子设备的方向所选择的应用程序与检测到设备从锁定状态转变为解锁状态相关联"这两者之间的关联关系只是体现在将设备从锁定状态转变到解锁状态的动作发生在执行基于方向的应用程序之前。实质上，申请人争辩的是对比文件 1 与对比文件 2 结合体现不出"从锁定状态到解锁状态与执行方向选择的应用程序之间存在先后因果关系"，与申请人在答复第一次审查意见通知书提出的意见陈述比较，即申请人从不同的角度在争辩对比文件 1 与对比文件 2 没有结合启示。审查员认为对比文件 1 已经公开了与本申请相同的基于设备的方向来选择应用程序启动的方法，只是没有公开具体的解锁过程。然而对比文件 2 公开了一种在电子设备上的具体解锁过程，且对比文件 2 披露的技术手段在该对比文件中所起的作用与区别特征在该权利要求中为解决重新确定技术问题所起的作用相同。因而对比文件 2 给出了将区别特征应用到对比文件 1 中以解决实际技术问题的启示。衡量申请人和审查员的证据情况，可以判定对于第一个争辩点，支持审查员的意见。

对于第二个争辩点，如前分析的结果支持审查员的意见。

【查问题】

根据前面的分析可知，在第二次审查意见通知书及其意见答复过程中，审查员和申请人双方仍然存在一定的问题。

审查员仅着重考虑技术方案本身，忽略申请人对于本发明技术效果的争辩。

申请人意见陈述中涉及的技术效果，缺乏证据支持和事实依据，并且申请人未针对争辩点对权利要求进行实质性的修改。

审查员在第二次审查意见通知书的主张有证据支持。在此基础上应重点考虑争辩点所涉及的技术效果。对于发明的技术效果，审查员举证能力存在明显不足，且已提供了充分的证据论述案件不具备突出的实质性特点，即不具备创造性，该事实盖然性很高，在这样的前提下，我们应当遵循证据原则"就专利申请而言，申请人应始终对发明技术效果负有举证责任"，如果申请人举证不力，则应当承受相应后果（无法获得授权）。本案预期走向驳回。

【再处理】

结合申请人的意见陈述进一步理解本发明，再处理思路为：针对技术效果的争辩点，原申请文件中并未有过多记载，本领域技术人员根据原申请文件公开的信息以及现有技术能够预料到相关技术效果，本发明中的技术效果是审查员可以预料和预期中的，因此，该技术效果并未达到意料不到的程度，申请人的争辩点意见陈述不成立。基于现有技术和第二次审查意见通知书的情况，本发明已经符合驳回时机，因此审查员依据对比文件1~2驳回了本发明。

九、驳回及后续相关情况

【驳回决定】

审查员实际处理过程中，驳回决定的驳回理由部分摘录如下：

1. 权利要求1请求保护一种在消费电子设备上启动应用程序的方法，对比文件1（US2009225026A1）公开了一种基于感测方向以选择应用程序的电子装置和使用方法，并具体公开了以下内容：该电子装置的使用方法如下：电子装置100包括显示设备120，方向传感器140，用户输入元件130，存储多个应用程序的存储器110，以及连接各种组件进行通信的电路150；当电子设备100如图2-4中所示的方向旋转时，电路150可基于方向感测器140感测电子设备100的方向而选择执行存储器110中多个应用程序中的一个应用程序，各个方向与存储在存储器110中的各个应用程序相关联，使用者不必在显示装置120上手动触控屏幕选择执行应用程序。由对比文件1公开的上述内容可知，用户能够根据电子设备确定的方向执行与方向相关联的应用程序，则电子装置100必定在解锁状态下才能执行该应用程序，因此，对比文件1还隐含公开了当消费电子设备处于锁定状态时，一旦检测到设备从锁定状态转变为解锁状态执行基于所确定的消费电子设备的方向所选择的应用程序。

由此可见，权利要求 1 与对比文件 1 的区别特征在于：检测消费电子设备从锁定状态转变到解锁状态的输入，检测到消费电子设备从锁定状态转变为解锁状态的输入就响应设备操作。基于上述区别特征可以确定，权利要求 1 实际解决的技术问题是：如何更好地防止电子装置误操作及节省能源耗损。

对比文件 2（CN101697181A）公开了一种通过解锁图像上执行姿态来解锁的设备及方法，并具体公开如下内容：设备 400 处于用户界面锁定状态时，在触敏显示器 408 上的第一预定位置显示解锁图像，用于检测触敏显示器的接触；当响应于检测到用户的接触时，用户在触敏显示器 408 上移动解锁图像；如果用户将解锁图像从触敏显示器 408 的第一预定位置移动到预定解锁区域，则设备 400 转换到用户界面解锁状态进行设备的操作；用户通过手指 502 触摸设备 400 的触摸屏 408 而开始执行解锁动作，触摸屏 408 在一开始处于休眠模式，并且屏幕 408 会在接触时显示解锁图像 402，用户在与解锁图像 402 相对应的位置触摸该触摸屏 408，解锁图像在一开始位于通道 404 的左端，用户处于通过沿着移动方向 504 移动其手指来执行姿态的过程中，用户的手指与触摸屏 408 是持续接触的，作为执行该姿态的结果，解锁图像 402 沿着通道 404 而被拖动，通道 404 指示为完成解锁动作，用户将解锁图像 402 拖拽到的预定位置完成解锁动作。由此可知，对比文件 2 公开了上述区别特征，所公开的内容在对比文件 2 中的作用与上述区别特征在权利要求 1 中的作用相同，都是将设备从锁定状态转变为解锁状态后对设备再进行操作，防止设备误操作及节省能耗的作用，即对比文件 2 给出了相应的技术启示。

因此，在对比文件 1 的基础上结合对比文件 2 进而得到权利要求的技术方案对于本领域技术人员而言是显而易见的，权利要求 1 不具有突出的实质性特点和显著的进步，不符合《专利法》第二十二条第三款有关创造性的规定。

【案件后续处理】

审查员发出驳回决定后，申请人对驳回决定不服，向原专利复审委员会提出了复审请求，继续在权利要求书中增加说明书内容，并且在复审请求中陈述了本申请具备创造性的理由。

修改后的独立权利要求 1 如下：

1. 一种在消费电子设备上启动应用程序的方法，该方法包括：在消费电子设备的存储器中存储多个应用程序；当所述消费电子设备处于锁定状态时，确定所述消费电子设备的方向；检测将所述消费电子设备从锁定状态转变到解锁状态的输入；以及一旦检测到所述消费电子设备从所述锁定状态转变为所述解锁状态的输入，就响应于所述设备从所述锁定状态转变为所述解锁状态执行基于所确定的所述消费电子设备的方向所选择的应用程序，其中，所述的方法进一步包括在消费电子设备上显示的锁定控制装置上显示图形指示符，以标识在当前方向上响应于将消费电子设备转变为解锁状态将执行哪个选择的应用程序。

【前置处理情况】

在前置处理中，审查员仍应用回案处理"五步法"来进行案件的继续处理。

在复审时，申请人的第一个争辩点和第二个争辩点均与答复第二次审查意见通知书时相同，申请人和审查员的证据核实情况也与之前完全相同，即"列争点"和"核证据"步骤相同，因此这里不再赘述。

下面进入"辨是非"步骤中，分别对两个争辩点进行证据衡量。

对于第一个争辩点，申请人将"锁定状态到解锁状态"与"执行方向选择的应用程序"两者之间的先后因果具体限定关系加入权利要求1中，在新修改的权利要求1中具体记载为："检测将所述消费电子设备从锁定状态转变到解锁状态的输入；以及一旦检测到所述消费电子设备从所述锁定状态转变为所述解锁状态的输入，就响应于所述设备从所述锁定状态转变为所述解锁状态执行基于所确定的所述消费电子设备的方向所选择的应用程序。"这样的修改方式体现了解锁是"因"，执行方向选择的应用程序是"果"，只要电子设备一旦解锁，电子设备就会立即自动启动与设备对应方向的应用程序。审查员在驳回决定中，在对比文件1的基础上结合对比文件2所能够得出的技术方案是：在解锁状态下才能通过设备旋转动作确定要进入的应用程序，而无法得到：解锁是"因"，执行方向选择的应用程序是"果"，电子设备一旦解锁，电子设备就会立即自动启动与设备对应方向的应用程序。因此，修改后权利要求已经明确限定出"在锁定状态下已经做好进入相关应用程序的准备，解锁后可直接自动执行应用程序"。现有证据中未体现从锁定状态到解锁状态与确定设备方向而选择应用程序之间存在因果顺序关系。因此，在对比文件1的基础上结合对比文件2不能得出最后修改的技术方案，现有技术中也不存在本发明相关的技术启示。

对于第二个争辩点，申请人将"解锁控件不但起到原有的解锁功能，还起到启动应用程序'快捷方式'的作用"具体限定关系加入权利要求1中，在新修改的权利要求1中具体记载为："其中，所述的方法进一步包括在消费电子设备上显示的锁定控制装置上显示图形指示符，以标识在当前方向上响应于将消费电子设备转变为解锁状态将执行哪个选择的应用程序。"这样的修改方式体现了电子设备的解锁控件，不但起到原有的解锁功能，还与执行方向选择的应用程序相关联，该解锁控件是启动应用程序的快捷开关。审查员在驳回决定中使用的证据，即对比文件2的解锁功能只是单独的解锁功能，与启动应用程序无直接关系，并且在触摸屏714上向用户显示的提示706，其作用在于将来话呼叫告知用户。也就是说，该提示706仅涉及电话这唯一的应用，并不涉及其他的应用，因此，现有技术中不存在本发明相关的技术启示。

综上所述，复审请求人基于第一个争辩点和第二个争辩点已经对权利要求1进行了实质性的修改，提交的修改文本克服了审查员在驳回决定中指出的缺陷，因此，审查员决定撤销驳回。

结合申请人的复审请求书进一步理解本发明，针对目前权利要求保护的技术方案与检索的现有技术进行比较，能够确定本发明对现有技术作出的贡献，具体在于：电子设备在锁定状态下，基于电子设备的方向，在锁定状态下已经启动与设备方向相关的应用程序，只要电子设备一旦解锁，就立即自动执行与方向相关的应用程序，电子设备的解锁是执行方向选择应用程序的"快捷开关"。结合发明所属技术领域、所解决的技术问题和产生的技术效果能够帮助我们加深对技术方案的实质理解，用户不需要首先解锁设备然后导航传统菜单系统或者以其他方式搜索期望的应用程序以启动，本发明直接基于所确定的方向以及响应于检测设备何时从锁定状态转变到解锁状态来自动执行所述应用程序，花费时间短，方便快捷，用户体验好。因此，在重新理解发明、检索和显而易见性判断后，审查员认为此案已经具备授权前景，最终本案基于复审请求时提交的权利要求书作出授权决定。

十、案例小结

通过本案，我们可以看出，审查员与申请人在处理上都存在一定的不足。为了提高审查质量和审查效率，建议审查员和申请人在以下几个方面重点关注。

1. 理解发明

在理解发明和确定最接近的现有技术时，不能仅根据对比文件公开的内容，片段地理解技术方案中的技术特征，甚至将对比文件公开的特征碎片化，再根据本申请公开的技术方案，重新将对比文件碎片化后的特征拼凑成语言上表达接近本申请的技术方案，倘若不能正确理解发明与对比文件公开的技术方案，就难以得出方案是否具备新颖性或创造性的正确结论。

就本案而言，本案请求保护的技术方案是电子设备在锁定状态下，已经做好进入相关应用程序的准备，解锁后可直接执行相应方向设置的应用程序。方法权利要求中的步骤体现了从锁定状态到解锁状态与确定设备方向而选择应用程序之间存在因果顺序关系，而不仅仅是两个技术方案简单的叠加以完成选择目标应用程序的结果。尽管最后实现的功能是相同的，但是技术方案的实质是不同的，达到的技术效果也是不同的。

2. 权利要求的解读

在方法权利要求中，每一个步骤之间均存在顺序关系，在解读权利要求请求保护的技术方案时，应该还需要关注每个步骤之间先后的顺序关系，在本案中，对比文件 1 结合对比文件 2 能够得出的技术方案是：在解锁状态下才能通过设备旋转动作确定要进入的应用程序。就本发明而言：在锁定状态下已经做好进入相关应用程序的准备，解锁后可直接自动执行应用程序。现有证据中未体现从锁定状态到解锁状态与确定设备方向而选择应用程序之间存在因果顺序关系，因此，对比文件 1 结合对比文件 2 不能得出本发明的技术方案，现有技术中不存在本案相关的技术启示。

3. 审查效能

审查员在发出审查意见通知书时，不仅需要关注申请人的争辩点及争辩理由，还需要根据申请人的争辩理由进一步重新理解本发明，不断补充检索现有技术，对本发明的技术进行准确把握，审查员主张的事实需要有证据支撑，力求每次通知书实现高效、合理、准确把握案件的走向。在案件走向明确时，可以采用辅助审查手段促进审查，例如电话沟通，提高证据意识，实现优质高效审查。

第三节　化学领域案例解析

一、案例要点

在本案的实审和复审阶段，申请人/复审请求人就发明实际解决的技术问题、对比文件 1 公开事实的认定、本申请是否产生了预料不到的技术效果等方面均进行了争辩，并提供了现有技术、专家证言和补充实验数据等多种类型的证据。审查中应对申请事实和对比文件公开的事实进行准确分析认定，明晰争议焦点。在此基础上，结合技术领域的远近、现有技术随时间发展的情况，以及对其他现有技术的检索和掌握等，对多种复杂证据的关联性、一致性和证明力进行综合判断。在全面分析和审核各种证据与待证事实的关系后，使我们针对申请事实的认识符合客观性，最终获得客观准确的审查结论。

二、理解发明

某发明的发明名称为椎间盘突出治疗剂，下面从发明所属技术领域、背景技术、发明解决的技术问题、发明的技术方案、具体实施方式以及发明效果方面，对该发明进行介绍。

【技术领域】

发明属于医药领域，涉及一种以软骨素酶 ABC 作为有效成分的椎间盘突出治疗剂。

【背景技术】

化学髓核溶解术是将酶注入至椎间盘内，溶解髓核而减少椎间盘的内压，减轻对脊髓神经根的压迫的方法。软骨素酶 ABC 对存在于髓核中的蛋白多糖的糖胺多糖（glycosaminoglycan）链（硫酸软骨素链、透明质酸链等）进行分解，使蛋白多糖的高保水性减弱而减少椎间盘的内压，从而减轻对脊髓神经根的压迫。此外，与木瓜凝乳酶不同，软骨素酶 ABC 几乎没有对椎间盘周围的神经组织等的伤害，而期待其成为安全的医药，已在 1985 年报告尝试使用软骨素酶 ABC 作为注入椎间盘内的酶。然而，椎间盘原本具有作为缓冲垫支撑施加在脊椎上的体重的任务，若过度去除髓核，会损害该椎间盘原本应有的作为缓冲垫的功能。通过手术疗法使椎间盘高度减少 30% 以上的患者可能残留腰痛。因此，即使是通过给予软骨素酶 ABC 进行的化学髓核溶解术，若使髓核过度溶解，会损害椎间盘原本应有的作为缓冲垫的功能而可能引发副作用。此外，软骨素酶 ABC 是不存在于人体中的异种蛋白，因而从防止过敏性休克等观点来看，不能多次给予、而必须仅 1 次给予使治疗成功。所以必须得出 1 次给予就显示出显著的治疗效果且副作用小的最佳剂量。虽已报道软骨素酶 ABC 作为化学髓核溶解术用的医药有效成分的有用性，但也担心过度的髓核溶解造成的严重副作用，并且尚不知晓仅 1 次的给予即表现确切的治疗效果且无副作用的给予量是否存在，而未达到实用化。

现有技术：

专利文献 1：美国专利第 4696816 号说明书。

非专利文献 1：Smith L. Enzyme dissolution of the nucleus pulposus in humans. JAMA 1964（2）；187：137-40。

非专利文献 2：US Federal Register. Monday Jan 27, 2003; 68（17）：

3886-7。

非专利文献 3：临床整形外科（临床整形外科），第 42 卷，第 3 卷，第 223-228 页，2007 年 3 月。

非专利文献 4：SPINE，1991；16（7）：816-19。

非专利文献 5：SPINE，1996；21（13）：1556-64。

非专利文献 6：Eur Spine J，2008；17：2-19。

【技术问题】

根据说明书的记载，本发明的目的在于提供一种副作用极低且仅 1 次的给予即得到长时间持续性的疼痛改善效果，在临床上发挥高治疗效果与安全性的椎间盘突出治疗剂。在人类椎间盘内每一椎间盘使用 1~8 单位，优选 1~5 单位，或 1~3 单位的软骨素酶 ABC 给予量，不仅可期待治疗效果且可降低副作用的表现。因此，通过阅读说明书，可以确定本申请声称要解决的技术问题是提供一种单次给药，治疗效果好又副作用少的椎间盘突出治疗剂。

【技术方案】

在不断深入研究通过软骨素酶 ABC 进行治疗的结果，本发明意外地发现通过给予特定量的软骨素酶 ABC 可降低副作用，且长时间持续性地改善疼痛效果/在临床上发挥高治疗效果，从而完成本发明。发现在人类椎间盘内每一椎间盘使用 1~8 单位、优选 1~5 单位、更优选 1~3 单位的软骨素酶 ABC 给予量，不仅可期待治疗效果且可降低副作用的表现。发现可提供使用软骨素酶 ABC 的、实用且优异的椎间盘突出治疗剂。本发明涉及含有以每一椎间盘 1~8 单位、优选 1~5 单位、更优选 1~3 单位给予至人类椎间盘内的软骨素酶 ABC 作为有效成分而得到的椎间盘突出治疗剂。此外，本发明涉及为了将软骨素酶 ABC 以每一椎间盘 1~8 单位、优选 1~5 单位、更优选 1~3 单位来给予至人类椎间盘内、治疗椎间盘突出用的给予制剂。再者，本发明涉及椎间盘突出的治疗方法，包括向椎间盘突出的患者给予含有 1~8 单位、优选 1~5 单位、更优选 1~3 单位的软骨素酶 ABC 作为有效给予量得到的制剂。

【技术效果】

本发明发现在人类椎间盘内每一椎间盘使用 1~8 单位的软骨素酶 ABC 给予量，不仅可期待治疗效果且可降低副作用。本发明首次得知存在安全且治疗效果高、临床上具有有用性的给予量，并且首次得知该给予量为 1~8 单位、优选 1~5 单位、更优选 1~3 单位的限定范围。

【具体实施方式】

实施例记载了对椎间盘突出患者的试验。以 20 岁以上 70 岁以下的日本人，患有以下椎间盘突出的患者（共计194例）作为受试者。将受试者分成给予安慰剂（47名）、给予1.25单位（49名）、给予2.5单位（49名）及给予5单位（49名）的各组，各自给予对应的前述给予用制剂。

药效评价分为两方面：

给予用制剂进行给予后的最糟时下肢痛（VAS）的推移如图8-17所示。

（1）给予药物后，受试者自己评价的"过去24小时最糟时的下肢痛"（VAS评价）：在前述给予用制剂的1.25单位给予组及5单位给予组中，从第1周开始与安慰剂相比显示出显著的疼痛抑制效果（$p<0.05$）。在给予后第39周、第52周，全部的给予组比起安慰剂显示出显著的疼痛抑制效果（$p<0.01$或$p<0.001$），经过1年（52周）显示有效。由此显示出，前述给予用制剂以1次的给予显示出显著的疼痛抑制效果。

（2）神经学检查，将伸展的下肢抬高，坐骨神经痛所造成的抬起角度为70°以下时判断为阳性，超过70°时为阴性（SLR试验）：安慰剂组的阴性化率为50%左右，但是给予组均为60%以上。尤其1.25单位给予组达到80%以上。

安全性评价方面，求出副作用的表现数及表现率。评价进行直到将前述给予用制剂进行给予后第13周。但在副作用方面，以下关于（一）及（二）之项目，评价进行直到给予后第52周。与将前述给予用制剂进行给予前的值相比较，相同给予后的（一）椎间盘高度的减少率为30%以上者以及（二）椎体后方打开角度成5°以上者。椎体后方打开角度为5°以上的安全性评价是美国食品药品监督管理局（FDA）所规定的、关于椎间盘不稳定性的指标。求出将前述给予用制剂进行给予后第13周时，各单位给予组的椎间盘高度的平均减少率。

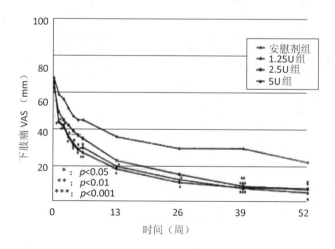

图8-17 给予用制剂进行给予后的最糟时下肢痛（VAS）的推移图

安全性评价显示，副作用表现率如图 8-18 所示，5 单位给予组的副作用表现率为 61.2%，2.5 单位给予组的副作用表现率为 44.9%，1.25 单位给予组的副作用表现率为 46.9%。由此显示出副作用表现率的最小值在每一椎间盘 2.5 单位给予组附近，得知存在可使副作用最小的给予量。

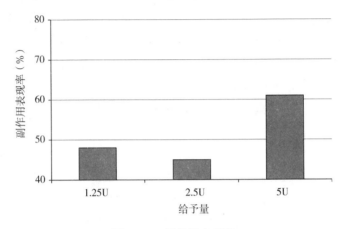

图 8-18　副作用表现率

考察关于有关椎间盘不稳定性的副作用：①椎体后方打开角度成 5° 以上者；②椎间盘高度的减少率 30% 以上者。结果如表 8-1 所示。椎间盘高度平均减少率在 5 单位给予组、2.5 单位给予组及 1.25 单位给予组均未达到 30%。这些给予组与安慰剂组相比均有大幅的减少率，显示出有治疗效果。此外，比较例的 10 单位给予组中减少率为 30% 以上。

表 8-1　椎间盘不稳定性的副作用测试结果❶

给 予 组	安慰剂组 N=47	1.25U 组 N=49	2.5U 组 N=49	5U 组 N=49	10U 组 N=6
椎体后方打开角度 （表现率）	0（0%）	0（0%）	0（0%）	1（2.0%）	2（33.3%）
椎间盘高度的减少 （高度减少率）	0（0%）	4（8.2%）	4（8.2%）	7（14.3%）	—

为了从非专利文献 4 所记载的、对狗的软骨素酶 ABC 的给予量来推定对人有效的软骨素酶 ABC 的给予量，用 MRI 测定人及狗的髓核体积。结果如表 8-2 所示。

---

❶ 括号外数字表示有几例，括号内为表现率。

表8-2 MRI测定人及狗的髓核体积的结果

动物物种	髓核体积（mm³）（由MRI影像的计算值）	MRI影像的髓核体积平均比
人	7852.2±2041.2	人/狗=70.2
狗（比格）	111.8±70.3	

给予后第12周的椎间盘高度减少率如图8-19所示。发现对于椎体后方打开角度成5°以上者，与10单位给予为33.3%相比，通过使给予量减半为5单位，可使表现率显著减轻至2%。此外，与10单位给予的椎间盘高度平均减少率达到45.4%相比，通过使给予量由10单位减半为5单位，显示出可显著地抑制椎间盘高度的减少。

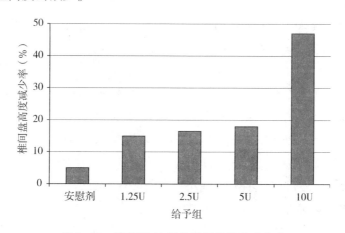

图8-19 给药第12周的椎间盘高度减少率

最终结论为：①以每一椎间盘1~8单位、优选1~5单位的范围给予，在以仅1次的给予发挥显著的疼痛改善效果的同时，可降低副作用；选择1~3单位的范围进行给予，可在发挥与更高用量（5U）同等的疼痛改善效果的同时，降低副作用。②非专利文献4中记载了以下主旨：从即使以每一椎间盘0.5~1单位给予至狗的椎间盘内时没有发生迅速的髓核缩小来看，给予量过少。此外，非专利文献6中记载了以下主旨：因为椎间盘的运转状况依存于椎间盘的大小，动物模型的实验结果的分析需要设定缩放尺度（尺度化：scaling）。然后，由上述参考例可确认人类髓核体积比狗大70倍。有鉴于非专利文献4及非专利文献6的记载，以及人类髓核体积远大于狗的髓核体积这一事实，即使对人类给予35~70单位（0.5~1单位的70倍）时，推定给予量不足。

【权利要求保护范围的分析】

本发明的权利要求书有9个权利要求，如下所示：

1. 一种椎间盘突出治疗剂，其特征在于，所述治疗剂以软骨素酶ABC作为有效成分，将所述成分以每一椎间盘1~8单位给予至人类椎间盘内而使用。

2. 如权利要求1所述的治疗剂，其中，所述椎间盘突出为腰椎椎间盘突出。

3. 如权利要求1或2所述的治疗剂，其中，所述软骨素酶ABC源自普通变形杆菌。

4. 一种用于治疗椎间盘突出的制剂，所述制剂含有为了将软骨素酶ABC以每一椎间盘1~8单位来给予至人类椎间盘内的软骨素酶ABC。

5. 如权利要求4所述的制剂，其中，所述制剂为单次给予制剂。

6. 如权利要求4或5所述的制剂，其中，所述制剂为注射剂。

7. 如权利要求4至6中任一项所述的制剂，其中，所述椎间盘突出为腰椎椎间盘突出。

8. 一种椎间盘突出的治疗方法，所述方法包括以每一椎间盘1~8单位给予至人类椎间盘内作为有效给予量，向椎间盘突出的患者给予软骨素酶ABC。

9. 用于作为椎间盘突出治疗剂而使用的软骨素酶ABC，其特征在于，将所述软骨素酶ABC以每一椎间盘1~8单位给予至人类椎间盘内而使用。

具体分析上述权利要求书，可知本发明的权利要求1、4、8、9为独立权利要求，权利要求2~3、5~7为从属权利要求。

权利要求1要求保护一种椎间盘突出治疗剂，其特征在于，所述治疗剂以软骨素酶ABC作为有效成分，将所述成分以每一椎间盘1~8单位给予至人类椎间盘内而使用。权利要求2~3引用权利要求1，附加技术特征分别限定了椎间盘突出的种类和软骨素酶ABC的来源。对于权利要求1~3请求保护的椎间盘突出治疗剂来说，其限定了治疗剂的活性成分是软骨素酶ABC，但每一椎间盘1~8单位给予是药物使用过程中的特征，认为其并不影响治疗剂的具体组成，对产品没有限定作用。

权利要求4要求保护一种用于治疗椎间盘突出的制剂，所述制剂含有为了将软骨素酶ABC以每一椎间盘1~8单位来给予至人类椎间盘内的软骨素酶ABC。权利要求4请求保护的制剂与权利要求1中的治疗剂略有不同，其含有软骨素酶ABC作为活性成分，但并未排除含有其他活性成分。权利要求5~7引用权利要求4，附加技术特征分别限定了制剂的给予方式、剂型以及椎间盘突出的种类。对于权利要求4~7请求保护的药物制剂来说，关于活性成分软骨素酶 ABC 在使用过程中的用量限制，也认为不对产品构成限定作用。

权利要求 8 要求保护一种椎间盘突出的治疗方法，所述方法包括以每一椎间盘 1~8 单位给予至人类椎间盘内作为有效给予量，向椎间盘突出的患者给予软骨素酶 ABC。权利要求 8 为治疗椎间盘突出的方法，属于《专利法》第二十五条第一款第（三）项规定的疾病的治疗方法范畴，不能被授予专利权。

权利要求 9 要求保护用于作为椎间盘突出治疗剂而使用的软骨素酶 ABC，其特征在于，将所述软骨素酶 ABC 以每一椎间盘 1~8 单位给予至人类椎间盘内而使用。对于权利要求 9 要求保护的软骨素酶 ABC 来说，产品在使用过程中的特征不影响产品的组成和结构，不构成限定作用。

三、新颖性评价

在理解发明后，审查员对本申请进行了充分检索，发现一篇期刊文献可以作为本申请最接近的现有技术，下称对比文件 1。

【对比文件】

对比文件 1 公开了如下技术内容：使用软骨素酶 ABC 注入患者的腰椎间盘内治疗椎间盘突出，软骨素酶 ABC 的用量为每一椎间盘 0.5 单位。对比文件 1 同样公开了软骨素酶 ABC 注入患者的腰椎间盘内治疗椎间盘突出，但每一椎间盘的药物使用量与本申请有不同。药物使用量在目前的权利要求中仅能看作是对药物使用过程的限定，不影响药物制剂的组成和含量，可以认定药物使用量对产品不构成限定作用。从而，对比文件 1 能够用以评述权利要求 1~7 和 9 的新颖性。

【第一次审查意见通知书】

本申请属于医药领域，要解决的技术问题是提供一种单次给药有效并且副作用小的椎间盘突出治疗剂；技术效果为药物治疗椎间盘突出有效，并且副作用小。发明构思为以合适的剂量单次给予患者椎间盘软骨素酶 ABC，从而治疗椎间盘突出。解决上述技术问题的关键技术手段是每一椎间盘使用 1.25~2.5 单位的软骨素酶 ABC 或在此基础上合理概括的给药量。权利要求请求保护的技术方案如权利要求 1~9 记载，其中对给药剂量的限定没有改变产品的组成和含量，未体现关键技术手段。

检索后，审查员发出了第一次审查意见通知书，并指出权利要求 1~7 和 9 不具备《专利法》第二十二条第二款规定的新颖性，权利要求 8 不符合《专利法》第二十五条第一款第（三）项的规定。通知书中引用了对比文件 1，其审查意见摘录如下：

对比文件1公开了软骨素酶ABC注入患者的腰椎椎间盘内治疗腰椎椎间盘突出的方法，该方法中软骨素酶ABC以每一椎间盘0.5单位给予至患者椎间盘内而使用，从而，对比文件1也公开了一种以软骨素酶ABC作为有效成分的椎间盘突出治疗剂。虽然权利要求1和4限定了每一椎间盘1~8单位的给药量，但是该给药剂量的限定并不会对治疗剂的组成产生影响。因此权利要求1和4请求保护的技术方案与对比文件1公开的技术方案实质上相同，属于相同的技术领域，解决相同的技术问题，并能达到相同的技术效果，权利要求1和4不具备新颖性。

权利要求2~3、6~7的附加技术特征已经在对比文件1中公开，在其引用的权利要求不具有新颖性的基础上，这些权利要求也不具有新颖性。

权利要求5的附加技术特征为"所述药物为单次给予制剂"，对比文件1中的软骨素酶ABC也是单次给予后观察疗效的，从而上述附加技术特征是对比文件1公开的内容。因此，权利要求5也不具有新颖性。

权利要求9请求保护用于作为椎间盘突出治疗剂而使用的软骨素酶ABC，对比文件1实际上也公开了这样的软骨素酶ABC。虽然权利要求9限定了"软骨素酶ABC以每一椎间盘1~8单位给予至人类椎间盘内而使用"，但是该给药剂量的限定并不会对软骨素酶ABC的结构和/或组成产生影响，权利要求9相对于对比文件1也不具有新颖性。

权利要求8属于《专利法》第二十五条第一款第（三）项规定的疾病的治疗方法，不能被授予专利权。

四、申请人的意见陈述

申请人针对第一次审查意见通知书提交了意见陈述书和修改后的权利要求书，并在意见陈述书中陈述了权利要求具有创造性的理由。

【申请文件的修改】

申请人在答复第一次审查意见通知书时，接受了审查员在第一次审查意见通知书中关于权利要求1~7和9不具有新颖性，权利要求8属于疾病治疗方法的审查意见，对申请文件进行了修改。目前的权利要求请求保护单次给予制剂以及软骨素酶ABC制备单次给予制剂的用途，并限定了每一椎间盘1~8单位的用药量，权利要求如下所示：

1. 一种用于治疗椎间盘突出的单次给予制剂，所述制剂含有每一椎间盘1~8单位的软骨素酶ABC。

2. 软骨素酶ABC在制备用于治疗椎间盘突出的单次给予制剂中的用途，

其特征在于，所述单次给予制剂含有每一椎间盘 1~8 单位的所述软骨素酶 ABC。

【意见陈述概述】

申请人针对第一次审查意见通知书和修改后的权利要求书，提出如下意见陈述：

对于本发明的单次给予制剂而言，由于软骨素酶 ABC 的单次给予量（每一椎间盘 1~8 单位的软骨素酶 ABC）即为该单次给予制剂所含有的软骨素酶 ABC 的量。因此，对比文件 1 并未公开本发明所请求保护的"含有 1~8 单位的软骨素酶 ABC 的单次给予制剂"。

同时，根据本发明实施例 2 和比较例的记载可以看出，相比于安慰剂（0 单位软骨素酶 ABC）和比较例中的制剂（含有 10 单位软骨素酶 ABC），本发明的单次给予制剂具有更好的脊髓稳定性，且在仅给予 1 次后能够发挥显著的疼痛改善效果，并可降低副作用。对于本发明所请求保护的含有特定含量的软骨素酶 ABC 的单次给予制剂所能实现的上述有益技术效果，对比文件 1 并未给出任何记载或教导。

五、回案处理"五步法"的应用

针对申请人修改后的权利要求书和意见陈述书，下面采用"五步法"对申请人陈述内容进行分析，判断申请人争辩理由是否成立，以及如何进行后续审查。

【列争点】

通过对申请人意见陈述以及修改后权利要求的理解，我们梳理出两个争辩点：

第一个争辩点：单次给予制剂或相应的制药用途中，每一椎间盘的用药量有无限定作用。

第二个争辩点：每一椎间盘 1~8 单位的用药量所产生的技术效果能否基于对比文件 1 合理预期。

【核证据】

1. 申请人证据核实

申请人没有提交其他的现有技术证据，意见陈述是基于说明书的记载，通过说理方式进行的。因此对申请人的证据核实，主要是核实争辩点涉及的技术手段是否在权利要求中体现，以及核实申请文件中公开的效果数据所能够证明的技术效果。

关于第一个争辩点，"每一椎间盘 1~8 单位的软骨素酶 ABC"确实在产品权利要求和制药用途权利要求中体现，具体记载在修改后的权利要求 1 和 2 中，证据支持申请人。

关于第二个争辩点，根据说明书实验数据的记载可知，疼痛抑制效果在 1.25 单位给予组、2.5 单位给予组、5 单位给予组中几乎相等，经过 1 年（52 周）显示有效；每一椎间盘 5 单位给予组的副作用表现率为 61.2%，2.5 单位给予组的副作用表现率为 44.9%，1.25 单位给予组的副作用表现率为 46.9%，由此显示出副作用表现率的最小值在每一椎间盘 2.5 单位给予组附近；椎间盘高度的减少率成 30% 以上者在 5 单位给予组有 7 例（表现率 14.3%），但是 1.25 单位给予组及 2.5 单位给予组中分别为 4 例（表现率 8.2%），可见副作用的表现急剧减少；5 单位给予组的椎体后方打开角度成 5° 以上者有 1 例（表现率 2%），在 1.25 单位给予组及 2.5 单位给予组中，均没有椎体后方打开角度成 5° 以上者，作为比较例的 10 单位给予组有 2 例（表现率 33.3%），有关椎间盘不稳定性的副作用以高比率发生，显示出不具有实用性。

2. 审查员证据核实

对第一次审查意见通知书中使用的证据以及审查意见进行回顾。原始权利要求中 1~7 和 9 分别要求保护含有软骨素酶 ABC 的椎间盘突出治疗剂、制剂和软骨素酶 ABC 本身，其中每一椎间盘 1~8 单位的给药量仅能体现在用药过程，并不改变产品的组成和含量。虽然对比文件 1 中软骨素酶 ABC 的给药量为每一椎间盘 0.5 单位，但是权利要求 1~7 和 9 的技术方案与对比文件的技术方案无法进行区分。关于第一次审查意见通知书中认为上述权利要求不具有新颖性的审查意见，申请人已经接受并配合修改。双方就第一次审查意见通知书的审查意见并不存在争议。

【辨是非】

对于第一个争辩点，从申请人提供的证据来看，本申请要求保护单次给予制剂，软骨素酶 ABC 的单次给予量，也就是每一椎间盘 1~8 单位的软骨素酶 ABC，即为该单次给予制剂所含有的软骨素酶 ABC 的量。从审查员的证据来看，修改后的权利要求 1 请求保护一种单次给予制剂，修改后的权利要求 2 要求保护制备单次给予制剂的制药用途。对于单次给予制剂来说，药物开瓶后就不能再次使用，并且患者的椎间盘突出经常发生在单个间盘，或者不同患者发生椎间盘突出的数目不同。为了方便药物使用，不造成剩余药物丢弃浪费，根据本领域技术人员的常规认知，制药时会考虑将药物制成含有 1~8 单位的软骨素酶 ABC 的单位制剂。因此，"每一椎间盘 1~8 单位的软骨素酶 ABC"虽然是给药量，但根据药物仅一次给予的性质判断，是有可能改变药物制剂中的药物含量的，不能认为其对产品或制药用途没有限定作用。因此，申请人的修改克服了第一次审查意见通知书中指出的缺陷，关于第一个争辩点所提出的争辩理由是成立的。

关于第二个争辩点，从申请人提供的证据来看，本申请的实施例 2 和比较例的实验数据能够证明本申请使用的特定药量产生了治疗效果好并且副作用小的技术效果。对比文件 1 对本申请的特定药量以及技术效果均未记载，没有给出技术启示。然而，从审查员提供的证据来看，通过对本申请实验数据的分析，"每一椎间盘 1~8 单位的软骨素酶 ABC"的技术方案并不都能达到治疗效果好并且副作用小的技术效果，例如每一椎间盘 5 单位的给药量相对于每一椎间盘 2.5 单位，副作用的发生率增加了约 20%。每一椎间盘的药物使用量应当在 1.25~2.5 单位的范围，才能达到意见陈述中所述的治疗效果好又副作用小的技术效果，而"每一椎间盘 1~8 单位的软骨素酶 ABC"的技术方案所能达到的技术效果应当仅仅是治疗有效。

【查问题】

审查员在第一次审查意见通知书中指出的"权利要求 1~7 和 9 不具有新颖性，权利要求 8 属于疾病治疗方法"的审查意见被申请人接受，并通过修改权利要求克服了上述缺陷。反思审查员在第一次审查意见通知书的处理过程中没有出现问题。

另外，申请人未提供进一步的证明，没有表明审查员对发明和现有技术的理解存在偏差。因此，第一次审查意见通知书的审查意见并无不当。

【再处理】

通过上述辨是非的环节，已经确定关于第二个争辩点，即基于对比文件 1 无法预期本申请技术效果的争辩理由，是不能成立的。因此，对比文件 1 可以作为本申请最接近的现有技术，其公开了给予患者每一椎间盘 0.5 单位的软骨素酶 ABC 治疗椎间盘突出，并且也是一次给药。本申请与对比文件 1 的区别在于每一椎间盘的给药量不同。在创造性评述过程中，应结合申请人的意见陈述，分析对比文件 1 的技术效果，以及本申请的实验数据和其能够证明的技术效果，说明上述区别是本领域的常规选择，本申请的技术效果是基于对比文件 1 能够合理预期的。

六、创造性评价

审查员发出的第二次审查意见通知书，坚持使用对比文件 1 作为最接近的现有技术，认为权利要求 1 和 2 相对于对比文件 1 均不具备《专利法》第二十二条第三款规定的创造性。第二次审查意见通知书的主要内容摘录如下：

对比文件 1 实际上公开了以软骨素酶 ABC 作为活性成分的腰椎间盘突出的单次治疗剂。权利要求 1 与对比文件 1 的区别在于：权利要求 1 限定了所述制剂含有每一椎间盘 1~8 单位的软骨素酶 ABC。对比文件 1 中虽然使用了每一椎间盘 0.5 单位的药物，也能有效缓解椎间盘突出的症状，并且没有产生明显副作用，同时记载治疗起效较慢与用药量小有关。在此基础上，本领域技术人员出于优化药物治疗效果以及药物规格等目的，通过本领域常规技术手段的调整，就能获得本申请特定药物剂量的单次给予制剂，并且根据对比文件 1 的技术效果能够合理预期到本申请的技术效果，即每椎间盘 1~8 单位的给药量，能够缓解患者的疼痛症状，治疗有效。因此，权利要求 1 不具有创造性。基于类似理由，权利要求 2 也不具有创造性。

七、申请人的再次意见陈述

申请人针对第二次审查意见通知书提交了意见陈述书和修改后的权利要求书，并在意见陈述书中陈述了权利要求具有创造性的理由。

【申请文件的修改】

申请人对权利要求书进行了修改，新提交的权利要求书仅包含 1 项独立权利要求 1，具体如下：

1. 一种用于治疗椎间盘突出的单次给予制剂，所述制剂含有每一椎间盘 1~3 单位的软骨素酶 ABC，其中所述软骨素酶 ABC 的酶活性为 270 单位/mg 蛋白以上；所述制剂任选地含有赋形剂、稳定剂、结合剂、乳化剂、渗透压调整剂、缓冲剂、pH 调整剂、等渗剂、保存剂、无痛化剂或着色剂。

【意见陈述概述】

申请人的意见陈述概述如下：

（1）获得本申请的困难性：软骨素酶 ABC 是人体不存在的外源蛋白，为了防止过敏休克，一生只能给药一次，有必要以尽可能大的量投药，使椎间盘中的髓核充分地溶解，以达到单剂彻底修复椎间盘突出的效果。本申请说明书引用的专利文献 1 公开了每椎间盘 100 单位的给药量治疗人类椎间盘突出有效。另外，根据本申请说明书的记载，将使用狗椎间盘获得的结果转化到人，"35~70 单位"的给药量也过低。从而，为了确实彻底地以一剂使人椎间盘突出康复，考虑至少几十上百单位的含量投与软骨素酶 ABC 是必要的。软骨素酶 ABC 注射后分解椎间盘的髓核中的硫酸软骨素链和透明质酸链，削弱蛋白多糖的高保水性，使得椎间盘内压降低，降低椎间盘突出所致的对脊髓神经根的压力，缓解椎间盘突出。但椎间盘内压降低使得椎间盘高度和椎间盘体积减小。椎间盘原本具有作为缓冲垫而支持施加于脊柱的重量的作用，如果过度去除髓核，椎间盘原有的缓冲垫作用会受损。实际上，通过手术治疗而减少椎间盘30%以上高度的患者中，已表明有持续背痛的可能性。除此之外，使得椎体后方打开角度大于等于5°的安全性评价是关于椎间盘不稳定的指标，该指标由美国食品药品监督管理局（FDA）建立。软骨素酶 ABC 作为治疗椎间盘突出的药物实际使用时，既要充分降低椎间盘突出导致的对脊髓神经根的压力，又要防止出现椎间盘高度的大幅降低和相关的5°以上的椎体后方打开角度的发生，也就是防止椎间盘形态和功能的过大变化。基于上述"一剂获得彻底康复"与"防止椎间盘高度减少"两方面的对斥，要同时解决两个技术问题，不清楚是不是仅设置药物用量就可以，也很难获得本申请使用的特定药量。

（2）对比文件1没有给出技术启示：对比文件1仅公开了投与软骨素酶 ABC 的实施例，没有公开安慰剂投与的对比例。即使仅使用安慰剂，由于注射针的穿刺也造成的椎间盘内压下降，实际上也能观察到椎间盘高度的减少和腿痛的改善。从而本领域技术人员无法确定，对比文件1中图4公开的腿痛随时间变化的数据是否真正是由药物带来的效果。另外，对比文件1中有6例患者，但说明书附图只出现了5例患者的数据，没有评估剩下1例患者的数据。并且涉及椎间盘体积变化和治疗效果的测试实验，使用了不同患者组的数据，即患者 G01-05 和 G01-06 是不同的。对比文件1也没有公开或暗示维持椎间盘形态和功能的必要性，也没有公开本申请特定的给药量。因此，基于对比文件1本领域技术人员无法轻易完成本发明。

（3）预料不到的技术效果：本申请通过特定药物使用量，解决了单剂康复，并维持椎间盘形态和功能的对斥问题，是预料不到的技术效果。另外，1~3单位的用量展现出与5单位实质相同的改善效果。通过采用1~3单位的给药量，30%以上的椎间盘高度减少可稳定保持在低水平，具有5°以上的椎体后方打开角度的患者数为零。本申请发现少量软骨素酶 ABC 能长时间持续性改善疼痛，在给予后的第52周仍然显示显著的疼痛抑制效果。本申请使很多患者摆脱外科手术。

（4）关于其他组分及限定：权利要求1中还限定了软骨素酶 ABC 的酶活性以及其他组分，对比文件1既无公开也无启示。

八、回案处理"五步法"的再次应用

针对申请人再次修改后的权利要求书和意见陈述书，下面采用"五步法"

对申请人陈述内容进行分析，判断申请人争辩理由是否成立，以及如何进行后续审查。

【列争点】

申请人将原权利要求中的给药量每一椎间盘 1~8 单位修改为 1~3 单位。通过对申请人意见陈述以及修改后权利要求的理解，可以梳理出 3 个争辩点：第一个争辩点是"基于对比文件 1 是否能得出本申请的给药量"；第二个争辩点是"对比文件 1 是否能证明软骨素酶 ABC 治疗椎间盘突出的技术效果"；第三个争辩点是"本申请是否取得了预料不到的技术效果"。

【核证据】

1. 申请人证据核实

关于申请人证据核实，首先需要分析争辩点涉及的技术手段是否在权利要求中体现。根据本申请实施例的记载，每一椎间盘 1.25~2.5 单位的给药量确实能够达到"既单剂有效治疗椎间盘突出，副作用发生率又较小"的技术效果，而每一椎间盘 1~3 单位是 1.25~2.5 单位给药量的合理概括范围。因此，修改后的权利要求体现了本发明要解决的技术问题的关键技术手段。

对于第一个争辩点，申请人为说明单剂给药量应当尽可能大时所提交的证据，包括：本申请说明书引用的专利文献 1，公开时间为 1985 年，其确实公开了使用每一椎间盘 100 单位的给药量治疗人椎间盘突出。说明书中提到的非专利文献 4，记载了以每一椎间盘 0.5~1 单位给予至狗的椎间盘内时没有发生迅速的髓核缩小，可见该给予量过少。非专利文献 6 中记载了因为椎间盘的运转状况依存于椎间盘的大小，动物模型的实验结果的分析需要设定缩放尺度。说明书提供了人类髓核体积比狗大 70 倍的 MRI 测定结果。有鉴于非专利文献 4 及非专利文献 6 的记载，以及人类髓核体积远大于狗的髓核体积这一事实，即使对人类给予 35~70 单位（0.5~1 单位的 70 倍）时，推定给予量不足。申请人为说明评价椎间盘稳定性的药物安全性指标，提到了美国 FDA 的相关指南。其公开了椎间盘退行性疾病的评价指标，"椎间盘高度减小"和"椎体后方打开角度大于等于 5°"表明椎间盘不稳定。经核实，非专利文献 4 确实公开了申请人所述内容。但对非专利文献 6 公开的技术内容综合分析可知，其公开的是在研究椎间盘的机械性能时，动物模型的结果需要设定缩放尺寸，这不等同于计算给药量时，可以根据髓核体积的倍数关系进行缩放。

对于第二个争辩点，申请人分析对比文件 1 公开的内容，认为其不能证明每一椎间盘 0.5 单位的给药量能够有效治疗椎间盘突出，其缓解症状的原因有可能是因为穿刺造成的椎间盘压力降低。经核实，对比文件 1 明确记载了：对

6 个病例采用软骨素酶 ABC 每个椎间盘 0.5 单位给药, 在最终观察的 12 周, 所有病例均得到了改善, 并且通过 MRI 检测发现, 椎间盘的体积用药后 6 周缩小 4%, 12 周缩小 6.7%。对比文件 1 还记载了使用的每椎间盘 0.5 单位是个非常少的量, 所以消除下肢疼痛需要 2 周时间, 今后对注射的量, 还需要进一步研究。另外, 对比文件 1 记载, 对于软骨素酶 ABC 的有效性和安全性, 通过使用兔子、狗和猴子的实验进行了确认, 并且以椎间盘突出的狗为对象, 在日本国内 4 家机构的兽医临床实验中, 70.8% 的动物显示了症状的改善。对比文件 1 还公开了使用软骨素酶 ABC 的临床实验, 自 1997 年 11 月有瑞典 Gothenburg 大学的 Rydevic 教授等实施, 显示了相同剂量, 即 0.5 单位每椎间盘给药, 观察到了患者的症状改善。需要补充的是, 对比文件 1 公开的也是单剂治疗, 取得的症状改善持续到 12 周以后, 并且没有发生与药物使用相关的并发症。

对于第三个争辩点, 申请人声称的预料不到的技术效果, 从本申请的实验数据看, 其能够证明每一椎间盘 1.25 和 2.5 单位的给药量可以有效治疗椎间盘突出, 并且副作用较小, 而每一椎间盘 5 单位给药量发生副作用的可能性增大, 每一椎间盘 10 单位给药量会导致椎间盘高度减少过多或锥体后方打开角度过大。

2. 审查员证据核实

审查员在第二次审查意见通知书中提供的证据仅为对比文件 1, 其公开内容已经在对申请人提供证据的核实部分进行了详细记录, 不再赘述。关于椎间盘突出动物模型、动物实验的给药量与人类药物使用量的换算等问题, 与申请人的争辩理由是否成立相关, 审查员对此并无证据可以使用。

【辨是非】

对于第一个争辩点, 申请人意图证明根据现有技术, 使用软骨素酶 ABC 治疗人类椎间盘突出应当使用高剂量, 例如每椎间盘 100 单位, 或每一椎间盘 35~70 单位被推定不足量。从而, 本申请使用的每一椎间盘 1~3 单位是不容易得到的。审查员认为, 申请人所述的专利文献 1 是 1985 年刚刚尝试使用软骨素酶 ABC 作为注入椎间盘内的酶的文献, 而非专利文献 4 为动物实验结果。对比文件 1 公开时间为 2007 年, 本申请的优先权日为 2010 年。对比文件 1 中同时记载了在瑞典展开的相同临床试验使用的剂量也为 0.5 单位。当本领域技术人员看到这些文献时, 无疑更容易参考人类实验的报道而不是动物实验的报道, 更容易基于近年的临床实验报告而不是几十年前的尝试性研究进行技术改进。然而, 审查员并无证据支持, 仅是分析推理, 不足以支持其观点, 需要随后通过检索补强证据加以确定。

对于第二个争辩点，申请人认为对比文件 1 没有设置安慰剂对照组，产生的疼痛缓解效果可能是由于穿刺本身带来的。另外，对比文件 1 记载没有记载所有受试者的实验数据。从而，对比文件 1 不能证明每一椎间盘 0.5 单位的给药量能够有效治疗椎间盘突出。审查员认为，对比文件 1 除了记载腿疼缓解情况，也通过 MRI 测量了用药前后的椎间盘大小，用药后椎间盘体积明显缩小。根据髓核溶解术的治疗机理，椎间盘体积缩小说明髓核被软骨素酶 ABC 溶解，而单独穿刺造成椎间盘内压力减小，不会缩小椎间盘的体积。另外，对比文件 1 给出了 6 例参与实验的患者中的 5 例数据，但文字部分也对所有病例的药效情况予以了记载。对比文件 1 公开的信息足够证明其技术效果。对比文件 1 也给出了每一椎间盘 0.5 单位的用药量是很小的，需要进一步摸索合适的用药量。因此，对比文件 1 也给出了为获得更好的治疗效果，对用药量进行改进的技术启示，本领域技术人员根据对比文件 1 有动机调整用药量，以获得更佳治疗效果。

对于第三个争辩点，申请人认为本申请的实验数据证明，本申请通过每一椎间盘 1~3 单位的药物使用量，解决了单剂康复并维持椎间盘形态和功能的对斥问题，是预料不到的技术效果。审查员则认为，对比文件 1 也是单剂治疗，其治疗效果同本申请一样，既能有效缓解椎间盘突出的症状，又没有明显并发症发生。根据现有技术，例如还曾应用过每一椎间盘 100 单位的剂量，本申请每一椎间盘 1~3 单位与对比文件 1 的每一椎间盘 0.5 单位的差距不大，基于对比文件 1 完全能够合理预期本申请的技术效果。

通过双方提供理由和证据的分析，关于第一个争辩点，关于椎间盘突出动物模型、动物实验的给药量与人类药物使用量的换算等问题，由于审查员并无证据支持，因此需要进行证据的补充后，方可根据证据情况进行处理。对于第二个争辩点和第三个争辩点，审查员的理由和证据是充分的，申请人的证据并不能很好地支撑其争辩理由。

【查问题】

通过列争点、核证据和辨是非 3 个环节，发现第二次审查意见通知书的撰写存在一定的缺陷。主要问题在于，审查员对对比文件 1 公开的技术内容引证不够全面具体，审查意见说理不够充分，导致双方在对比文件 1 是否证明了软骨素酶 ABC 治疗椎间盘突出的技术效果上产生了争议。

另外，审查员对于第一个争辩点，并无证据进行支撑，应当在再处理环节通过补充检索，获得证据支持后方可坚持原审查意见，如无法检索到相关证据，审查员也应当通过补强说理过程解决与申请人的争议。

【再处理】

再处理阶段，审查员对于第一个争辩点进行了针对性的补充检索，获得以下两个现有技术可用作支持审查员观点的证据，即证据1和2，其公开内容如下：

证据1：《基础医学实验动物操作技能》，2009，记载了同一药物对人或动物的反应和耐受性差异很大；通常动物的耐受性比人大几倍或几十倍，单位体重动物的用药量比人要大。

证据2：《构建腰椎间盘突出动物模型的理论与实践》，2009，公开了椎间盘突出的动物模型证明技术手段单一，缺乏与临床相关性高的评价技术；缺乏全面反映人腰椎间盘突出的发病病因机制的模型，如基于脊柱生物力学的动物模型。

基于上述证据1和证据2可知，椎间盘动物模型不能完全反映人类的实际疾病状况，并且药物使用量也不能根据椎间盘大小按比例缩放计算。因此，审查员发出第三次审查意见通知书，充分引证对比文件1所公开的技术内容，坚持认为权利要求1不具有创造性，完成驳回前的听证。对于申请人的意见陈述进行充分的答复说理，其中对第一个争辩点的答复中引入了补充检索获得的新的现有技术证据1和2，从而充分进行了意见答复，在回案处理中通过证据来解决争议。

九、创造性再次评价

审查员发出的第三次审查意见通知书，坚持使用对比文件1作为最接近的现有技术，认为权利要求1相对于对比文件1不具备《专利法》第二十二条第三款规定的创造性，并使用现有技术证据1和2对申请人的意见陈述进行了答复。第三次审查意见通知书的主要内容摘录如下：

对比文件1公开了对6个椎间盘突出的病例采用软骨素酶ABC每个椎间盘0.5单位单剂给药，在最终观察的12周，所有病例均得到了腿疼、腰疼症状的缓解、直腿抬高试验结果的改善，并且通过MRI检测发现，椎间盘的体积用药后6周缩小4%，12周缩小6.7%。可见，对比文件1公开了一种用于治疗椎间盘突出的单次给予制剂，所述制剂含有每一椎间盘0.5单位的软骨素酶ABC，该药剂的使用能够有效治疗人类椎间盘突出，并且无药物相关并发症发生。本申请与对比文件1的区别在于：①将每一椎间盘的药量限定为1~3单位；②限定了软骨素酶ABC的酶活性以及任选的药物辅料。本申请相对于对比文件1解决的技术问题是提供软骨素酶 ABC 治疗人椎间盘突出的更佳用药量。对比文件 1 还记载，使用的每椎间盘 0.5 单位是个非常少的量，所以消除下肢疼痛需要 2 周时间，今后对注射的量，还需要进一步研究。可见对比文件 1 公开了每一椎间盘 0.5 单位用药量偏小导致药物起效慢的技术问题，本领域技术人员根据对比文件 1 记载的内容能够获得调高药物使用量、发挥药物更好治疗效果的技术启示。而在对比文件 1 公开的每一椎间盘 0.5 单位基础上，出于改善治疗效果又控制副作用的目的，很容易根据本领域的常规试验获得本申请中的每一椎间盘 1~3 单位的使用量。并且 0.5 单位与 1~3 单位差距并不巨大，本领域技术人员根据对比文件 1 也能够合理预期这样的药物使用量能够产生单剂给药有效治疗椎间盘突出、副作用又不大的技术效果。而酶活性以及任选的药物辅料属于本领域常规技术手段的选择，其能产生的技术效果也都是本领域技术人员可以合理预期的。从而，权利要求 1 相对于对比文件 1 不具有创造性。

十、驳回及后续相关情况

申请人答复第三次审查意见通知书时，没有修改申请文件，意见陈述与答复第二次审查意见通知书相似，对于其回案处理"五步法"的过程不再赘述。最终，审查员作出驳回决定，驳回的理由与第三次审查意见通知书中的理由相同。

申请人对驳回决定不服，依据《专利法》第四十一条第一款的规定，向原专科复审委员会请求复审。提出复审时，复审请求人没有修改申请文件，仅陈述理由并提供相应证据。

【复审的理由和证据情况】

请求人在请求复审时，除了在实审阶段中已经提出的理由和证据之外，还补充了 3 条理由和 5 份证据，具体情况如下：

补充理由 1：本发明所属技术领域中，软骨素酶 ABC 治疗人椎间盘突出的特殊性在于"在单剂中取得彻底康复的必要性"和"维持椎间盘形态和功能的必要性"。因此，本发明要解决的技术问题是提供一种发现了作为药品能广泛向人类提供的药效，并具有显著治疗效果、副作用小的用于治疗人类椎间盘突出的单次给予制剂。而不是驳回决定中认定的"提供软骨素酶 ABC 治疗人椎间盘突出的更佳用药量"。

补充理由 2：本申请 194 名受试者，试验时间 52 周，这种大规模的临床试验是困难的。根据补充证据 5，到目前为止，还没有任何关于在人类试验中将软骨素酶 ABC 在椎间盘突出中应用的发表。

补充理由3：基于补充证据4，按髓核的大小换算，给予人的最佳给药量是500单位。羊的1单位，换算为人的话是10单位，给药后没有确认到椎间盘内压减少。至今不存在对人类投与各种用量的软骨素酶ABC进行比较的在先技术，补充证据4比较了不同用量的软骨素酶ABC，是能够用于人类的珍贵文献，本领域技术人员会进行参考。

补充证据1：对比实验数据，用于证明每一椎间盘0.5单位的给药量只能出现腿疼的重复缓解−加重过程，而2.5单位制剂不仅与0.5单位制剂相比，与10单位制剂相比也显示了优异的腿痛改善效果。

补充证据2：本领域技术专家的证言及简历，声称：①通过注射进行安慰剂给药也必然看到椎间盘突出的缓解结果；②椎间盘突出多是自然缓解的过程；③对比文件1没有给出软骨素酶ABC的治疗效果强于安慰剂的信息。

补充证据3：非专利文献，公开椎间盘突出的症状多能自行缓解。

补充证据4：非专利文献，公开羊是相对于人椎间盘的良好模型，其中最能减少椎间盘内压和最能抑制椎间盘高度减少的是软骨素酶ABC每椎间盘50单位给药，对羊给药每椎间盘1单位，给药后没有确认到椎间盘内压的减少。

补充证据5：非专利文献，公开于2017年，为化学溶解髓核技术的综述，其中记载了木瓜凝乳蛋白酶、胶原酶的应用，没有提到软骨素酶ABC。

【前置处理情况】

原审查部门在前置审查意见中坚持驳回决定，理由与驳回决定相同。

【合议组处理情况】

复审合议组对复审请求提出的理由和证据进行核实和分析，其中与实审阶段相同的内容不再赘述。仅就复审阶段新提出的证据和理由进行分析如下。

对于补充证据1：其是一份申请日后完成的对比实验数据，对受试者的疼痛评价方法是由患者自己评价过去24小时最糟时的下肢疼痛，这是一种主观感受。而不同患者对于疼痛的感知程度均不相同，对每个患者又只能给予一次固定量的药物。因此，补充证据1的对比试验，每组患者均不相同，无法排除疼痛感知差异带来的主观感受差异。与之相反，对比文件1使用了MRI测量椎间盘大小的变化，进而反映髓核的溶解程度，这是一种客观的检测指标。比较两份证据的证明力，无疑对比文件1的证明力更强。对比文件1确实证明了每一椎间盘0.5单位的给药量产生了确切的治疗效果。

对于补充证据2：其是一份技术专家证言，在对比文件客观检测结果的教导下，专家证言的证明力是不够的。

对于补充证据3：其证明了椎间盘的症状多能自然缓解，但其并不能证明对比文件 1 所产生的症状缓解是由于自然恢复产生的。补充证据 3 与对比文件 1 的技术效果之间无法进行关联。

对于补充证据 4 以及补充理由 3：补充证据 4 公开了动物模型羊的药物使用量，但在存在人类临床试验结果的情况下，基于技术领域的远近，本领域技术人员无疑会更多参考人类临床试验的结果。并且根据髓核大小的比例关系计算药物使用量不符合本领域的通常认知，即动物的反应药物量要远高于人类，同种药物治疗同种疾病，即使小鼠的用药量也要超过人类用药量，具体可以参考前述审查员补充的现有技术证据。

对于补充证据 5：其是一份技术综述，其公开了几种化学溶解髓核术使用的酶，但没有提及软骨素酶 ABC，这与软骨素酶 ABC 尚未用于人类试验不能等同。实际上对比文件 1 已经公开了在瑞典展开的相关临床试验，并且本申请在 2011 年以前就已经开展临床试验，而补充证据 5 在 2017 年发表时，仍未提及。因此，补充证据 5 与待证事实之间无法关联，不具有证明力。

对于补充理由 1：本申请实际解决的技术问题是基于本申请与对比文件 1 之间的区别确定的。对比文件 1 中使用所述药物治疗时，同样面临本申请声称要解决的技术问题，即治疗有效又维持椎间盘形态和功能的稳定。对比文件 1 中使用每一椎间盘 0.5 单位的给药量也解决了本申请声称解决的技术问题。本申请相对于对比文件 1 实际解决的技术问题只是提供一种改善治疗效果的用药量，而对比文件 1 已经给出了改进用药量的技术启示。

对于补充理由 2：各医学中心开展临床试验都是类似的，受试者的数量以及临床试验时间并不能证明获得本发明需要创造性劳动，药效评估的方法也都是本领域常规使用的方法。在对比文件 1 明确记载了每椎间盘 0.5 单位的剂量有效，并且认为消除下肢疼痛需要 2 周时间是由于给药量非常小的原因基础上，本领域技术人员适度调整使用剂量是容易想到的，本申请获得的 1~3 单位的剂量，与 0.5U 的差别也并不巨大。

通过对申请事实、对比文件公开事实和各种证据的分析，合议组发出复审通知书，认为对比文件 1 明确公开了每椎间盘 0.5 单位软骨素酶 ABC 治疗椎间盘突出有效，并且没有明显副作用，对比文件 1 也记载了每一椎间盘 0.5 单位用药量偏小导致药物起效慢的技术问题。在此基础上，本领域技术人员完全有动机为了达到更好的治疗效果，包括控制副作用，去调整给药量。从而，复审通知书评述了所有权利要求相对于对比文件 1 不具有创造性，并对复审请求人提交的全部证据的证明力和关联性等进行了分析认定，对复审请求人的意见陈述进行了充分回应。

复审请求人答复复审通知书时，没有修改申请文件，也没有再提出新的证据和理由。复审合议组最终以发明相对于对比文件 1 不具有创造性为由作出了维持驳回决定的复审决定。

十一、案例小结

创造性评判过程中，最重要的是对要求保护的技术方案是否具有非显而易见性加以判断。审查中对申请事实和对比文件公开的事实进行分析时，应结合技术领域的远近、现有技术随时间发展的情况，以及对其他现有技术的检索和掌握等，对多种复杂证据的关联性和证明力进行综合判断。对于申请人提交的实验数据，其作用是对技术方案的效果说明，仅是技术方案非显而易见的间接证据。如果申请人在审查过程中提供的新的实验数据并不是用来证明申请日提交的说明书和权利要求书中已涉及的技术方案，就不能简单认为申请事实发生了改变。